普通高等教育“十三五”规划教材

资源与环境系统分析

第2版

陈　研　李保国　主编

中国农业大学出版社
·北京·

内容简介

本书选取与系统密切相关的系统分析为基本内容，通过与案例相结合的方式，阐述了系统分析的基本理论、方法，同时介绍了系统分析的一些前沿研究领域。全书内容包括回归拟合模型与应用、基于过程的动力学模型与应用、优化模型、决策模型与应用等四部分。

图书在版编目(CIP)数据

资源与环境系统分析/陈研，李保国主编. —2 版. —北京：中国农业大学出版社，2017.8

ISBN 978-7-5655-1875-1

Ⅰ.①资… Ⅱ.①陈… ②李… Ⅲ.①资源经济学-环境经济学-系统分析 Ⅳ.①X196②F062.1

中国版本图书馆 CIP 数据核字(2017)第 172748 号

书　　名　资源与环境系统分析　第 2 版
作　　者　陈　研　李保国　主编

策　　划　孙　勇　　**责任编辑**　洪重光
封面设计　郑　川　　**责任校对**　王晓凤
出版发行　中国农业大学出版社
社　　址　北京市海淀区圆明园西路 2 号　　**邮政编码**　100193
电　　话　发行部 010-62818525，8625　　**读者服务部** 010-62732336
编辑部 010-62732617，2618　　**出　版　部** 010-62733440
网　　址　http://www.cau.edu.cn/caup　　**E-mail** cbsszs@cau.edu.cn
经　　销　新华书店
印　　刷　北京鑫丰华彩印有限公司
版　　次　2017 年 8 月第 1 版　2017 年 8 月第 1 次印刷
规　　格　787×980　16 开本　18.25 印张　330 千字
定　　价　39.00 元

第 2 版编写人员

主　编　陈　研（中国农业大学）
　　　　李保国（中国农业大学）

参　编　刘　刚（中国农业大学）
　　　　展志岗（中国农业大学）
　　　　刘　涛（四川农业大学）
　　　　盛建中（新疆农业大学）
　　　　颜　安（新疆农业大学）
　　　　张吴平（山西农业大学）

第 1 版编写人员

陈　研　李保国　刘　刚　展志岗

第2版前言

从2009年《资源与环境系统分析》出版以来，得到了很多老师、学生和研究人员的关注，读者们给了很多鼓励和肯定。同时也对书中的内容、体系、实例等方面提出了宝贵的修改意见。特别感谢使用本教材的教师、同学们和网友，对第1版印刷与编写等诸方面提出了很多宝贵的意见。这些都是对我们工作的鼓励和支持，借此再版之际，向关心和支持我们工作的广大读者表示衷心的感谢！

资源与环境系统分析从2002年开课至今已经有15年，一直使用中国农业大学校内讲义，以及在此基础上的第1版教材。15年的时间，系统分析的思想和方法已经有了很大的变化，本次再版，根据教师学生和广大读者的建议，对第1版教材进行了一些增删，在保持第1版《资源与环境系统分析》特色的前提下对体例、格式、叙述等进行了修改，力求使第1版教材的优点得到发展，缺点得到克服。修改部分如下：

1. 第2章非线性曲线模型中去掉了“非线性最小二乘法”；

2. 重新写了“线性规划”部分，去掉冗余，使叙述更加简练清楚；

3. 去掉了原书第10章投入产出方法；

4. 增加了第9章系统聚类分析和第10章判别分析，原书第9章层次分析改为第11章；

5. 增加了用“Excel”软件求解“回归分析”和“数学规划”的内容，使得本教材更适合学生和科技工作者自学。

尽管此次修订我们做了很大的努力，但是由于我们水平有限，错误与不妥之处在所难免，敬请广大读者再予批评指正。

编　者

2017年8月

第1版前言

我们所处的21世纪已是信息技术和知识经济的时代。在其大潮推动下,世界已趋于平坦化。而资源与环境的问题越来越突出,如全球变暖、区域土地资源质量的退化和水环境的恶化等。所以人类必须行动起来,采取有效的措施,实现区域乃至全球的可持续发展。

可持续发展,即经济、生态、社会的和谐发展,要求做到对资源高效利用和保护与改善环境。在我们所处的这个时代,要达到这个目标,就必须借助于信息技术加强对资源和环境的管理,这就对资源和环境领域的科技人才提出了更高的素质要求,必须学会和掌握利用计算机和信息技术处理本领域复杂的问题。

资源与环境科学是一门典型的复杂性科学,是涉及土地、水、生物、大气交互作用的复杂巨系统,直接决定着人类的生存和发展,而现代人类活动是资源与环境系统演化的主要驱动力。对资源与环境系统众多属性和过程的综合,以及对其时空间尺度的转化认识不能仅停留在经验上,而应建立对其属性的精确描述——数字化、严密的逻辑推理——过程定量化和数学模型的基础上。

中国农业大学资源和环境学院从进入21世纪开始,就着手对农业资源利用和环境科学类本科专业课程进行改革,加大了信息技术和计算机应用方面的课程。从2002年开始,新开设了资源与环境系统分析、资源与环境信息技术等课程,以培养资源与环境相关专业大学生精确定量思维的能力和应用信息技术解决资源与环境实际问题的能力。

掌握系统分析理论和方法已是现代科学人才必备的素质。系统分析的对象是复杂的大系统。目的是进行系统的最优化设计和对有关重大问题进行正确决策。系统分析过程是对系统的分解和综合,分解即为研究和描述组成系统的各个要素的特征,掌握各要素的变化规律;综合指的是研究各要素之间的联系和有机组合,达到系统的总目标最优。资源和环境系统分析内容就是对土地、水、生物、大气及其交互作用的复杂巨系统进行数学模型化和最优化。本课程就是信息化技术在资源与环境研究和管理中的基础课程。

考虑到本课程主要是面向资源利用和环境科学类本科专业的大学生，所以在内容上，主要选取了和资源与环境系统密切相关的系统分析的基本方法，同时对该方向的一些前沿研究领域进行简要的介绍，为感兴趣的同学深入学习指引一些方向。现全书内容包括4篇共10章。第1篇为回归拟合模型，包括线性回归模型、非线性曲线回归模型两章；第2篇为基于过程的动力学模型与应用，包括单种群增长的动力学模型、多种群增长的动力学模型、混沌与分形模型初步三章；第3篇为资源与环境系统中的优化模型，包括线性规划、目标规划、整数规划三章；第4篇为资源与环境评价的决策模型与应用，包括层次分析方法、投入产出模型两章。为巩固掌握所学内容，每一篇后面都附有练习题和计算实习，供同学完成和上机练习，上机练习的题目都可通过Excel来完成，如条件允许和同学们感兴趣，鼓励同学用编程语言和其他软件来完成。

本教材内容已在中国农业大学资源和环境学院教授了六年，其间不断完善，在教学上取得较好的效果，也得到了农业资源利用和环境科学类本科专业学生的认可。在完成高等数学基础课学习后，紧接着就开设此课程，从而把数理精确定量思维落实到本专业领域，大大增强了同学们应用计算机、用数学模型处理资源与环境问题能力，也为后续专业课程的学习打下了一个很好的基础。

本教材中的大部分相关内容在其他教材中早有涉及，但面向农业资源利用和环境科学类本科专业，按照本教材体系进行编写，这还是第一次。由于本教材内容涉及的领域较为广泛，所编写的内容难免有不妥、失误之处，敬请各位师生、读者指正，以便不断完善。

李保国

2008年1月

目 录

第 1 篇 回归拟合模型

第 3 篇　资源环境系统中的优化模型

第 4 篇　资源与环境评价和决策模型及应用

第1篇 回归拟合模型

资源与环境系统分析所考虑对象的特点在于它是变化发展的,而不是孤立不变的。它受许多因素的影响和制约,具有一定的相关或因果关系。例如,降雨、灌溉和施肥与粮食产量的关系,大气中灰尘浓度与污染源的排放量之间的关系等。它们之间的关系是非常复杂的,且无法用精确的函数式来描述,而我们又需要了解资源与环境系统中众多因素之间的关系,以进行系统分析,对系统的发展变化进行预估和推测。即根据系统过去发展规律和现状,借助于实际数据或历史资料,采用科学的预测方法探索系统内在的规律,进而估计和预测系统未来的发展趋势。

为了分析各个因素之间的关系,需要对大量的实测数据进行统计分析,从中找到其内在的联系和规律,即把实测数据拟合成数学公式。回归分析就是通过因素之间的相关关系和影响程度进行预测的方法之一。

第 1 章　线性回归模型

1.1　变量间的相关关系

变量与变量之间的关系常见的有两类。

一类是确定性的函数关系，像正方形的面积和边长的关系、在微积分中讲的 $y=f(x)$ 或 $y=f(x_1,x_2,\cdots,x_n)$ 等都是这种关系。其特点是，任意给定一个 x 或一组 $x_1,x_2,\cdots,x_n$ 的值，必有确定的唯一的 y 值与之对应。

另一类是变量间确实存在一定的关系，但又不具备函数关系所要求的确定性。它们的关系带有随机性，因而不能简单地写成 $y=f(x)$。例如，由一个人的身高不能确定其体重，但一般地，“身高者，体也重”。也就是说，身高与体重这两个变量具有相关关系。再如，施肥量与产量的关系也具有这种性质，显然产量的高低依赖于土壤的肥沃程度，但绝不能断言，在 1 亩* 地中施一定数量肥料就一定能获得多少(确定的)产量。所以，产量与施肥量之间既互相依赖又不确定，是一种相关关系。

怎样判断两个变量之间有没有相关关系呢？来看下面的例子(人民教育出版社课程教材研究所，中学数学课程教材研究开发中心，2004)。

例 1.1　某校 12 名高一学生的身高与体重的测量数据如表 1.1 所示，试分析学生的身高与体重的相关关系。

表 1.1　身高与体重的测量数据

身高 x/cm	151	152	153	154	156	157	158	160	160	162	163	164
体重 y/kg	40	41	41	41.5	42	42.5	43	44	45	45	46	45.5

* 1 亩≈667 m^2。

解 从表1.1可以看出，y 有随 x 的增加而增加的趋势。为了更清楚地看出 x 与 y 之间是否有相关关系，我们以身高 x 的取值作横坐标，把体重 y 的相应取值作为纵坐标，在直角坐标系中描点 $(x_i, y_i)(i=1,2,\cdots,12)$，如图1.1所示。这样的图形叫作散点图。从图中可以直观地看出身高与体重之间具有相关关系，一般说来，身高越高，体重也越重。这种相关称为正相关；反之，如果一个变量的值由小变大时，另一个变量的值由大变小，这种相关称为负相关。

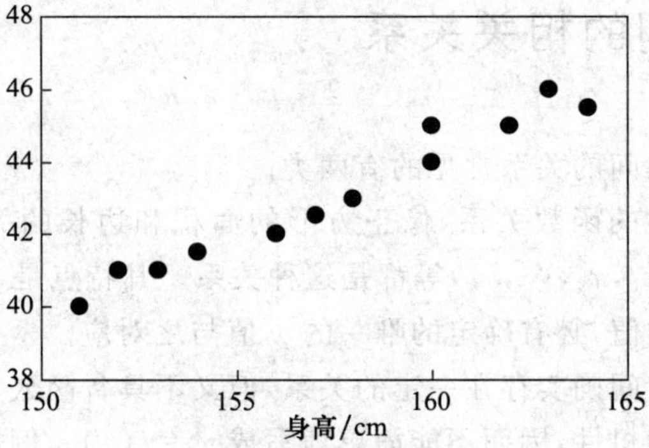

图1.1 学生身高与体重数据的散点图

借助Excel，我们很容易做出散点图，添加趋势线，并求出趋势线的表达式(图1.2)。

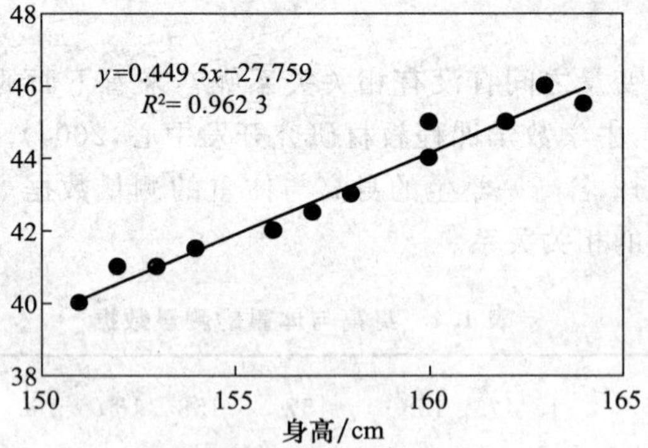

图1.2 学生身高与体重关系的散点图与趋势线

影响一个量的因素往往是非常多的，其中有些是属于人们一时还没有认识或掌握的，有些是已经认识，但暂时还无法控制或测量的，再加上测定一些变量的量值时或多或少都有些误差，所有这些偶然性因素的综合作用造成了变量之间关系的不确定性。比如身高和体重,不存在一种一一对应的公式。

但是,这种不确定关系的变量之间还是有规律可循的,大量的偶然性中蕴含着必然规律,例如前面提到的身高与体重,其必然规律就是,在一定范围内,身材高的人,体重要重一些。

回归分析就是应用数学方法,对大量的观测数据加以去粗取精、去伪存真、由此及彼、由表及里的加工,从而得出反映事物内部规律性的东西。

回归分析主要解决以下几个方面的问题:

(1) 确定几个特定的变量之间是否存在相关关系,若存在,则要建立表示这种关系的合适的数学模型。

(2) 根据一个或几个变量的值,预测或控制另一个变量的值,并分析这种预测或控制可达到的精度。

(3) 进行因素分析。在共同影响一个变量的许多变量(因素)之间,找出哪些是重要因素,哪些是次要因素,这些因素之间有什么关系等。

回归分析有很广泛的应用,工农业生产和科研工作中的许多问题都可用这种方法得到解决。在实验数据处理、求经验公式、因素分析、产品质量的控制、某些新标准的制定、经济预报、气象和灾害预报及许多其他场合中,回归分析都扮演了重要的角色。

1.1.1　回归模型的建立

建立回归模型,首先要决定什么是因变量,什么是自变量,以及二者之间的大体关系,这是回归分析的关键。

一般说来,建立模型是由专业工作者完成的,但有时也需要数学工作者参与分析,以确定因变量与自变量之间内在关系的函数类型。这里大致有两种情况:

(1) 根据专业知识(从理论上推导或根据以往积累的实际经验)可以确定变量之间的函数类型。

如经历千百年的耕种实践,农民取得经验:阳光、降雨、肥料将影响作物产量,且在一定范围内,大体成正比关系,于是可以写定式:

$$y = a_1x_1 + a_2x_2 + a_3x_3 \tag{1.1}$$

式中:$a_i(i=1,2,3)$为比例系数,待估;$x_i(i=1,2,3)$分别为阳光、降雨和肥料;y为产量。

而生物学家对生态发展的长期研究,发现种群发展大体符合指数关系,于是可以写定式：

$$N_t = N_0 e^{\lambda t} \tag{1.2}$$

式中：N_0，N_t 分别是初始及待求种群的大小；t 是时间；λ 是种群自然增长率，待估。

(2) 若仅凭理论或经验无法推知 x 与 y 关系的函数类型，就需要根据实验数据，从散点图的分布形状及特点选择适当的曲线来拟合这些实验数据，从而得到定式。

由于随机因素的存在，定式只能解决函数类型的选择问题，而不能得到确定的函数表达式。后面介绍的回归分析就是用统计方法确定函数式中的待估参数。

确定定式时应注意下列问题：

· 自变量、因变量及其关系如何确定，具体问题要具体分析，运用专业知识找出事物内部的必然联系，可以从多方面探讨而决定取舍。若所确定的定式经过验证并不适用，则应分析失败的原因，重新确定定式。

· 统计资料是进行回归分析的依据，搜集统计资料是必不可少的一步。统计资料越丰富，回归分析的结果将越准确。如果缺乏统计资料，只能进行小样本分析，就很难得到好的定式。

· 作为自变量的统计资料必须容易获得，同时其变化必须有规律可循或比较稳定。

1.1.2 线性回归模型及其获得的途径

回归分析是要确定因变量与自变量之间的定量关系，而最简单、最常用的关系就是线性关系。用线性方程或方程组确定的回归模型叫作线性回归模型。很多实验数据都可以看成是线性关系或近似地看成线性关系；还有许多非线性回归模型也可以通过函数的初等变换转化成线性回归模型。线性回归模型的分析比非线性回归模型简单，本节首先从线性回归模型入手来介绍回归模型。

设要研究的线性回归模型是：

$$y = \beta_0 + \beta_1 x_1 + \beta_2 x_2 + \cdots + \beta_K x_K + \varepsilon \tag{1.3}$$

式中：ε 为随机误差项，它是一个随机变量，且 $\varepsilon \sim N(0,\sigma^2)$。

当把观测值 $(x_{1i}, x_{2i}, x_{3i}, \cdots, x_{Ki}, y_i)$ $(i=1,2,\cdots,N)$ 代入后，式(1.3)就成为：

$$\begin{cases} y_1 = \beta_0 + \beta_1 x_{11} + \cdots + \beta_K x_{K1} + \varepsilon_1 \\ y_2 = \beta_0 + \beta_1 x_{12} + \cdots + \beta_K x_{K2} + \varepsilon_2 \\ \vdots \\ y_N = \beta_0 + \beta_1 x_{1N} + \cdots + \beta_K x_{KN} + \varepsilon_N \end{cases} \tag{1.4}$$

在式(1.4)中，假定：

(1) y_i 与 x_{ji} 是线性关系。

(2) x_{ji} 的值是实验确定的，是非随机变量。

(3) ε_i 是随机误差项，且

$$\varepsilon_i \sim N(0, \sigma^2) \tag{1.5}$$

各随机误差项之间互相独立，即

$$\mathrm{Cov}(\varepsilon_i, \varepsilon_j) = 0 \quad (i \neq j) \tag{1.6}$$

(4) y_i 是实验测定的，是随机变量，它的随机性由 ε_i 表示。

(5) β_0，β_j 是待定的常数。

在上述假设中：$i=1,2,\cdots,N$；$j=1,2,\cdots,K$。

在建立线性回归模型过程中，明确谁是确定性变量、谁是随机变量以及它们的关系，是建立和分析模型的基础。

在实际工作和科研中所遇到的形形色色的问题，经常需要先转化为上述线性回归模型，才能进行回归分析。

1.2　一元线性回归分析

本节将对回归模型的最简单形式，即一元线性回归的情况进行分析研究。掌握了一元线性回归模型，稍加推广，就可得到关于多元线性回归模型和非线性回归模型的许多结论。

1.2.1　散点图与回归直线

一元线性回归讨论的是变量 y 与变量 x 之间存在的线性相关关系。在此情况下，变量 y 的值在某种程度上是随着变量 x 值的变化而变化的。通常称 y 为因变量，称 x 为自变量。通过大量的实验，可以得到关于 x、y 这两个变量的 N 组数据。根据这 N 组数据，可以找出能描述这两个变量之间关系的定量表达式。

1.2.1.1　回归直线的几何意义

设有 N 组数据(x_t, y_t)，$t=1,2,\cdots,N$，画出散点图如图 1.3 所示。

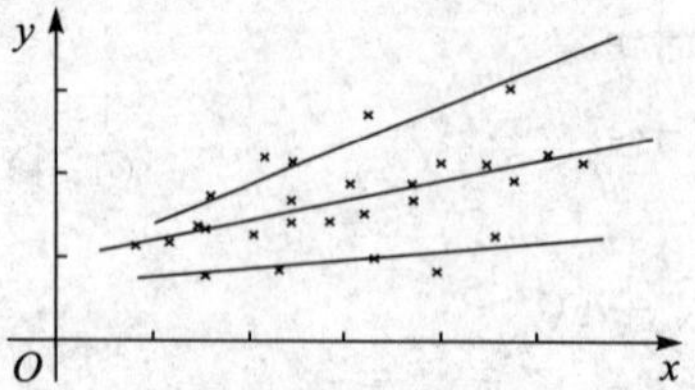

图 1.3 散点图

很容易看出这些点分布在一条直线周围，也就是说 x 与 y 大致成线性关系。所以我们很自然地想到可以用一条直线 l 表示两者的关系，记为

$$\hat{y} = a + bx \tag{1.7}$$

其中，等号左边的 y 上面的"∧"表示对 y 的估计值（本书中都用 $\hat{y}$ 表示估计值，以与实际值 y 区别）。显然 $\hat{y}$ 的取值都在直线 l 上，而 y 的取值一般在直线 l 周围，即对大多数点来说 $\hat{y} \neq y$。

从图 1.3 中还可以看到，近似描述 y 与 x 关系的直线可以有很多条。我们的任务是确定一条"最佳"的直线，称之为回归直线，以达到由 x 精确预报或控制 y 的目的。

1.2.1.2 确定回归直线的原则

确定回归直线的原则应该是：用这条直线来代表 y 与 x 的关系，它与实际数据之间的误差比任何其他直线都要小。

从几何图形上看，这条回归直线应该是在一切直线中最接近所有实验点的直线。下面用数学的语言描述上述原则。

平面上的任意一条直线可以写成一元线性函数 $y^* = a + bx$。若用这条直线来代表 y 与 x 的关系，则对每个已知的观测点 (x_t, y_t) 用同一坐标 x_t 的直线上的点（其纵坐标为 $y_t^* = a + bx_t$）来代替实际 y_t，其误差为：

$$\delta_t = y_t - y_t^* = y_t - a - bx_t \tag{1.8}$$

而 N 个观测点所引起的误差就构成了总误差。显然，这个总误差不能用 δ_t 的代数和来表示：

$$\sum_{t=1}^{N} \delta_t = \delta_1 + \delta_2 + \cdots + \delta_N \tag{1.9}$$

因为这些误差中有正有负，所以单纯地相加会由于正负抵消而不能代表真正的误差。用误差的绝对值之和来表示总误差可以避免这个缺点：

$$\sum_{t=1}^{N} |\delta_t| = |\delta_1| + |\delta_2| + \cdots + |\delta_N| \tag{1.10}$$

但是这种表示会给以后的数学处理带来麻烦。因而通常用误差的平方和作为总的误差，即：

$$Q = \sum_{t=1}^{N} \delta_t^2 = \sum_{t=1}^{N} (y_t - a - bx_t)^2 \tag{1.11}$$

回归直线就是在所有描述 x 与 y 关系的直线中误差平方和 Q 最小的那条直线。这就用数学语言描述了确定回归直线的原则。

由多元函数极值的必要条件,可以找到满足这个原则的直线:

$$\begin{cases} \dfrac{\partial Q}{\partial a} = -2\sum_{t=1}^{N}(y_t - a - bx_t) = 0 & (1.12) \\ \dfrac{\partial Q}{\partial b} = -2\sum_{t=1}^{N}(y_t - a - bx_t)x_t = 0 & (1.13) \end{cases}$$

由式(1.12)得:

$$Na = \sum_{t=1}^{N} y_t - b\sum_{t=1}^{N} x_t \tag{1.14}$$

$$a = \bar{y} - b\bar{x} \tag{1.15}$$

式中:$\bar{x} = \dfrac{1}{N}\sum_{t=1}^{N} x_t$,表示 x_t 的平均值;$\bar{y} = \dfrac{1}{N}\sum_{t=1}^{N} y_t$,表示 y_t 的平均值。

由式(1.13),有:

$$\sum_{t=1}^{N} x_t y_t - a\sum_{t=1}^{N} x_t - b\sum_{t=1}^{N} x_t^2 = 0 \tag{1.16}$$

利用式(1.15),得:

$$b = \frac{\sum_{t=1}^{N} x_t y_t - \frac{1}{N}\left(\sum_{t=1}^{N} x_t\right)\left(\sum_{t=1}^{N} y_t\right)}{\sum_{t=1}^{N} x_t^2 - \frac{1}{N}\left(\sum_{t=1}^{N} x_t\right)^2} = \frac{\sum_{t=1}^{N}(x_t - \bar{x})(y_t - \bar{y})}{\sum_{t=1}^{N}(x_t - \bar{x})^2} \triangleq \frac{l_{xy}}{l_{xx}} \tag{1.17}$$

因为式(1.15)和式(1.17)中所有的量都可以从观测数据中得出,所以线性回归方程 $\hat{y}=a+bx$就完全可由观测数据确定。

从式(1.15)、式(1.17)还可以得出以下结论:

(1) 当 $x=\bar{x}$ 时,$\hat{y}=\bar{y}$。即回归直线通过$(\bar{x},\bar{y})$这个由观测值的平均值组成的点。

(2) 回归直线的斜率 b 的符号:式(1.17)右端的分母是所有 x 的观测值距其平均数 $\bar{x}$ 的离差平方和,简称它为 x 的离差平方和,记为 l_{xx}。只要所有的 x 的观测值不完全相等,l_{xx}必然是一个大于 0 的数,所以 b 的符号取决于式(1.17)右端的分子,即 x 的离差$(x_t-\bar{x})$与 y 的离差$(y_t-\bar{y})$乘积之和,记为 l_{xy}。当 $b>0$ 时,y 随 x 增加而增加,当 $b<0$ 时,y 随 x 增加而减少。

上述确定回归直线的原则使得 $\hat{y}$ 与所有观测值 y_t 的误差平方和达到最小。

由于平方运算也被称为“二乘”运算，上述方法通常被称为最小二乘法。

1.2.2 判断估计量 a,b 的优劣

通过几何直观，找到了估计回归系数 a,b 的途径，但这样确定的 a,b 是否“最佳”，还须从统计学的角度加以分析验证。

1.2.2.1 一个好的估计量具备的条件

设 x 为估计量，β 为被估参数。一个好的估计量应该具备以下三个条件。

(1) 无偏性：$E(x)=\beta$。

(2) 一致性：样本容量增加时，估计量更接近被估参数。如以 $\bar{x}=\frac{1}{N}\sum_{t=1}^{N}x_t$ 估计 x 的数学期望值 μ，当 N 增大时，$\bar{x}$ 更接近 μ。

(3) 有效性：一个有效的估计量是具有最小方差的估计量。两个估计量 x_1，x_2，二者的方差分别是 $D(x_1)$ 和 $D(x_2)$，且已知 $D(x_1)<D(x_2)$，则 x_2 相对于 x_1 的有效性为

$$\begin{cases} E_f=\dfrac{D(x_1)}{D(x_2)} \\ 0\leqslant E_f\leqslant 1 \end{cases} \tag{1.18}$$

以上分析估计量 x 的原则，都要用到随机变量 x 的统计性质：数学期望和方差。下面讨论回归直线估计量 a,b 的统计性质，以研究如何能使估计量尽可能好。

1.2.2.2 估计量 a,b 的统计性质

由式(1.16)，式(1.17)知 a,b 均为随机变量 y_t 的线性组合，因而 a,b 也是随机变量，按照式(1.4)线性回归模型的定义 $K=1$ 的情形，讨论其统计性质如下。

(1) 数学期望(这里用到了 $E(\bar{y})=\beta_0+\beta_1\bar{x}$)：

$$E(b)=E\left(\frac{\sum_{t=1}^{N}(x_t-\bar{x})(y_t-\bar{y})}{\sum_{t=1}^{N}(x_t-\bar{x})^2}\right)=E\left(\frac{\sum_{t=1}^{N}(x_t-\bar{x})y_t}{\sum_{t=1}^{N}(x_t-\bar{x})^2}\right)$$

$$=\frac{1}{l_{xx}}\sum_{t=1}^{N}(x_t-\bar{x})(\beta_0+\beta_1x_t)=\beta_1\frac{l_{xx}}{l_{xx}}=\beta_1 \tag{1.19}$$

$$E(a)=E(\bar{y}-b\bar{x})=(\beta_0+\beta_1\bar{x})-\beta_1\bar{x}=\beta_0 \tag{1.20}$$

(2) 方差:

$$D(b)=D\left[\frac{\sum_{t=1}^{N}(x_t-\bar{x})y_t}{l_{xx}}\right]\overset{(y_t\text{ 独立})}{=\!=\!=}\sum_{t=1}^{N}\frac{(x_t-\bar{x})^2}{l_{xx}^2}\sigma^2=\frac{l_{xx}}{l_{xx}^2}\sigma^2=\frac{\sigma^2}{l_{xx}} \tag{1.21}$$

$$D(a)=\left(\frac{1}{N}+\frac{\bar{x}^2}{l_{xx}}\right)\sigma^2 \tag{1.22}$$

按式(1.21),知若使 $D(b)$小,需 l_{xx} 大;按式(1.22),若使 $D(a)$小,需 N,l_{xx} 大。所以,建立回归直线所依据的实验数据应尽可能做到:$l_{xx}=\sum_{t=1}^{N}(x_t-\bar{x})^2$ 要大,即 x_t 取值尽可能分散;N 要大,即数据量要大。

可以证明(证明略),参数 σ^2 可用 S^2 估计:

$$S^2=\frac{\sum_{t=1}^{N}(y_t-\hat{y}_t)^2}{(N-2)} \tag{1.23}$$

S^2 被称为残差均方,$\sum_{t=1}^{N}(y_t-\hat{y}_t)^2$ 被称为残差平方和(我们将在后面详细讨论)。

1.2.3　线性关系的检验

以上介绍了用最小二乘法来求一元线性回归方程的方法。但是,这样求出的回归方程是否真能代表变量 y 与 x 之间的变化关系而付诸应用呢?回答是“未必”,因为前文在介绍用最小二乘法求回归方程时,并没有用到变量 y 与 x 具有相关关系的假定。对于一组观测值,即使是一堆完全散乱的点,也可以用最小二乘法给它们配一条直线来表示 y 和 x 之间的关系。显然,在这种情况下,所配的直线是毫无实际意义的。因此自然要问,究竟在什么场合下配回归直线才有意义?

1.2.3.1　相关性检验的必要性

前面谈到,只有当两个变量大致成线性关系时才适宜配回归直线。因此必须给出一个数量性指标来描述两个变量线性关系的密切程度,这个指标叫样本相关系数,通常用字母 r 表示,它可由下面的公式来计算。

$$r=\frac{l_{xy}}{\sqrt{l_{xx}\cdot l_{yy}}}=\frac{\sum(x-\bar{x})(y-\bar{y})}{\sqrt{\sum(x-\bar{x})^2\sum(y-\bar{y})^2}} \tag{1.24}$$

r 是把 y 和 x 看成随机变量时其相关系数矩估计。虽然在进行回归分析时,

我们把 x 作为非随机的普通变量，但还是可以用估计量 r 来作为 y 与 x 线性相关性的度量(陈家鼎等，2006)。

从式(1.24)可知，相关系数的符号也决定于离差乘积之和 l_{xy} 的符号，从而与回归系数 b 的符号一致。因此，我们在求两个变量间的回归方程时，还应该看一看它们之间相关系数的大小。若相关系数很小，甚至 $r=0$，就说明 y 与 x 线性相关程度微弱，此时求线性回归方程是没有意义的。只有在相关系数较大的情况下，求线性回归方程才有实际价值。

在用计算机计算 r 时，为了计算方便，通常不用式(1.24)，而用

$$r=\frac{\sum_{t=1}^{N}x_t y_t-\frac{1}{N}\left(\sum_{t=1}^{N}x_t\right)\left(\sum_{t=1}^{N}y_t\right)}{\sqrt{\sum_{t=1}^{N}x_t^2-\frac{1}{N}\left(\sum_{t=1}^{N}x_t\right)^2}\sqrt{\sum_{t=1}^{N}y_t^2-\frac{1}{N}\left(\sum_{t=1}^{N}y_t\right)^2}} \tag{1.25}$$

证明(只证分子部分)：

$$\begin{aligned}
l_{xy}&=\sum_{t=1}^{N}(x_t-\bar{x})(y_t-\bar{y})\\
&=\sum_{t=1}^{N}x_t y_t-\bar{x}\sum_{t=1}^{N}y_t-\bar{y}\sum_{t=1}^{N}x_t+\sum_{t=1}^{N}\bar{x}\bar{y}\\
&=\sum_{t=1}^{N}x_t y_t-N\bar{x}\bar{y}-N\bar{x}\bar{y}+N\bar{x}\bar{y}\\
&=\sum_{t=1}^{N}x_t y_t-N\bar{x}\bar{y}\quad\text{(有时也用此式计算)}\\
&=\sum_{t=1}^{N}x_t y_t-\frac{1}{N}\left(\sum_{t=1}^{N}x_t\right)\left(\sum_{t=1}^{N}y_t\right)
\end{aligned} \tag{1.26}$$

1.2.3.2 样本相关系数的意义

(1) 可以证明，对 x,y 的任何值，式(1.24)中的分子的绝对值永远不会大于分母的值，因此样本相关系数的取值范围是 $0\leqslant|r|\leqslant1$。

(2) $|r|=1\Leftrightarrow x,y$ 完全线性相关，即观测点全部在一条直线上，如图 1.4 的(a)和(b)所示。

(3) $|r|=0\Leftrightarrow x,y$ 统计不相关，表示 y 与 x 之间不存在线性关系，如图 1.4 的(e)和(f)所示。这中间还分两种情况：①x 与 y 之间不存在任何统计规律，如图 1.4 的(e)所示。②x 与 y 之间虽然不存在线性相关关系，但可能存在别种关系，如图 1.4 的(f)所示，y 与 x 大致具有二次曲线的关系，但用直线来描述它们的

关系，则相关系数为 0。

(4) $0<|r|<1$ 是具有相关关系的两个变量之间最一般的情形。当 $|r|$ 较大时，表明变量之间线性关系较密切，在散点图上，观测点比较靠近回归直线；$|r|$ 较小时，表明变量之间线性关系不密切，散点图上观测点离回归直线较远。另外，从图 1.4(c)和(d)还可知，当 $r>0$ 时，回归直线斜率为正；反之，$r<0$ 时，回归直线斜率为负。

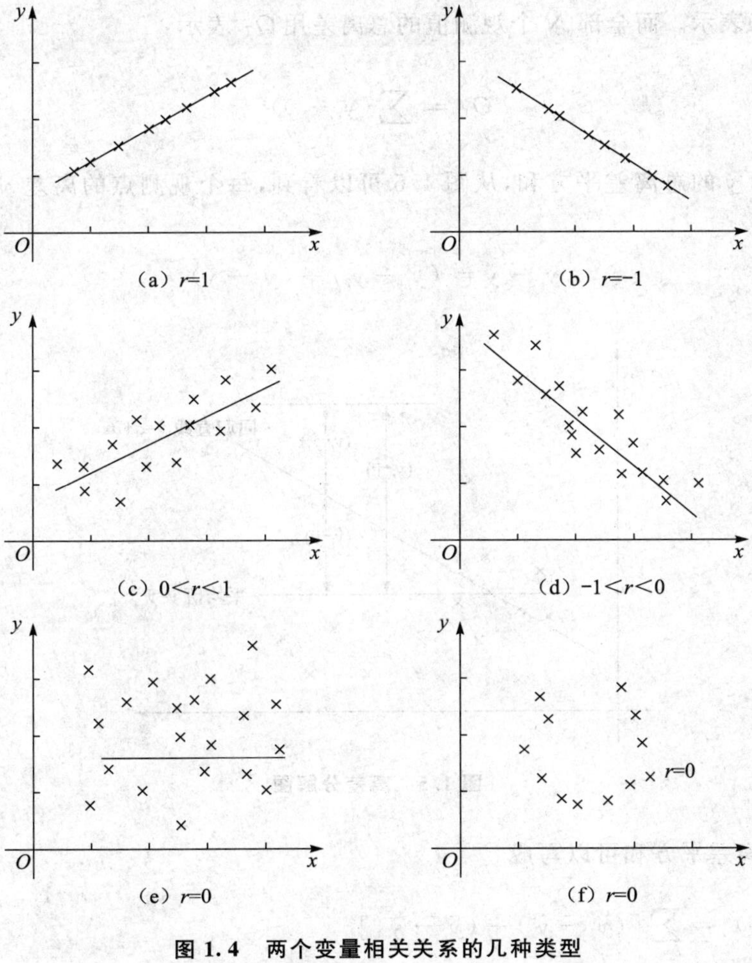

图 1.4　两个变量相关关系的几种类型

1.2.3.3　回归方程的显著性检验

前文阐述了为什么要进行相关性检验，但 r 究竟要多大才能认为 x 与 y 具有线性相关关系呢？这就是相关的显著性检验，下面就定量地研究这个问题。

r 是描述 x,y 之间相关关系的数量性指标，可以从 r 出发进行讨论。但是当变元较多时(例如 $y=a+b_1x_1+b_2x_2+b_3x_3$)，相关关系就不能用 r 描述了，所以这里主要介绍应用更广泛的平方和分解法(方差分析法)进行显著性检验，以便为下面多元线性回归分析的学习打好基础。

一般来说，回归问题中的因变量 y 不是固定的，y 取值的波动现象被称为离差。对每次观测来说，离差的大小可以通过该次实际观测值 y_t 与平均值 $\bar{y}$ 的差 $(y_t-\bar{y})$ 来表示。而全部 N 个观测值的总离差用 Q_{T} 表示：

$$Q_{\mathrm{T}} = \sum_{t=1}^{N}(y_t-\bar{y})^2 \tag{1.27}$$

Q_{T} 被称为 y 的总离差平方和，从图 1.5 可以看到，每个观测点的离差 $y_t-\bar{y}$ 都可以分解成

$$y_t-\bar{y} = (y_t-\hat{y}_t)+(\hat{y}_t-\bar{y}) \tag{1.28}$$

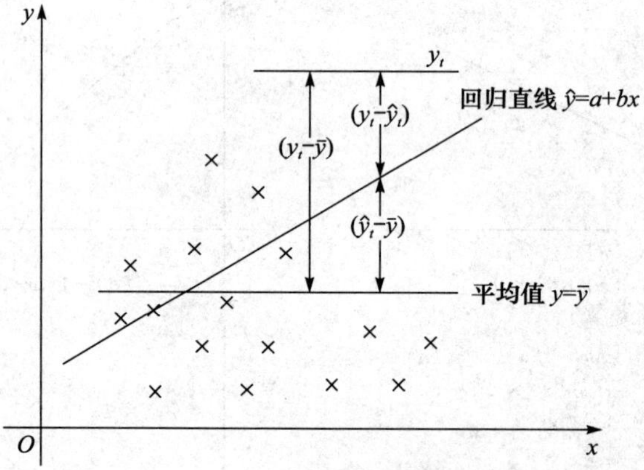

图 1.5　离差分解图

因而总的离差平方和可以写成

$$\begin{aligned}\sum_{t=1}^{N}(y_t-\bar{y})^2 &= \sum_{t=1}^{N}[(y_t-\hat{y}_t)+(\hat{y}_t-\bar{y})]^2 \\ &= \sum_{t=1}^{N}(y_t-\hat{y}_t)^2+\sum_{t=1}^{N}(\hat{y}_t-\bar{y})^2+2\sum_{t=1}^{N}(y_t-\hat{y}_t)(\hat{y}_t-\bar{y})\end{aligned} \tag{1.29}$$

可以证明交叉项为 0①，即：

$$2\sum_{t=1}^{N}(y_t-\hat{y}_t)(\hat{y}_t-\bar{y})=0 \tag{1.30}$$

故总离差平方和可以分解成两部分，即：

$$\sum_{t=1}^{N}(y_t-\bar{y})^2=\sum_{t=1}^{N}(y_t-\hat{y}_t)^2+\sum_{t=1}^{N}(\hat{y}_t-\bar{y})^2 \tag{1.31}$$

式(1.31)右边的第二项是回归值 $\hat{y}_t$ 与平均值 $\bar{y}$ 之差的平方和，它表示的是如果变量 y 与 x 之间完全按照回归方程 $\hat{y}=a+bx$ 线性变化时，由于 x 的变化而引起的 y 对 $\bar{y}$ 的偏离平方和，我们称之为回归平方和，记作 Q_R。

式(1.31)右边的第一项是所有观测点距回归直线的残差 $\delta_t(\delta_t=y_t-\hat{y}_t)$ 的平方和，这个量是在所有直线中与观测点距离平方和最小的一个，是除了 x 对 y 的线性影响之外的一切随机因素(如 x 对 y 的非线性影响、实验误差、测量误差等)对 y 的变差作用，称之为残差平方和，记作 Q_E。

综上所述，有：

$$Q_T=Q_E+Q_R \tag{1.32}$$

即：　　总离差平方和＝残差平方和＋回归平方和

对每个平方和都有一个称为“自由度”的数跟它相联系，正如总平方和在数值上可以分解为回归平方和与残差平方和两部分一样，总平方和的自由度 f_T 等于回归平方和的自由度 f_R 与残差平方和的自由度 f_E 之和，即

$$f_T=f_E+f_R \tag{1.33}$$

在回归问题中，$f_T=N-1$，f_R 对应于自变量的个数。故一元回归中 $f_R=1$，根据式(1.33)，可知 $f_E=N-2$。

残差平方和除以它的自由度被称为残差均方(S^2)：

$$S^2=\frac{Q_E}{N-2} \tag{1.34}$$

---

① $$\sum_{t=1}^{N}(y_t-\hat{y}_t)(\hat{y}_t-\bar{y})=\sum_{t=1}^{N}[y_t-(a+bx_t)][(a+bx_t)-(a+b\bar{x}_t)]$$
$$=b\sum_{t=1}^{N}[y_t-(a+bx_t)](x_t-\bar{x})$$
$$=b\sum_{t=1}^{N}[y_t-(a+bx_t)]x_t-b\bar{x}\sum_{t=i}^{N}[y_t-(a+bx_t)]=0$$

它可以被看作在排除了 x 对 y 的线性影响后(或说当 x 固定时),衡量 y 随机波动大小的一个估计量。

残差均方的平方根 S 与 S^2 的意义相似:

$$S=\sqrt{\frac{Q_E}{N-2}} \tag{1.35}$$

它通常被看作衡量回归效果好坏的标准,标志观测点偏离回归直线的平均距离。通常称 S 为标准误差。

这种把平方和与自由度进行分解的方法被称为方差分析法。方差分析的所有结果可以归纳在一个简单的表格中,一目了然(表 1.2)。

表 1.2 一元线性回归方差分析

变差来源	平方和	自由度	均方
回归(因素 x)	$\sum_{t=1}^{N}(\hat{y}_t-\bar{y})^2=bl_{xy}$ ①	1	$\frac{Q_R}{1}$
残差(随机因素)	$\sum_{t=1}^{N}(y_t-\hat{y}_t)^2=Q_T-bl_{xy}$ ②	$N-2$	$S^2=\frac{Q_E}{N-2}$
总和	$\sum_{t=1}^{N}(y_t-\bar{y})^2=Q_T$	$N-1$	

① 已知回归平方和 $Q_R=\sum_{t=1}^{N}(\hat{y}_{tt}-\bar{y})^2$,但为了计算方便,通常用 $Q_R=bl_{xy}$。

证明:

$$Q_R=\sum_{t=1}^{N}(\hat{y}_t-\bar{y})^2$$

$$=\sum_{t=1}^{N}(a+bx-a-b\bar{x})^2$$

$$=b^2\sum_{t=1}^{N}(x_t-\bar{x})^2$$

$$\xlongequal{式(1.17)}\frac{l^2xy}{l_{xx}^2}\cdot l_{xx}\xlongequal{式(1.17)}bl_{xy}$$

这样当算出了回归系数 b,回归平方和可按上式立即求出。

② 同注①,残差平方和也有相应的计算公式:

$$Q_E=\sum_{t=1}^{N}(y_t-\hat{y}_t)^2=Q_T-Q_R=Q_T-bl_{xy}$$

利用方差分析的结果，我们就可以很方便地进行回归方程的显著性检验了。

再回到一元回归问题：

原假设：　$H_0: \beta_1 = 0$

构造统计量：

$$F = \frac{Q_R/1}{Q_E/(N-2)} \tag{1.36}$$

概率统计是从大量的实验中得出事物的统计性质，所以不能苛求得到绝对肯定或绝对否定的答案，只能得出百分之几的可能肯定，百分之几的可能否定。所以在肯定或否定 H_0 时，必须事先给个信度 α，例如：$\alpha=0.05$，$\alpha=0.01$（图 1.6）。

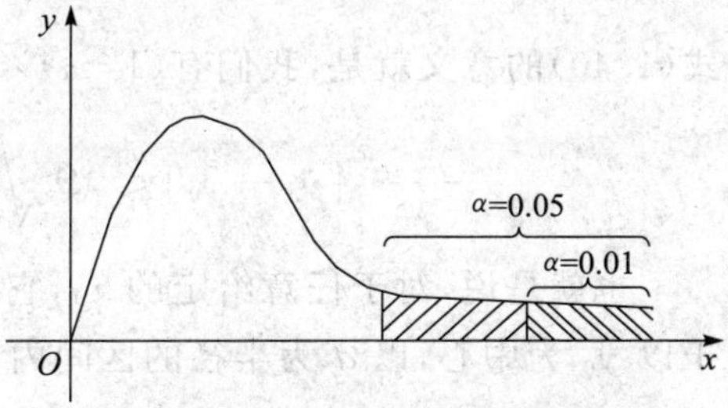

图 1.6　F 检验示意图

当 H_0 成立时，式(1.36)服从自由度为$(1, N-2)$的 F 分布。算出式(1.36)的 F 值，与分布表中 $F_\alpha(1, N-2)$的值比较，若 $F > F_\alpha(1, N-2)$，即 F 落入图 1.6 的阴影部分，则认为原假设成立的可能非常小，否定假设 H_0，即 x, y 之间具有线性关系，反之，当 $F \leqslant F_\alpha(1, N-2)$时，则不能拒绝 H_0，即 x, y 无线性关系，所作的回归直线无意义。

1.2.4　根据回归方程预报或控制 y 的取值

前面讲述了从原问题建立线性回归模型，由模型求线性回归方程，并对其进行显著性检验。下面探讨如何根据这个已分析好的回归方程预报或控制 y 的取值。

由回归模型及其假设 $y_t = \beta_0 + \beta_1 x_t + \varepsilon_t$，$\varepsilon_t \sim N(0, \sigma^2)$知 y_t 的取值是服从正态分布的。可以证明，正态分布的线性组合仍是正态分布。有：

$$E(y_t) = E(\beta_0) + E(\beta_1 x_t) + E(\varepsilon_t) = \beta_0 + \beta_1 x_t \tag{1.37}$$

$$D(y_t) = E[y_t - E(y_t)]^2 = E[y_t - \beta_0 - \beta_1 x_t]^2 = E(\varepsilon_t)^2 = \sigma^2 \tag{1.38}$$

式中：σ^2 可用 S^2 估计。

对于任意给定的 $x = x_0$，由回归方程 $\hat{y}_0 = a + bx_0$ 及式(1.37)知，y 的取值是以 $\hat{y}_0$ 为中心而对称的正态分布，越靠近 $\hat{y}_0$ 的值出现的机会越大，而离 $\hat{y}_0$ 越远的值出现的机会越小。

为了定量地研究上述性质，我们找到一个统计量 t，它服从自由度为$(N-2)$的 t 分布：

$$t = \frac{y_0 - \hat{y}_0}{S\sqrt{1 + \frac{1}{N} + \frac{(x_0 - \bar{x})^2}{l_{xx}}}} \sim t(N-2) \tag{1.39}$$

记 $t(N-2)$ 的临界值为 $\lambda = t_{\frac{\alpha}{2}}(N-2)$。由 $P(|t| < \lambda) = 1 - \alpha$,得:

$$P\left(|y_0 - \hat{y}_0| < \lambda S\sqrt{1 + \frac{1}{N} + \frac{(x_0 - \bar{x})^2}{l_{xx}}}\right) = 1 - \alpha \tag{1.40}$$

式(1.40)的意义就是,我们有 $(1-\alpha) \times 100\%$ 的把握肯定

$$|y_0 - \hat{y}_0| < \lambda S\sqrt{1 + \frac{1}{N} + \frac{(x_0 - \bar{x})^2}{l_{xx}}} = d \tag{1.41}$$

也就是说,对于任意给定的 x_0,它所对应的 y_0 值,有 $100 \times (1-\alpha)\%$ 的可能处于以 $\hat{y}_0$ 为中心,以 d 为半径的区间内。如图 1.7 所示。

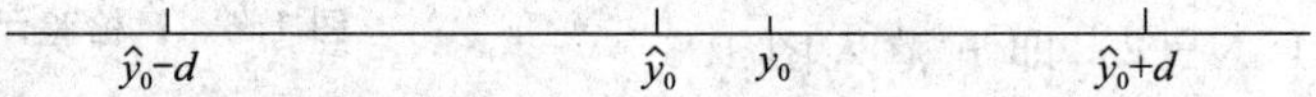

图 1.7　预测区间

具体地说,如果 $\alpha = 0.05$,y_0 的值就有 95%的可能在上述区间内,这就给出了预报精度。

计算式(1.39),可以得到一些经验数据:对任意给定的 x_0,它所对应的 y_0 落在 $(\hat{y}_0 \pm 0.5S)$ 的区间内的约占 38%;落在 $(\hat{y}_0 \pm S)$ 区间内的约占 68%;落在 $(\hat{y}_0 \pm 2S)$ 区间内的约占 95%;落在 $(\hat{y}_0 \pm 3S)$ 区间内的约占 99.7%。

综合上面的分析,我们可以得到结论:

(1) x_0 越接近 $\bar{x}$,预报半径 d 越小,预报半径的图示(图 1.8)呈两边开口的喇叭形。

(2) N 越大,l_{xx} 大,则预报半径 d 越小。

(3) 预报好坏的关键是 S,S 越大则 d 越大,而 $S = \sqrt{\frac{Q_E}{(N-2)}}$,所以关键还是 Q_E。

下面举一个实例,以巩固复习前面讲的一元回归分析的全过程。

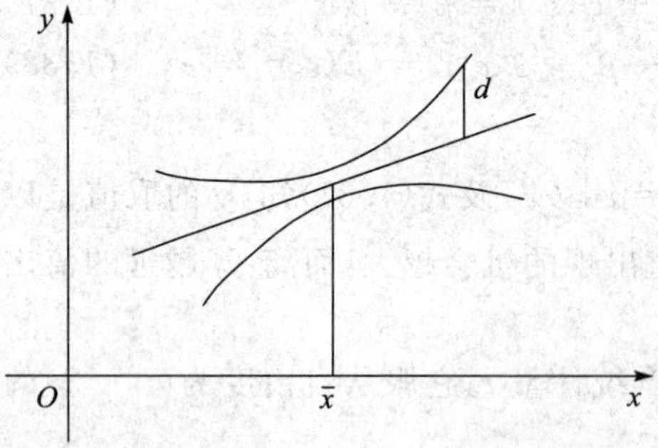

图 1.8　预报半径

例 1.2　某企业的一个产品历年的投资额(包括人力、物力的总钱数)和盈利数,见表 1.3。若投资 310 元,预测将盈利为多少?

表 1.3　某企业的一个产品历年的投资额和盈利数

年份序列	投资额 x/元	盈利 y/元
1	121	360
2	118	260
3	271	440
4	190	400
5	75	360
6	263	500
7	334	580
8	368	560
9	305	505
10	210	480
11	387	600
12	270	540
13	218	415
14	342	590
15	173	492
16	370	660
17	170	360
18	205	410
19	339	680
20	283	594

解　(1) 整理已有实验数据,建立回归模型:

这是有关一个自变量的相关关系,可以考虑用回归分析方法。经过分析数据,做散点图(图 1.9)知,x 和 y 大概符合线性关系,可写定式 $y=a+bx$,并建立回归模型:$y=\beta_0+\beta_1 x_1+\varepsilon$。代入数据即:

$$y_t=\beta_0+\beta_1 x_{1t}+\varepsilon_t \qquad (t=1,2,\cdots,20)$$

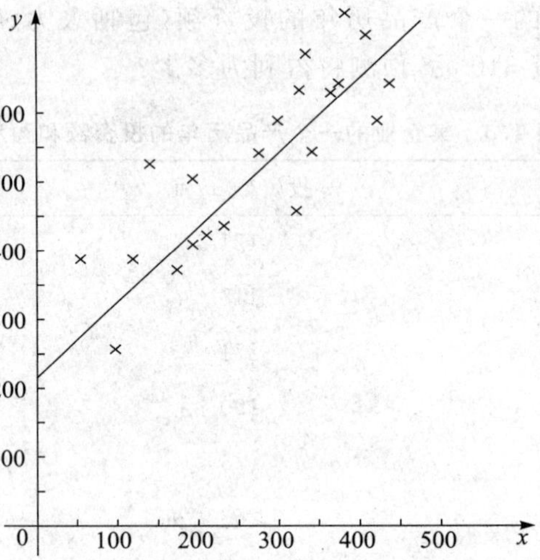

图 1.9　某企业的一个产品历年的投资额和盈利数的散点图

（2）确定回归直线：

① 准备工作：

$$N = 20 \quad \text{（已知）}$$

$$\bar{x} = \frac{1}{N}\sum_{t=1}^{N} x_t = 250.6$$

$$\bar{y} = \frac{1}{N}\sum_{t=1}^{N} y_t = 489.3$$

$$l_{xx} = \sum_{t=1}^{N}(x_t - \bar{x})^2 = \sum_{t=1}^{N} x_t^2 - N\bar{x}^2 = 160\ 918.8$$

$$l_{xy} = \sum_{t=1}^{N}(x_t - \bar{x})(y_t - \bar{y}) = \sum_{t=1}^{N} x_t y_t - N\bar{x}\bar{y} = 173\ 671.4$$

$$Q_T = \sum_{t=1}^{N}(y_t - \bar{y})^2 = \sum_{t=1}^{N} y_t^2 - N\bar{y}^2 = 240\ 060.2$$

② 求出回归直线的系数，确定回归直线：

$$b = \frac{l_{xy}}{l_{xx}} = 1.079$$

$$a = \bar{y} - b\bar{x} = 218.84$$

$$\hat{y} = 218.84 + 1.079x$$

（3）显著性检验：

$$Q_R = bl_{xy} = 187\ 434.6$$

$$Q_E = Q_T - Q_R = 52\ 625.57$$

$$F = \frac{\frac{Q_R}{1}}{\frac{Q_E}{N-2}} = 64.11$$

查 F 分布表，找临界值 $F_\alpha(1, N-2)$。取 $\alpha = 0.05$，则 $F_{0.05}(1,18) = 4.41$，故 $F > F_{0.05}(1,18)$，则拒绝原假设 H_0，所做的回归直线有意义。

(4) 预报：

$$S = \sqrt{\frac{Q_E}{N-2}} = 54.07$$

已知 $x_0 = 310$，则 $\hat{y}_0 = a + bx_0 = 553.33$。预报半径为：

$$d = \lambda S \sqrt{1 + \frac{1}{N} + \frac{(x_0 - \bar{x})^2}{l_{xx}}}$$

式中：λ 是 $t(N-2)$ 分布的临界值 $t_{\frac{\alpha}{2}}(N-2)$。

可以证明，当 t 分布的自由度 $(N-2) \to \infty$ 时，t 分布就是正态分布，故当实验次数较多时，我们就可以查正态分布表找到 $\lambda \approx 1.96(\alpha = 0.05)$。在实际应用中还可以把 d 的计算公式简化为：

$$d \approx \lambda S \approx 1.96S \approx 2S = 108.14$$

$$\hat{y}_0 + d = 661.47$$

$$\hat{y}_0 - d = 445.19$$

(5) 结论：

在概率统计中，估计结论的方式通常有两种，分别称为区间估计法和定值估计法。

· 在结论中指出未知参数所在区间的上下限及相应的可靠性。这种作结论的方式称为区间估计法。

在本例中，投资 $x_0 = 310$ 元时，计算出 $\hat{y}_0 = 553.33$ 元，且 $\hat{y}_0 + d = 661.47$；$\hat{y}_0 - d = 445.19$。结论为：投资 310 元时，盈利 95%在区间[445.19, 661.47]内。

· 在结论中指出未知参数的估计值、估计值的误差限、估计值的可靠性。这种作结论的方式被称为定值估计法。这时常把预报半径（误差限）换算为估计精度，简称精度。

估计精度的定义为
$$P_C = 1 - \frac{d}{y_0} \tag{1.42}$$

式中：d 为预报半径（误差限）；y_0 为待估计量；d/y_0 为相对误差限。

由于 y_0 未知，故通常用 $\hat{y}_0$ 代替 y_0，即

$$P_c = 1 - \frac{d}{y_0} \approx 1 - \frac{d}{\hat{y}_0}$$

于是对本例可以这样下结论：当投资 310 元时，盈利为 553.33 元，精度为 $1-\frac{108.14}{553.33}=0.8$，可靠性为 0.95。

1.3 Excel 在回归分析中的应用

Excel 是 Microsoft Office 套件中的电子表格软件，它的应用很广泛。许多人把它当作一般的制作表格和图表的软件而不清楚它的强大的数据运算能力。Excel 内置了数百个函数供用户调用，还允许用户根据自己的需要定义函数，它无需编程就能够实现一些需要编程才能完成的复杂计算。本书所布置的上机作业几乎都能用 Excel 完成。本书以 Excel 2016 版本为例介绍两种求回归方程的方法。

	A	B
1	例1.2 的数据	
2	投资	盈利
3	121	360
4	118	260
5	271	440
6	190	400
7	75	360
8	263	500
9	334	580
10	368	560
11	305	505
12	210	480
13	387	600
14	270	540
15	218	415
16	342	590
17	173	492
18	370	660
19	170	360
20	205	410
21	339	680
22	283	594

图 1.10　Excel 输入数据画面

1.3.1　用图表模块求回归方程

对例 1.2，求回归方程的步骤如下：

(1) 打开空白的表格，输入数据（图 1.10）；

(2) 插入图表-散点图（图 1.11）；

(3) 鼠标放在散点图的点处，点右键，选“添加趋势线”（图 1.12）；

(4) 设置趋势线格式：选线性，显示公式，显示 R 平方值（图 1.13）。

1.3.2　用“数据分析”模块求回归方程并做方差分析和统计检验

用图形模块求回归方程简单明了，易操作，可以看出回归直线的图形、回归方程和 R 平方值。但是它不能做方差分析和显著性检验，也不能定量地求出每个

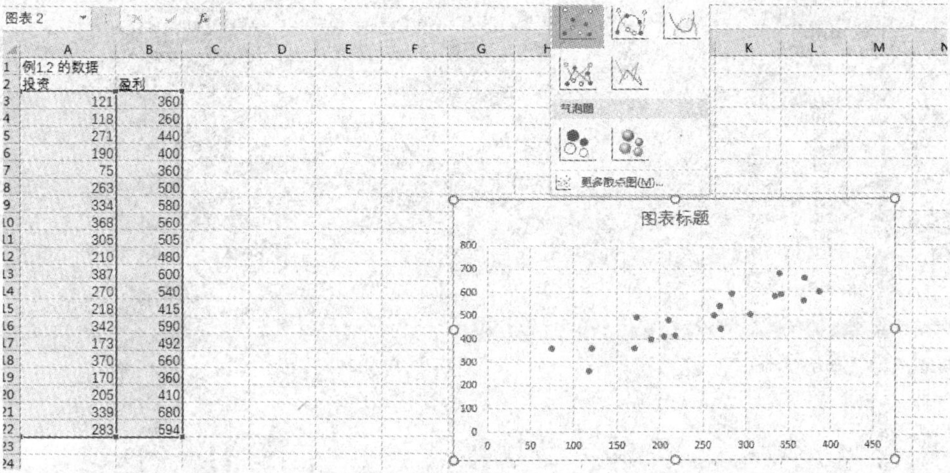

图 1.11　插入图表-散点图

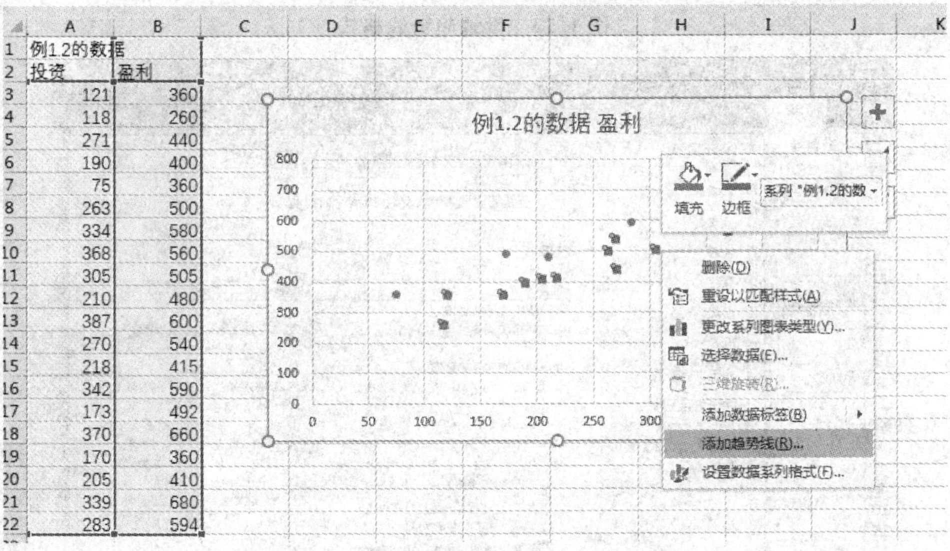

图 1.12　添加趋势线

点和回归直线的误差。Excel 提供了数据分析模块，此工具不是 Excel 的标准安装部件，需要专门安装才能使用。

安装“数据分析”工具的方法如下：

(1) 点击“文件”，在“打开”界面的左下角点击“选项”，出现图 1.14 所示的界面：

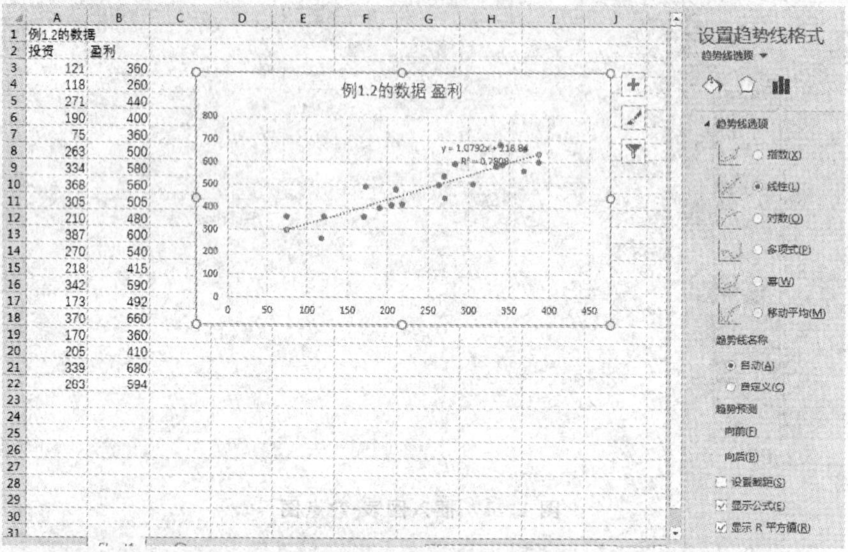

图 1.13　设置趋势线格式

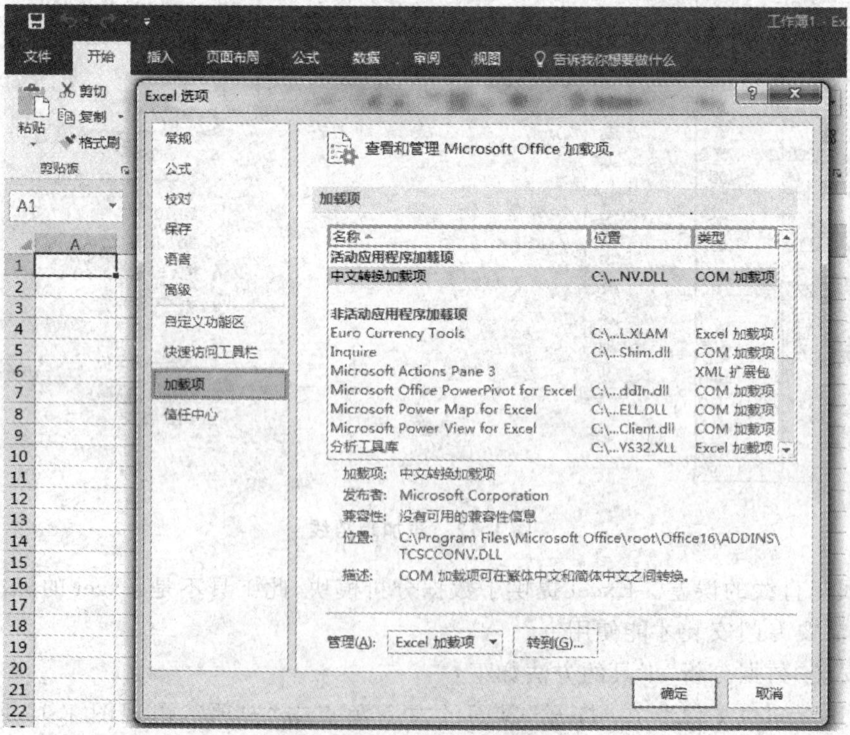

图 1.14　Excel“选项”界面

选中“加载项”，在最后一行，可见“Excel 加载项”和“转到”的方框，点击“转到”。见图 1.15。

(2) 选择“分析工具库”，并按“确定”。

加载完成。

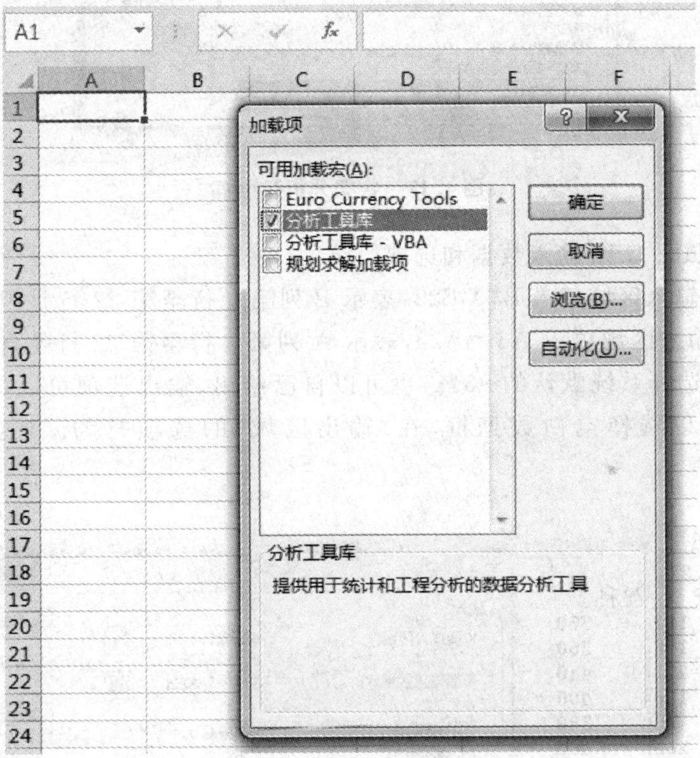

图 1.15　“加载项”界面

(3) 点击“数据”(图 1.16)。

在右上角可见“数据分析”模块示意图。

(4) 选中“数据分析”出现图 1.17 所示弹出框，选中“回归”，并按“确定”。

图 1.16　“数据分析”选项

图 1.17　数据分析弹出框

(5) 按照图 1.18 输入数据和选项。

在 Y 值输入区域填入 B3∶B22,表示 B 列第 3 行至第 22 行是因变量 y 的数据,在 X 值输入区域填入 A3∶A22,表示 A 列第 3 行至第 22 行是自变量 x 的数据。置信度选择系统默认的 95%,也可以自己给出,输出选项可以选择“新工作表组”,也可以选择空白数据框,在“输出区域”的选项打勾。选择后,按“确定”键。

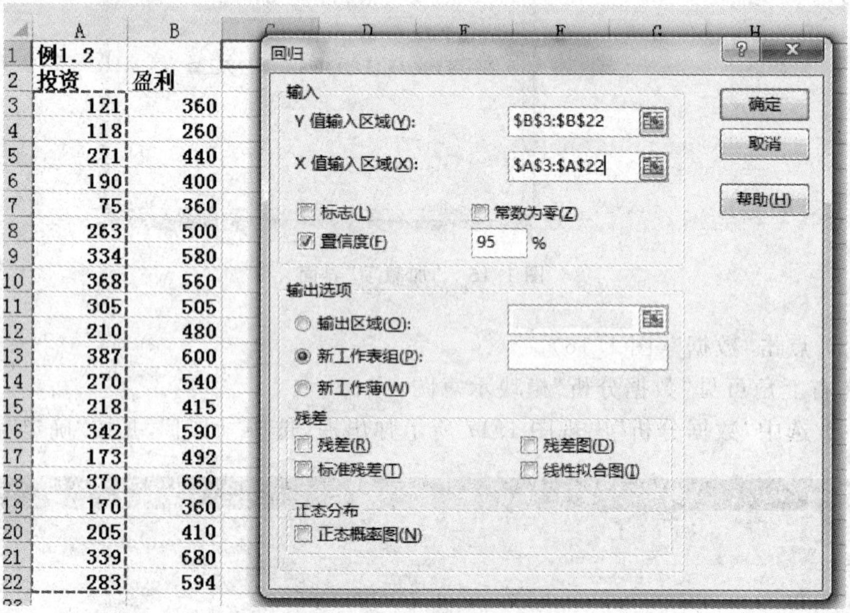

图 1.18　回归分析弹出框

（6）图 1.19 即为输出结果。

A	B	C	D	E	F	G	H	I
SUMMARY OUTPUT								
回归统计								
Multiple R	0.883618563							
R Square	0.780781764							
Adjusted R Square	0.768602974							
标准误差	54.07072194							
观测值	20							
方差分析								
	df	SS	MS	F	Significance F			
回归分析	1	187434.627	187434.6	64.10996	2.42094E-07			
残差	18	52625.5735	2923.643					
总计	19	240060.2						
	Coefficients	标准误差	t Stat	P-value	Lower 95%	Upper 95%	下限 95.0	上限 95.0%
Intercept	218.8402847	35.8771026	6.09972	9.19E-06	143.4652891	294.2153	143.4653	294.2153
X Variable 1	1.079248665	0.13479034	8.006869	2.42E-07	0.796064664	1.362433	0.796065	1.362433

图 1.19　Excel 回归分析输出结果

结果中的项目比较多，其中“回归统计”表中的主要项目解释如下：

（1）Multiple R：样本相关系数 r，其值 $0 \leqslant R^2 \leqslant 1$；

（2）R Square：r 的平方，越接近 1 线性关系越显著；

（3）Adjusted R Square：调整的 R 平方，$R_{adj} = 1 - \dfrac{Q_E/(N-2)}{Q_T/(N-1)}$ 或 $R_{adj} = 1 - \dfrac{N-1}{N-2}(1-R^2)$；

（4）df 列：自由度；

（5）SS 列：平方和；

（6）MS：均方；

（7）Intercept：回归方程的截距（常数）；

（8）X Variable：一元回归方程的斜率（x 的系数）。

（4）、（5）、（6）的意义见表 1.2 一元线性回归方差分析。

1.4　多元线性回归分析

多元线性回归分析的基本思想、分析手段以及下结论的方式和一元回归分析相同。一元回归分析只讨论两个变量的相关关系，其中一个是因变量，一个是自变量。但在大多数实际问题中，影响因变量的因素不是一个而是多个，称这类回归问题为多元回归分析。

1.4.1 二元回归分析——回归平面的求法

二元回归分析是最简单的多元回归形式，通过对二元回归的具体计算，可对多元回归方法有个感性认识，有助于理解多元回归的一般公式。

二元线性回归方程是

$$\hat{y} = b_0 + b_1 x_1 + b_2 x_2 \tag{1.43}$$

它在几何上表示一张平面，因此也被称为 y 对 x_1，x_2 的回归平面。在多元回归中，y 对某一自变量的回归系数表示当其他自变量都固定时，该自变量变化一个单位而使 y 平均改变的数值。具体对式(1.43)而言，y 对 x_1 的回归系数 b_1 表示当 x_2 固定时，x_1 每变化一个单位而引起 y 平均变化的数值。

回归系数 b_0，b_1，b_2 仍用最小二乘法确定，即选取这样的 b_0，b_1，b_2 使

$$Q_E = \sum_{t=1}^{N} (y_t - \hat{y}_t)^2 = \sum_{t=1}^{N} (y_t - b_0 - b_1 x_{1t} - b_2 x_{2t})^2 \tag{1.44}$$

达到极小值，应用极值原理：

$$\begin{cases} \dfrac{\partial Q_E}{\partial b_0} = 0 \\ \dfrac{\partial Q_E}{\partial b_1} = 0 \\ \dfrac{\partial Q_E}{\partial b_2} = 0 \end{cases} \tag{1.45}$$

得：

$$\begin{cases} 2\sum_{t=1}^{N} (y_t - b_0 - b_1 x_{1t} - b_2 x_{2t}) = 0 & (1.45.1) \\ 2\sum_{t=1}^{N} (y_t - b_0 - b_1 x_{1t} - b_2 x_{2t}) x_{1t} = 0 & (1.45.2) \\ 2\sum_{t=1}^{N} (y_t - b_0 - b_1 x_{1t} - b_2 x_{2t}) x_{2t} = 0 & (1.45.3) \end{cases}$$

由式(1.45.1)有：

$$Nb_0 = \sum_{t=1}^{N} y_t - b_1 \sum_{t=1}^{N} x_{1t} - b_2 \sum_{t=1}^{N} x_{2t}$$

$$b_0 = \bar{y} - b_1 \bar{x}_1 - b_2 \bar{x}_2 \tag{1.46}$$

把式(1.46)代入式(1.45.2)整理得：

$$\left[\sum_{t=1}^{N}(x_{1t}^2 - x_{1t}\bar{x}_1)\right]b_1 + \left[\sum_{t=1}^{N}(x_{1t}x_{2t} - x_{1t}\,\bar{x}_2)\right]b_2 = \sum_{t=1}^{N}(y_t x_{1t} - \bar{y}x_{1t})$$

$$\left[\sum_{t=1}^{N}x_{1t}^2 - N\,\bar{x}_1^2\right]b_1 + \left[\sum_{t=1}^{N}x_{1t}x_{2t} - N\,\bar{x}_1\bar{x}_2\right]b_2 = \sum_{t=1}^{N}x_{1t}y_t - N\bar{x}_1\bar{y}$$

由式(1.26)可得：

$$\sum_{t=1}^{N}(x_{1t} - \bar{x}_1)^2 b_1 + \sum_{t=1}^{N}(x_{1t} - \bar{x}_1)(x_{2t} - \bar{x}_2)b_2 = \sum_{t=1}^{N}(x_{1t} - \bar{x}_1)(y_t - \bar{y}) \tag{1.47}$$

同理，由式(1.45.3)可得：

$$\sum_{t=1}^{N}(x_{1t} - \bar{x}_1)(x_{2t} - \bar{x}_2)b_1 + \sum_{t=1}^{N}(x_{2t} - \bar{x}_2)^2 b_2 = \sum_{t=1}^{N}(x_{2t} - \bar{x}_2)(y_t - \bar{y}) \tag{1.48}$$

同一元回归分析一样，定义：

$$\begin{cases} l_{ij} = \sum_{t=1}^{N}(x_{it} - \bar{x}_i)(x_{jt} - \bar{x}_j) \\ l_{iy} = \sum_{t=1}^{N}(x_{it} - \bar{x}_i)(y_t - \bar{y}) \qquad (i,j = 1,2) \end{cases} \tag{1.49}$$

则式(1.47)、式(1.48)可写成简单易记忆的形式：

$$\begin{cases} l_{11}b_1 + l_{12}b_2 = l_{1y} \\ l_{21}b_1 + l_{22}b_2 = l_{2y} \end{cases} \tag{1.50}$$

于是可解出：

$$b_1 = \frac{l_{1y}l_{22} - l_{2y}l_{12}}{l_{11}l_{22} - l_{12}^2} \tag{1.51}$$

$$b_2 = \frac{l_{2y}l_{11} - l_{1y}l_{21}}{l_{11}l_{22} - l_{12}^2} \tag{1.52}$$

由式(1.46)、式(1.51)、式(1.52)得到回归平面的方程 $\hat{y} = b_0 + b_1x_1 + b_2x_2$。回归平面的几何意义和应用与回归直线完全相同。

1.4.2　多元线性回归方程的一般求法

把两个自变量推广到 K 个自变量：$x_1, x_2, \cdots, x_K$，通过 $N(N \gg K)$ 次实验，得到 N 组数据 $(x_{1t}, x_{2t}, \cdots, x_{Kt}, y_t)(t = 1, 2, \cdots, N)$。可建立回归方程：

$$\hat{y} = b_0 + b_1 x_1 + \cdots + b_K x_K \tag{1.53}$$

式中：b_i 被称为 y 对 $x_i(i=1,2,\cdots,K)$的回归系数，b_0 被称为常数项。

同样用最小二乘原则求 $b_i(i=0,1,\cdots,K)$，使

$$Q_E = \sum_{t=1}^{N}(y_t - \hat{y}_t)^2 = \sum_{t=1}^{N}[y_t - (b_0 + b_1 x_1 + \cdots + b_K x_K)]^2 \tag{1.54}$$

达到最小。

应用极值原理，经过计算可得：

$$\begin{cases} l_{11}b_1 + l_{12}b_2 + \cdots + l_{1K}b_K = l_{1y} \\ l_{21}b_1 + l_{22}b_2 + \cdots + l_{2K}b_K = l_{2y} \\ \vdots \\ l_{K1}b_1 + l_{K2}b_2 + \cdots + l_{KK}b_K = l_{Ky} \end{cases} \tag{1.55}$$

其中：
$$\begin{cases} l_{ij} = \sum_{t=1}^{N}(x_{it} - \bar{x}_i)(x_{jt} - \bar{x}_j) \\ l_{iy} = \sum_{t=1}^{N}(x_{it} - \bar{x}_i)(y_t - \bar{y}) \end{cases} \quad \begin{pmatrix} i = 1,2,\cdots K \\ j = 1,2,\cdots,K \end{pmatrix} \tag{1.56}$$

式(1.55)通常被称为正规方程。

若用矩阵形式表示，令：

$$\boldsymbol{L} = (l_{ij})_{K\times K}$$
$$\boldsymbol{l} = (l_{1y}, l_{2y}, \cdots, l_{Ky})^{\mathrm{T}}$$
$$\boldsymbol{B} = (b_1, b_2, \cdots, b_K)^{\mathrm{T}}$$

式(1.56)可写成：

$$\boldsymbol{LB} = \boldsymbol{l} \tag{1.57}$$

$$\boldsymbol{B} = \boldsymbol{L}^{-1}\boldsymbol{l} \tag{1.58}$$

与二元回归分析一样，也有：

$$b_0 = \bar{y} - b_1\bar{x}_1 - \cdots - b_K\bar{x}_K \tag{1.59}$$

由式(1.58)、式(1.59)就得到回归超平面了。

上述解法只是理论推导，实际计算中并不这样做。因为实际应用中存在比理论分析中更多的问题要考虑。

其一，实际应用中经常需要考虑的问题是：在所考察的所有自变量中，哪些是影响 y 的主要因素，哪些是次要因素。为了分清 K 个自变量对因变量影响的主次

关系，一个自然的想法是比较各个因素的回归系数 $b_1, b_2, \cdots, b_K$ 绝对值的大小。因为按回归系数的意义，y 对 x_i 的回归系数 b_i 是在其他所有因素都不变的情况下，x_i 变化一个单位所引起 y 平均变化的大小。因此，它的绝对值越大，该因素就越重要。但是把回归系数直接进行比较是不行的，因为它们与自变量所取的单位有关。例如，当某 x_i 表示时间时，它的单位取“秒”与取“小时”所做的回归方程相应的系数 b_i 显然要差很远。

其二，$x_1, x_2, \cdots, x_K, y$ 都是有量纲的值，它们的来源不同，因而它们之间数值上的差异就可能相当大。而正规方程式(1.55)的系数矩阵 $\boldsymbol{L}$ 都是 x 的二次项值，l_{ij} 数值上的差异就可能更大，可能会差好几个数量级。这样，在解方程组时，就不可避免地给结果带来较大的舍入误差。

为此，必须对正规方程做进一步处理，即把回归系数 b_i 标准化。

y 对 x_i 的标准回归系数 b_i' 与 y 对 x_i 的回归系数 b_i 之间有下面的关系：

$$b_i' = b_i\sqrt{\frac{l_{ii}}{l_{yy}}} \qquad (i = 1, 2, \cdots, K) \tag{1.60}$$

$$b_i = b_i'\sqrt{\frac{l_{yy}}{l_{ii}}} \qquad (i = 1, 2\cdots, K) \tag{1.61}$$

经过变换后，b_i' 与 y 及 x_i 所取的单位无关，因此它的绝对值越大，相应的因素对 y 的影响就越大。下面具体举个例子看看 b_i' 的作用。

例 1.3　回归直线方程

$$y = a + bx \tag{Ⅰ}$$

其中 x 的单位是“小时”，y 表示钱数，用“分”作单位。现在把 x, y 都改换单位，x^* 的单位是“分”，y^* 的单位是“元”，分析新回归直线方程与原方程的标准回归系数 b_i' 与 $b_i^{*\prime}$ 的关系

解　因为有：

$$x = \frac{x^*}{60}$$

$$y = 100y^*$$

回归直线方程变为：

$$100y^* = a + b \cdot \frac{x^*}{60}$$

化成标准形式，即：

$$y^{*}=\frac{1}{100}\cdot a+\frac{b}{100\times 60}\cdot x^{*} \qquad (\text{Ⅱ})$$

对原方程(Ⅰ)计算 b_i'：

$$b_i'=b_i\sqrt{\frac{l_{ii}}{l_{yy}}}=b\sqrt{\frac{\sum_{t=1}^{N}(x_t-\bar{x})^2}{\sum_{t=1}^{N}(y_t-\bar{y})^2}}$$

再对变单位后的式(Ⅱ)计算 $b_i^{*'}$：

$$b_i^{*'}=\frac{b}{100\times 60}\sqrt{\frac{\sum_{t=1}^{N}(x_t^{*}-\bar{x}^{*})^2}{\sum_{t=1}^{N}(y_t^{*}-\bar{y}^{*})^2}}$$

$$=\frac{b}{100\times 60}\sqrt{\frac{60^2\times\sum_{t=1}^{N}(x_t-\bar{x})^2}{\left(\frac{1}{100}\right)^2\times\sum_{t=1}^{N}(y_t-\bar{y})^2}}=b\sqrt{\frac{\sum_{t=1}^{N}(x_t-\bar{x})^2}{\sum_{t=1}^{N}(y_t-\bar{y})^2}}$$

显然，$b^{i'}=b^{i*'}$，即标准回归系数与量纲无关。

将式(1.60)代入式(1.55)，则正规方程变成

$$l_{i1}b_1'\sqrt{\frac{l_{yy}}{l_{11}}}+l_{i2}b_2'\sqrt{\frac{l_{yy}}{l_{22}}}+\cdots+l_{iK}\cdot b_K'\sqrt{\frac{l_{yy}}{l_{KK}}}=l_{iy} \qquad (i=1,2,\cdots,K) \qquad (1.62)$$

将两端再除以$\sqrt{l_{ii}}\sqrt{l_{yy}}$，就发现正规方程的系数变成了样本相关系数：

$$\frac{l_{i1}}{\sqrt{l_{11}}\sqrt{l_{ii}}}b_1'+\frac{l_{i2}}{\sqrt{l_{22}}\sqrt{l_{ii}}}b_2'+\cdots+\frac{l_{iK}}{\sqrt{l_{KK}}\sqrt{l_{ii}}}b_K'=\frac{l_{iy}}{\sqrt{l_{ii}}\sqrt{l_{yy}}} \qquad (i=1,2\cdots,K) \qquad (1.63)$$

再由样本相关系数定义式(1.24)就得到了正规方程的另一等价形式：

$$\begin{cases}r_{11}b_1'+r_{12}b_2'+\cdots+r_{1K}b_K'=r_{1y}\\ r_{21}b_1'+r_{22}b_2'+\cdots+r_{2K}b_K'=r_{2y}\\ \vdots\\ r_{K1}b_1'+r_{K2}b_2'+\cdots+r_{KK}b_K'=r_{Ky}\end{cases} \qquad (1.64)$$

由样本相关系数的性质，可知：

(1) $r_{ii}=1$　　$(i=1,2,\cdots,K)$，且 $r_{yy}=1$

(2) $r_{ij}=r_{ji}$　　$0<|r_{ij}|\leqslant 1$，且 $0<|r_{iy}|\leqslant 1$　$(i,j=1,2,\cdots,K)$。

即正规方程的系数全部在[−1,1]区间，于是也解决了前面提到的 l_{ij} 数值差异太大造成的误差问题。但要注意，用这个正规方程解得的是 b_i'，还需用式(1.61)转化成 b_i 才是所求的回归方程。b_0 仍可用式(1.59)求得。

1.4.3　多元线性回归的显著性检验

1.4.3.1　方差分析与显著性检验

和一元回归一样，所求出的多元回归方程是否真能大致地描述 y 与 x_1，$x_2,\cdots,x_K$ 之间的变化规律，以及回归效果的好坏，还要进一步做方差分析。

首先，y 的总离差平方和仍可以分解为回归平方和与剩余平方和两部分：

$$Q_T=\sum_{t=1}^{N}(y_t-\bar{y})^2=\sum_{t=1}^{N}(y_t-\hat{y}_t)^2+\sum_{t=1}^{N}(\hat{y}_t-\bar{y})^2 \tag{1.65}$$

即：

$$Q_T=Q_R+Q_E \tag{1.66}$$

其中：

$$Q_R=\sum_{t=1}^{N}(\hat{y}_t-\bar{y})^2=\sum_{i=1}^{K}b_i l_{iy}\text{①} \tag{1.67}$$

$$Q_E=Q_T-Q_R \tag{1.68}$$

与一元回归一样，Q_R 越大(相应的 Q_E 越小)表示回归的效果越好。

在多元回归中，Q_T，Q_R，Q_E 也分别有相应的自由度 f_T，f_R，f_E，且

$$\begin{cases}f_T=N-1\\ f_R=K\\ f_E=N-K-1\end{cases} \tag{1.69}$$

式中：N 是实验的次数，K 是自变量个数，三个自由度仍满足：

$$f_T=f_R+f_E \tag{1.70}$$

---

① $$\begin{aligned}Q_R&=\sum_{t=1}^{N}(\hat{y}_t-\bar{y})^2\\&=\sum_{t=1}^{N}[(b_0+b_1x_{1t}+\cdots+b_nx_{nt})-(b_0+b_1\bar{x}_1+\cdots+b_n\bar{x}_n)]^2\\&=\sum_{t=1}^{N}\Big[\sum_{i=1}^{K}b_i(x_{it}-\bar{x}_i)^2\Big]=\sum_{t=i}^{N}\sum_{i=1}^{K}\sum_{j=1}^{K}b_ib_j(x_{it}-\bar{x}_i)(x_{jt}-\bar{x}_j)\\&=\sum_{i=1}^{K}b_i\sum_{j=1}^{K}b_jl_{ij}=\sum_{i=1}^{K}b_il_{iy}\end{aligned}$$

类似一元回归，也可以给出反映回归好坏的指标：

$$S^2 = \frac{Q_E}{N-K-1} \tag{1.71}$$

$$S = \sqrt{\frac{Q_E}{N-K-1}} \tag{1.72}$$

它们分别被称为残差均方及标准误差。同样可以做出方差分析表(表 1.4)。

表 1.4　多元线性回归方差分析

变差来源	平方和	自由度	均方	F
回归	$\sum_{t=1}^{N}(\hat{y}_t-\bar{y})^2=\sum_{i=1}^{K}b_i l_{iy}$	K	$\frac{Q_R}{K}$	$F=\frac{\frac{Q_R}{K}}{\frac{Q_E}{N-K-1}}$
剩余	$\sum_{t=1}^{N}(y_t-\hat{y}_t)^2=Q_T-\sum_{i=1}^{K}b_i l_{iy}$	$N-K-1$	$\frac{Q_E}{(N-K-1)}$	
总和	$\sum_{t=1}^{N}(y_t-\bar{y})^2=Q_T$	$N-1$		

利用方差分析结果进行显著性检验的步骤如下：

原假设：$H_0:\beta_1=\beta_2=\cdots=\beta_K=0$(即 y 与 K 个 x_i 之间没有线性关系)。

构造统计量：

$$F = \frac{\frac{Q_R}{K}}{\frac{Q_E}{N-K-1}} \tag{1.73}$$

可以证明，当 H_0 成立时，式(1.73)服从自由度为$(K,N-K-1)$的 F 分布。在给定显著性水平 α 下，若计算结果是 $F>F_\alpha(K,N-K-1)$则认为回归效果显著，所做的回归方程基本反映了变量 y 与 $x_1,x_2,\cdots,x_K$ 之间的变化规律；反之，若 $F\leqslant F_\alpha(K,N-K-1)$，则回归效果不显著，需要另选适当的模型，重作回归方程。

1.4.3.2　决定系数与回归效果

与一元回归一样，在几何上，标准误差 S 反映了观测点与回归超平面之间的平均距离。一般地，在总的离差平方和中，回归平方和所占的比重越大，则线性回归的效果越好，也说明回归方程与观测值拟合得越好。定义 R^2 为决定系数：

$$R^2 = \frac{Q_R}{Q_T} = 1-\frac{Q_E}{Q_T} \tag{1.74}$$

决定系数反映了变量 y 与 $x_1,x_2,\cdots,x_K$ 之间线性相关程度的大小。决定系数 R^2

有如下性质。

(1) $0 \leqslant R^2 \leqslant 1$。

(2) $R^2 = 1$(即 $Q_E = 0$)时,观测点全部落在回归方程式(1.51)所规定的 K 维超平面上,说明 y 与 $x_1, x_2, \cdots, x_K$ 之间完全按线性关系变化。

(3) $R^2 = 0$(即 $Q_R = 0$)时,残差平方和达最大值:$Q_E = Q_T$,这说明 y 与 $x_1, x_2, \cdots, x_K$ 之间不存在线性关系,回归效果最差。

(4) $0 < R^2 < 1$,这是最一般的情形,R^2 越大,说明回归效果越好。

1.4.4 Excel 求解多元线性回归的步骤及实例

多元线性回归的实施步骤与一元线性回归完全相同,下面举例说明。

例 1.4 某气象台为预报该地 5 月平均气温,选择了与该月平均气温有密切关系的 4 个气象要素作为预报因子,以 22 年历史资料作为样本(表 1.5),用回归分析方法对它做统计预报方程。今有某年 5 月 4 个气象要素的值分别为 $x_1 = 0, x_2 = -9, x_3 = 9, x_4 = 34$,请预报该年 5 月的平均气温。

表 1.5　气象要素与平均气温实验数据

样本号	变量				
	x_1	x_2	x_3	x_4	y
1	4	21	1	26	24.489 6
2	4	12	0	31	23.880 2
3	0	10	7	37	22.096 8
4	0	−25	6	28	22.478 4
5	7	9	6	30	22.151 2
6	4	12	5	33	22.516 7
7	4	5	5	33	22.332 8
8	2	19	7	27	23.248 6
9	0	17	4	34	23.314 0
10	0	9	4	35	22.984 3
11	2	2	3	29	23.462 4
12	0	−2	9	34	21.690 6
13	8	−4	4	36	21.401 8
14	1	−35	2	29	22.855 5
15	0	−35	5	29	22.321 0
16	0	8	4	36	22.838 4

续表 1.5

样本号	变量				
	x_1	x_2	x_3	x_4	y
17	1	10	4	24	22.990 0
18	0	−11	4	28	23.295 9
19	0	−6	5	37	22.126 2
20	2	11	1	35	23.431 1
21	0	−33	5	29	22.373 6
22	1	−3	1	29	23.920 9

	A	B	C	D	E	F
1	例1.4 气象要素与平均气温实验数据					
2	样本号	x1	x2	x3	x4	y
3	1	4	21	1	26	24.4896
4	2	4	12	0	31	23.8802
5	3	0	10	7	37	22.0968
6	4	0	-25	6	28	22.4784
7	5	7	9	6	30	22.1512
8	6	4	12	5	33	22.5167
9	7	4	5	5	33	22.3328
10	8	2	19	7	27	23.2486
11	9	0	17	4	34	23.314
12	10	0	9	4	35	22.9843
13	11	2	2	3	29	23.4624
14	12	0	-2	9	34	21.6906
15	13	8	-4	4	36	21.4018
16	14	1	-35	2	29	22.8555
17	15	0	-35	5	29	22.321
18	16	0	8	4	36	22.8384
19	17	1	10	4	24	22.99
20	18	0	-11	4	28	23.2959
21	19	0	-6	5	37	22.1262
22	20	2	11	1	35	23.4311
23	21	0	-33	5	29	22.3736
24	22	1	-3	1	29	23.9209

图 1.20　例 1.4 气象要素与平均气温实验数据

解　(1) 整理已有实验数据,建立回归模型。

这是 4 个自变量,1 个因变量的相关关系,可以考虑用回归分析方法。由过去的实践经验知,它们之间大致符合线性关系,可定义关系式:

$$y = a + bx_1 + cx_2 + dx_3 + ex_4$$

并建立回归模型:

$$y_t = \beta_0 + \beta_1 x_{1t} + \beta_2 x_{2t} + \beta_3 x_{3t} + \beta_4 x_{4t} + \varepsilon_t \quad (t = 1, 2, \cdots, 22)$$

由模型知回归方程为:

$$\hat{y} = b_0 + b_1 x_1 + b_2 x_2 + b_3 x_3 + b_4 x_4$$

(2) 在 Excel 中输入数据,见图 1.20。

(3) 依照一元线性回归的方法,进入回归对话框(图 1.21)。

在回归对话框的 Y 值输入区域填入 F3:F24,在 X 值输入区域填入 B3:E24,点击确定,得到回归结果。

(4) 多元回归结果见图 1.22。

对图 1.22 结果的说明如下:

① Multiple R:决定系数 R,其值 $0 \leqslant R^2 \leqslant 1$;

例1.4 气象要素与平均气温实验数据					
样本号	x1	x2	x3	x4	y
1	4	21	1	26	24.4896
2	4	12	0	31	23.8802
3	0	10	7	37	22.0968
4	0	-25	6	28	22.4784
5	7	9	6	30	22.1512
6	4	12	5	33	22.5167
7	4	5	5	33	22.3328
8	2	19	7	27	23.2486
9	0	17	4	34	23.314
10	0	9	4	35	22.9843
11	2	2	3	29	23.4624
12	0	-2	9	34	21.6906
13	8	-4	4	36	21.4018
14	1	-35	2	29	22.8555
15	0	-35	5	29	22.321
16	0	8	4	36	22.8384
17	1	10	4	24	22.99
18	0	-11	4	28	23.2959
19	0	-6	5	37	22.1262
20	2	11	1	35	23.4311
21	0	-33	5	29	22.3736
22	1	-3	1	29	23.9209

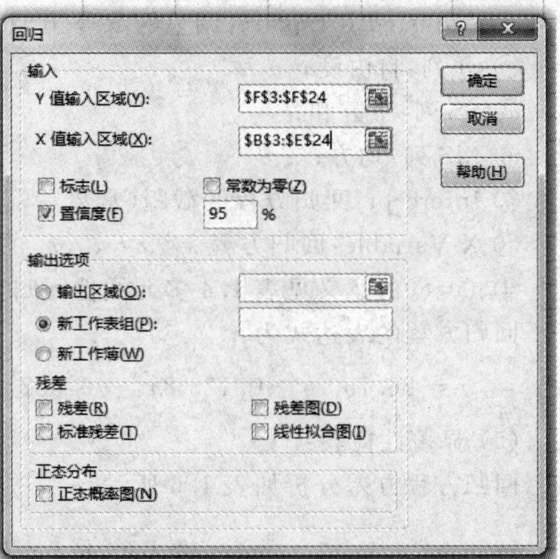

图 1.21　多元回归输入

SUMMARY OUTPUT

回归统计	
Multiple	0.957877
R Square	0.917528
Adjusted	0.898123
标准误差	0.24381
观测值	22

方差分析

	df	SS	MS	F	gnificance F
回归分析	4	11.24252	2.810631	47.28262	5.41E-09
残差	17	1.010535	0.059443		
总计	21	12.25306			

	Coefficien	标准误差	t Stat	P-value	Lower 95%	Upper 95%	下限 95.0%	上限 95.0%
Intercept	26.75059	0.453024	59.049	4.09E-21	25.7948	27.70639	25.7948	27.70639
X Variabl	-0.12379	0.023942	-5.17039	7.68E-05	-0.1743	-0.07328	-0.1743	-0.07328
X Variabl	0.022089	0.003325	6.642707	4.16E-06	0.015073	0.029104	0.015073	0.029104
X Variabl	-0.23311	0.024924	-9.35263	4.09E-08	-0.28569	-0.18052	-0.28569	-0.18052
X Variabl	-0.08667	0.014491	-5.98089	1.49E-05	-0.11725	-0.0561	-0.11725	-0.0561

图 1.22　多元回归结果

② R Square：R 的平方；

③ Adjusted R Square：调整的 R 平方，意义见一元回归分析；

④ df 列：自由度；

⑤ SS 列：平方和；

⑥ MS 列：均方；

⑦ Intercept：回归方程的截距（常数）；

⑧ X Variable：回归方程 x_1, x_2, x_3, x_4 的系数。

④、⑤、⑥的意义见表 1.4 多元线性回归方差分析。

回归方程的表达式为：

$$\hat{y} = 26.7506 - 0.1238x_1 - 0.0221x_2 - 0.2331x_3 - 0.0867x_4$$

(5) 显著性检验：

回归方程方差分析如表 1.6 所示。

表 1.6　例 1.4 方差分析

变差来源	平方和	自由度	均方	F
回归	11.242 5	4	2.810 631	47.282 6
残差	1.010 5	17	0.059 443	
总和	12.253 1	21		

当 $\alpha=0.05$ 时，查表 $F_{\alpha}(4,17)=2.96$。因为 $F>F_{0.05}(4,17)$，回归效果显著，所作回归方程有效。此时，决定系数 $R^2=\dfrac{Q_R}{Q_T}=0.92$。

(6) 预报：在多元回归中，预报半径是由下式给出的（证明略）。

$$d = \lambda S\sqrt{1+\frac{1}{N}+(\boldsymbol{X}^{(0)}-\bar{\boldsymbol{X}})^{\mathrm{T}}\boldsymbol{L}^{-1}(\boldsymbol{X}^{(0)}-\bar{\boldsymbol{X}})}$$

其中：

$$\bar{\boldsymbol{X}} = \begin{pmatrix} \bar{x}_1 \\ \bar{x}_2 \\ \vdots \\ \bar{x}_K \end{pmatrix}, \boldsymbol{X}^{(0)} = \begin{pmatrix} x_1^{(0)} \\ x_2^{(0)} \\ \vdots \\ x_K^{(0)} \end{pmatrix}$$ 是待测点的 K 个自变量（已知）。

计算得：$S=\sqrt{\dfrac{Q_E}{N-K-1}}=0.2438$

已知：$x_1^{(0)}=0$；$x_2^{(0)}=-9$；$x_3^{(0)}=9$；$x_4^{(0)}=34$，计算得：

$$\begin{aligned}\hat{y}_0 &= 26.7506-0.1238x_1^{(0)}+0.0221x_2^{(0)}-0.2331x_3^{(0)}-0.0867x_4^{(0)}\\ &= 21.507(℃)\end{aligned}$$

同一元回归一样，$\lambda=t_{\frac{\alpha}{2}}(N-K-1)$，当 $\alpha=0.05$ 时，可取 $\lambda\approx1.96$，且在实际应用中，当 $\boldsymbol{X}^{(0)}$ 与 $\bar{\boldsymbol{X}}$ 比较接近时，同样可把 d 的公式简化为：

$$d\approx\lambda S=1.96S\approx2S\approx0.4876$$

(7) 结论：

① 区间估计法

当 $\boldsymbol{X}^{(0)}=(0,-9,9,34)^{\mathrm{T}}$ 时，5 月份的平均气温 95％在[21.02,22]之间。

② 定值估计法

$$P_c=1-\frac{d}{y_0}\approx1-\frac{d}{\hat{y}_0}=1-\frac{0.4876}{21.507}=0.977$$

当 $\boldsymbol{X}^{(0)}=(0,-9,9,34)^{\mathrm{T}}$ 时，5 月份的平均气温为 21.507℃，精度为 0.977，可靠性为 0.95。

1.5　逐步回归

1.5.1　逐步回归的基本思想

在实际问题中，常常从可能影响预报量 y 的众多因子中挑选若干个因子作为自变量，应用回归分析方法建立回归方程，以作预报或控制之用。参加回归的 n 个变量 $x_1,x_2,\cdots,x_n$ 中，有些因子单独看与变量 y 的相关程度很密切，但 n 个因子合起来求 y 的回归方程时，这些因子的变化在回归方程中却显得无足轻重。怎样在众多的因子中挑选那些对预报量 y 影响显著的自变量来建立回归方程，使得建立的回归方程中不包含对预报量 y 影响不显著的自变量？具有这种优点的方程，被称为“最优”回归方程。所谓“最优”有以下两个意义：

第一，为了预报精确，希望在最终的回归方程中包括那些对 y 有显著作用的因素。已经知道，回归方程中包含的自变量越多，回归平方和就越大而残差平方和应越小。因此，剩余方差一般就越小。

第二，为了使用方便，又希望预报中包含尽量少的变量。此外，若回归方程中包含有对 y 根本不起什么作用或作用很小的自变量，那么残差平方和并不会由于这些变量存在而减小多少。相反，由于剩余自由度的减少，剩余方差反倒可能增大。同时，这些对 y 影响不显著的变量也会影响回归方程的稳定性而使方程的实用效果降低。所谓回归方程的稳定性，是指除自变量取值外，在其他实验条件基本不变的情况下，由不同的几批观测数据得到的回归方程的系数 b_i 及常数项 b_0 的波动情况。波动程度越小，就称回归方程越稳定。因此，在最终的回归方程中包含有不显著的变量不仅没有必要，而且是有害的。

挑选变量的方法是逐步改进的，开始人们用向前法(forward selection procedure)，即逐步选入对 y 影响大的量；而后用倒退法(backward selection procedure)，即在包含全部变量的回归方程中逐步剔除对 y 影响小的量。这些方法有计算量大，不能选出“最优”方程等缺点。把这两种方法结合起来，就是现在通用的逐步回归方法。

逐步回归与向前法相同的是从一个自变量开始按变量对 y 作用的显著程度从大到小地逐次逐个地将其引入回归方程。所不同的是，当先引入的变量由于后面变量的引入变得不显著时(即这个变量对 y 的作用被后面引入的变量代替了)，则随时将它从回归方程中剔除，以保证在引入新的显著变量之前回归方程中只包含显著的变量，直到没有显著的变量可以引入回归方程为止。

定量地研究“作用的大小”，就是用方差贡献描写变量对 y 的作用是否显著。

设通过 m 次实验已经建立了因子 $x_1, x_2, \cdots, x_l$ 对 y 的回归方程：

$$\hat{y} = b_0 + b_1 x_1 + \cdots + b_l x_l \tag{1.75}$$

下面要研究 $x_1, x_2, \cdots, x_l$ 中某个因子 x_j 对 y 所起的作用的大小。

由式(1.67)，得：

$$Q_R = \sum_{i=1}^{l} b_i l_{iy} \tag{1.76}$$

由式(1.68)，得：

$$Q_E = Q_T - \sum_{i=1}^{l} b_i l_{iy} = \min_{b_0, b_1, \cdots, b_l} \left[\sum_{t=1}^{m} (y_t - \hat{y}_t)^2 \right] \tag{1.77}$$

如果在 $x_1, x_2, \cdots, x_l$ 中去掉一个变量 x_j，这时所得到的回归方程只包含 $l-1$ 个因子，即：

$$\hat{y}' = b'_0 + b'_1 x_1 + \cdots + b'_{j-1} x_{j-1} + b'_{j+1} x_{j+1} + \cdots + b'_l x_l \tag{1.78}$$

少了一个因子的回归平方和与剩余平方和应分别为：

$$Q_{\bar{R}} = \sum_{\substack{i=1 \\ i \neq j}}^{l} b'_i l_{iy} \tag{1.79}$$

$$Q_E^- = Q_T - \sum_{\substack{i=l \\ i \neq j}}^{l} b'_i l_{iy} = \min_{b_0, b_1, \cdots, b_{j-1}, b_{j+1}, \cdots, b_i} \left[\sum_{t=1}^{m} (y_t - \hat{y}_t)^2 \right] \tag{1.80}$$

因为 $Q_E \leqslant Q_E^-$，故：

$$Q_j = Q_E^- - Q_E \geqslant 0 \tag{1.81}$$

Q_j 表示由于减少了变量 x_j 后残差平方和的增加量或相应回归平方和减少量，称之为 x_j 对 y 的方差贡献。

由式(1.77)、式(1.80)及式(1.81)可知，方差贡献 Q_j 不仅与 x_j 有关，而且与当时参加回归的所有因子 $x_1, x_2, \cdots, x_l$ 整体有关。因此，用 x_j 对 y 的方差贡献 Q_j 与 $x_1, x_2, \cdots, x_l$ 整体对 y 的残差平方和之比$\dfrac{Q_j}{Q_E}$来作为衡量 x_j 在 $x_1, x_2, \cdots, x_l$ 这 l 个因子中对 y 所起的作用大小的量度更为合理。逐步回归正是依据这个思想构造检验因子显著性的统计量的。

当检查回归方程式(1.75)中是否有某个变量 x_j 需要剔除时，由于 x_j 对 y 的作用大小可以用其方差贡献 Q_j 的大小来衡量，所以不必对所有的 $x_j(j=1,2,\cdots,l)$逐个检验其对 y 是否作用显著，而只须找出 $x_1, x_2, \cdots, x_l$ 中对 y 方差贡献最小的那个 x_j。若这个 x_j 对 y 作用显著，则回归方程中 x_j 的系数 $b_j \neq 0$。

故可作原假设 H_0： $b_j = 0$

构造统计量：

$$F = \frac{Q_j}{\dfrac{Q_E}{m-l-1}} \tag{1.82}$$

当 H_0 成立时，$F \sim F(1, m-l-1)$。其中 m 是试验次数，l 是已在回归方程中的自变量的个数。对给定的置信度 α（显著性水平），可以查 F 分布表得临界值 $F_\alpha(1, m-l-1)$。若 $F > F_\alpha(1, m-l-1)$，拒绝 H_0，说明 x_j 对 y 的方差贡献较大；反之，若 $F \leqslant F_\alpha(1, m-l-1)$，接受假设 H_0，说明 x_j 对 y 的方差贡献很小，可从回归方程(1.75)中剔除因子 x_j。

在考虑选入因子时，假定已有回归方程式(1.75)。对回归方程作用最大的因子就是方差贡献最大的因子，当然也只须检验方差最大的那个因子是否已达到选入的标准，而不必对所有在方程外的因子进行检验。检验的思想和方法与剔除时完全一样。

仍作原假设 $H_0: b_{l+1} = 0$。

统计量的构造方法也相同，只须把式(1.82)中的 Q_j 改为 Q_{l+1}（现在是检验 x_{l+1}的作用）。式(1.82)的分母是已在方程中的因子 $x_1, x_2, \cdots, x_l$ 造成的残差平方和，而选入 x_{l+1}时，就应是 $x_1, x_2, \cdots, x_l, x_{l+1}$造成的残差平方和，把它记为 Q_E^+，显

然 $Q_E^+ = Q_E - Q_{l+1}$。并且式(1.82)中$(m-l-1)$中的 l 是已在方程中的因子的个数，当选入 x_{l+1}时，自然在方程中有 $l+1$ 个自变量了，所以还应以 $l+1$ 代替 l。于是得到选入 x_{l+1}时检验显著性的统计量：

$$F = \frac{Q_{l+1}}{\dfrac{Q_E^+}{m-(l+1)-1}} \tag{1.83}$$

即：

$$F = \frac{Q_{l+1}}{Q_E - Q_{l+1}}(m-l-2) \tag{1.84}$$

同样，当 H_0 成立时，式(1.84)服从 $F(1,m-l-2)$分布，给定置信度 α 后，可查 F 分布表得临界值 $F_\alpha(1,m-l-2)$，若 $F>F_\alpha(1,m-l-2)$，拒绝 H_0，即认为因子 x_{l+1}对 y 影响显著，可以引入回归方程；反之，若 $F\leqslant F_\alpha(1,m-l-2)$，则接受 H_0，说明 x_{l+1}对 y 影响不大，不应引入回归方程。

1.5.2 逐步回归的计算例子

逐步回归的计算比较复杂，下面用科学计算软件 Matlab 来计算一个逐步回归的例子。

例 1.5 用逐步回归方法对我国东南沿海地区的梅雨季做中长期统计预报。入梅时间作为因变量 y，选择 6 个气象要素作为自变量，以 23 年历史资料作为样本(表 1.7)，用逐步回归方法做预报方程。

表 1.7 例 1.5 的原始数据表

样本号	变量						
	x_1	x_2	x_3	x_4	x_5	x_6	y[①]
1	31	7	16	5	4	265	23
2	30	5	4	7	4	262	23
3	33	10	0	0	0	258	3
4	25	4	6	0	6	262	20
5	26	6	12	5	7	260	26
6	27	9	19	4	9	266	27
7	27	7	19	4	5	259	19
8	31	13	4	2	2	257	6
9	31	8	1	0	2	266	16
10	28	14	0	0	4	265	22

续表 1.7

样本号	变量						
	x_1	x_2	x_3	x_4	x_5	x_6	y[①]
11	25	16	18	4	7	268	24
12	30	12	5	2	4	262	30
13	24	5	22	9	8	264	28
14	28	3	19	2	4	262	24
15	30	0	0	0	0	264	24
16	27	2	14	4	8	259	30
17	26	10	7	3	9	262	17
18	30	11	1	0	2	260	9
19	28	6	7	0	5	260	20
20	29	9	22	1	5	259	16
21	32	13	0	0	1	263	9
22	20	7	12	0	5	251	16
23	34	7	6	0	3	257	16

① 以 6 月 1 日作为 1,23 即表示 6 月 23 日入梅,余类推。

解 Excel 中没有逐步回归模块,本例调用 Matlab 中的函数 stepwise($\boldsymbol{X}, \boldsymbol{y}$),$\boldsymbol{X}$ 是 6 个自变量构成的矩阵,$\boldsymbol{y}$ 是因变量数据构成的向量,计算结果如下:

选入的变量为:x_2, x_5, x_6。

回归系数为:$b_2 = -0.772\,915$,$b_5 = 1.443\,28$,$b_6 = 0.792\,89$,$b_0 = -188.085$(截距)。

标准误差 $S = 4.736\,24$,决定系数 $R^2 = 0.648\,847$。

回归方程为:

$$\hat{y} = -188.085 - 0.772\,915x_2 + 1.443\,28x_5 + 0.792\,89x_6$$

可用上述方程对每年的入梅日期作预报。例 1.5 对第 24 年入梅日期预报如下:

已知第 24 年各气象因子值为 $x_1 = 29$;$x_2 = 1$;$x_3 = 9$;$x_4 = 2$;$x_5 = 6$;$x_6 = 265$,代入回归方程得

$$\hat{y} = -188.085 - 0.772\,91 \times 1 + 1.443\,28 \times 6 + 0.792\,89 \times 265 = 29.917\,62$$

可预报第 24 年 6 月 30 日入梅,可靠性 0.95,精度 $P_C = 1 - \dfrac{d}{\hat{y}} = 0.683\,4$。实际情

况为6月28日。

值得注意的是，在这个例子中，如果对 y 求关于6个因子的全回归，可以求得回归方程为：

$$\hat{y} = -180.06164 - 0.24653x_1 - 0.72141x_2 + 0.03036x_3 + 0.30886x_4 + 1.01024x_5 + 0.79110x_6$$

此时，决定系数 $R^2 = 0.66158$；标准误差 $S = 5.06680$。与逐步回归方法求出的决定系数和标准误差比较，可以看出，回归方程因子增加了3个，决定系数增加很小，而标准误差不仅没有减少，反而由于自由度减小而增加了。可见用逐步回归方法比用全回归方法更好。

第 2 章　非线性曲线回归模型

在自然界或社会、经济活动中，有些因素之间的相互影响，往往不是线性关系的，而呈现非线性关系。在这种情况下，若采用第 1 章所讲述的线性回归分析方法去构造预测模型，则会造成对实际现象或行为描述的失真，这时应该采用适当的非线性曲线回归模型。

非线性曲线的类型有很多种，因此，在建模过程中首先应该根据样本的散点图，选择一种或多种的曲线类型，再利用样本数据进行参数估计，构成合适的曲线回归模型。

2.1　可线性化的曲线回归模型

在预测工作中，常用的非线性数学函数有双曲线、指数函数、对数函数、幂函数、抛物线函数、多项式函数等。

2.1.1　双曲线

双曲线方程为：

$$y=\frac{1}{a+\frac{b}{x}}\quad (a\neq 0,b\neq 0) \tag{2.1}$$

式中：y 为因变量，x 为自变量，a 与 b 为待估计的参数。

双曲线方程式(2.1)($a>0$)的图像如图 2.1 所示。

如同线性回归法，为了获得式(2.1)的具体预测模型，必须将参数 a 与 b 估计出来。为此，应将此模型线性化。

(1) 先将式(2.1)两边取倒数并整理，得与之等价的方程：

$$\frac{1}{y}=a+b\cdot\frac{1}{x}\quad (a\neq 0,b\neq 0) \tag{2.2}$$

(2) 收集变量 x 与 y 的样本数据：(x_1,y_1)，(x_2,y_2)，(x_3,y_3)，…，(x_n,y_n)。令

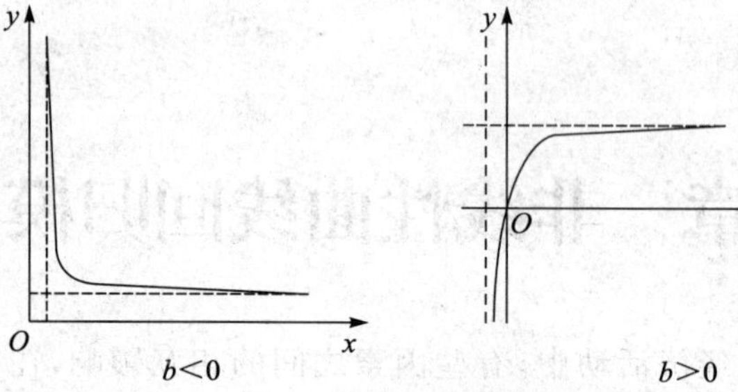

图 2.1　双曲线方程的图像($a>0$)

$$y' = \frac{1}{y}, \qquad x' = \frac{1}{x}$$

则双曲线方程式(2.2)可变换为一元线性方程:

$$y' = a + bx' \tag{2.3}$$

将样本数据(x_i,y_i)改造成新样本数据(x_i',y_i'),应用前述一元线性回归方程可以估计参数 a 与 b 值,再将其代入式(2.2),即可获得具体的双曲线预测模型。如同一元线性回归分析中一样,只要式(2.3)能通过模型显著性检验,即认为有效。

例 2.1　(李一智,1991)某小型企业自 1988 年 1 月至 1989 年 3 月间各月的销售收入(万元)为:19.25,24.63,28.73,28.52,29.11,30.02,29.80,29.97,31.47,31.77,31.81,32.41,31.82,32.72,32.27。试预测 1989 年 4 月、5 月的销售收入。

解　从题意可知,预测对象(因变量)为销售收入,可设为 y;自变量为累积月数,可设为 x。得样本数据为(1,19.25),(2,24.62),…,(15,32.27),将这 15 对数据描绘在销售收入(y)与月份(x)的坐标图上,散点分布大体呈双曲线,故用式(2.2)预测方程。做变换:$y'=\frac{1}{y}$,$x'=\frac{1}{x}$,将原样本数据分别取其倒数,改造为新样本(1,0.052),(0.5,0.041),…,(0.067,0.031)。利用新样本得(检验略):

$$y' = 0.029\,47 + 0.022\,13x'$$

还原变量得到双曲线预测模型:

$$\frac{1}{y} = 0.029\,47 + 0.022\,13\,\frac{1}{x}$$

1989 年 4 月(即第 16 个月)的预测值为:

$$y = \frac{16}{0.029\,47 \times 16 + 0.022\,13} = 32.41(\text{万元})$$

1989 年 5 月(即第 17 个月)的预测值为：

$$y = \frac{17}{0.029\,47 \times 17 + 0.022\,13} = 32.50(\text{万元})$$

2.1.2　指数函数 1

指数函数 1 曲线方程为：

$$y = a\mathrm{e}^{\frac{b}{x}} \quad (a > 0, x > 0) \tag{2.4}$$

式(2.4)的图像如图 2.2 所示。

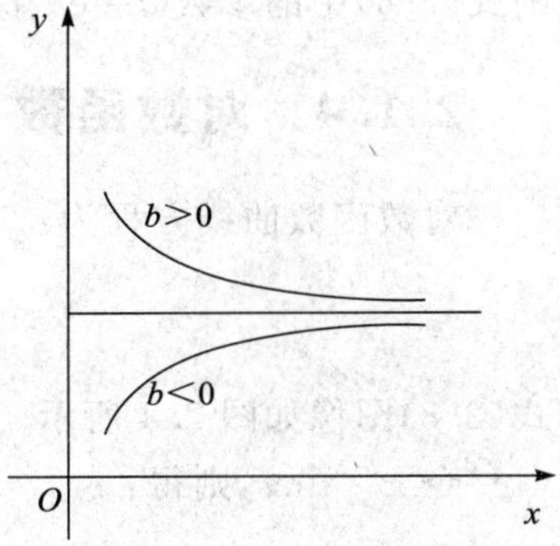

图 2.2　指数函数 1 的图像

为了估计参数 a 与 b，对方程(2.4)两边取自然对数，得：

$$\ln y = \ln a + \frac{b}{x}$$

令 $y' = \ln y, a' = \ln a, x' = \frac{1}{x}$，则得

$$y' = a' + bx' \tag{2.5}$$

因此，应将原样本(x_i, y_i)进行改造，即对 y_i 取自然对数，改为 y_i'，对 x_i 取倒数，改为 x_i'，形成新样本数据(x_i', y_i')，按一元线性回归法估计出参数 a' 和 b。则式(2.4)参数为 $a = \mathrm{e}^{a'}, b = b$。

例 2.2　对例 2.1 样本，采用指数函数 1 曲线方程预测。

解　原样本数据点的散布，类似式(2.4)(当 $b < 0$ 时)的图形。据此，将原样本改变为(1,2.958)，(0.5,3.204)，…，(0.067,3.474)。经过一元线性回归分析得到参数估计为 $a' = 3.502\,96, b = -0.554\,2$。得 $a = \mathrm{e}^{3.502\,96} = 33.213\,6$。于是预测模型为 $y = 33.213\,6\mathrm{e}^{\frac{-0.554\,2}{x}}$。

令 $x = 16$，得 $y = 32.090\,5$ 万元；令 $x = 17$，得 $y = 32.152\,6$ 万元。

2.1.3　指数函数 2

指数函数 2 曲线方程为：

$$y = a\mathrm{e}^{bx} \quad (a > 0, x > 0) \tag{2.6}$$

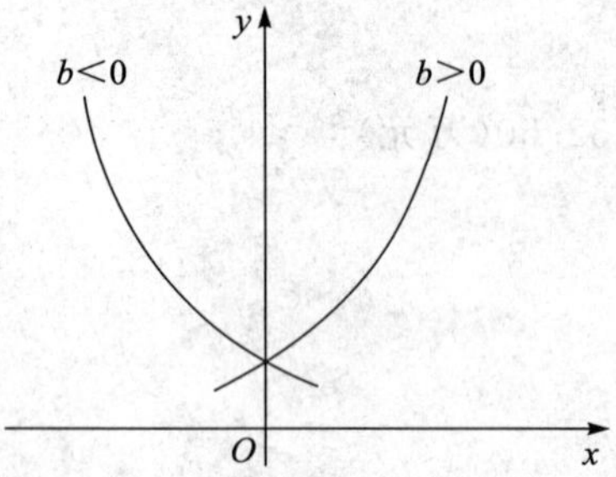

图 2.3　指数函数 2 的图像

式(2.6)的图像如图 2.3 所示。

为估计参数 a 与 b 之值，对式(2.6)两边取自然对数，得：

$$\ln y = \ln a + bx$$

令 $y' = \ln y, a' = \ln a$，则得：

$$y' = a' + bx \tag{2.7}$$

将原样本(x_i, y_i)改变为$(x_i, \ln y_i)$，用新样本数据按一元线性回归方法可估计出参数 a'与 b，则式(2.6)中的参数 $a = e^{a'}, b = b$。

2.1.4　对数函数

对数函数曲线方程为：

$$y = a + b\ln x \tag{2.8}$$

式(2.8)图像如图 2.4 所示。

令 $x' = \ln x$，则得：

$$y = a + bx' \tag{2.9}$$

故只须将原样本(x_i, y_i)改变为$(\ln x_i, y_i)$，用此新样本按一元线性回归方法可估计参数 a 与 b 之值。

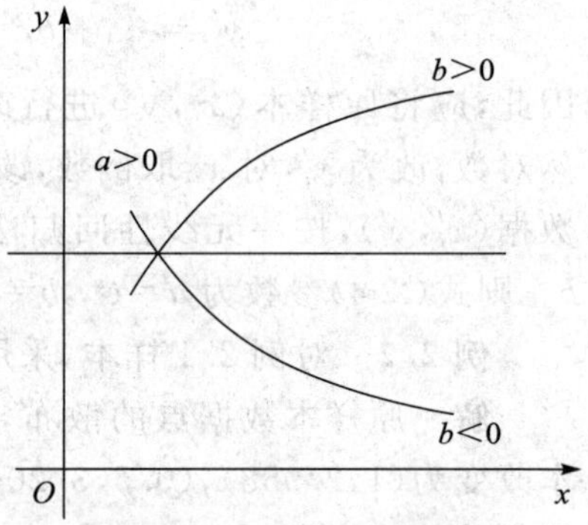

图 2.4　对数函数的图像

2.1.5　幂函数

幂函数曲线方程为：

$$y = ax^b \qquad (a > 0, x > 0) \tag{2.10}$$

式(2.10)的图像如图 2.5 所示。

对式(2.10)两边取对数得 $\ln y = \ln a + b\ln x$。

令 $y' = \ln y, x' = \ln x, a' = \ln a$，则有

$$y' = a' + bx' \tag{2.11}$$

使用改造的样本数据$(\ln x_i, \ln y_i)$，即可按一元线性回归方法估计参数 a'与 b，则 $a = e^{a'}$。

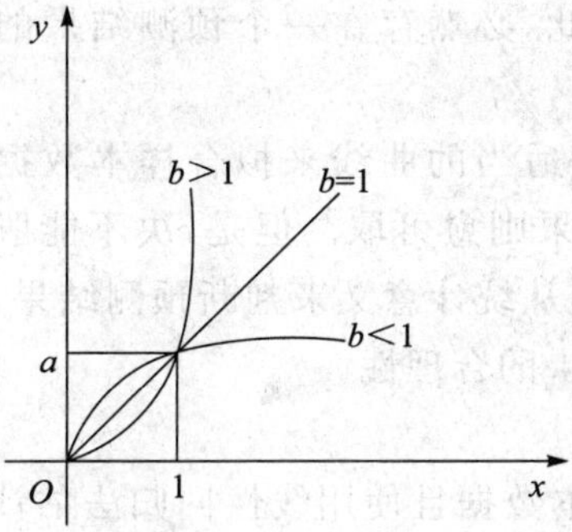

(a) $y=ax^b$

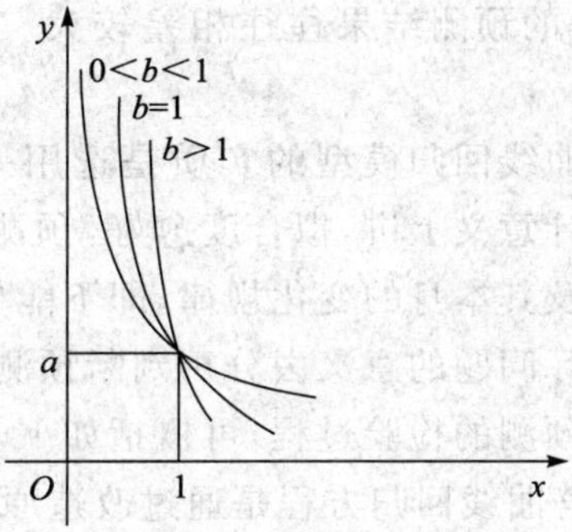

(b) $y=ax^{-b}$

图 2.5　幂函数的图像

2.1.6　二次函数

二次函数方程为：

$$y = b_0 + b_1 x + b_2 x^2 \tag{2.12}$$

令 $x_1 = x, x_2 = x^2$ 则得：

$$y = b_0 + b_1 x_1 + b_2 x_2 \tag{2.13}$$

式(2.13)为二元线性方程，故须将原样本 (x_i, y_i) 改造为 (x_{1i}, x_{2i}, y_i)，即 (x_i, x_i^2, y_i)，用此新样本按二元线性回归的参数估计方法可求出参数 b_0、b_1 与 b_2 之值。

2.1.7　三次多项式

三次多项式方程为：

$$y = b_0 + b_1 x + b_2 x^2 + b_3 x^3 \qquad (b_3 \neq 0) \tag{2.14}$$

式(2.14)的图像如图 2.6 所示。

与二次函数相似，令 $x_1 = x, x_2 = x^2, x_3 = x^3$，改造成新样本 (x_i, x_i^2, x_i^3, y_i)，利用多元线性回归的参数估计法，即可求得 b_0、b_1、b_2、b_3 之值。多项式模型的获得，亦如上所述。

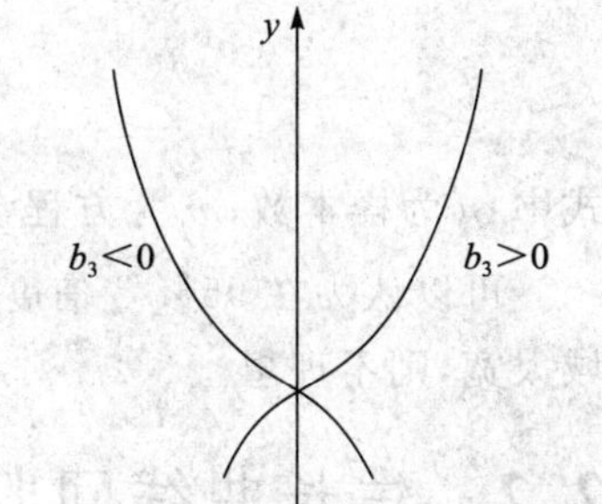

图 2.6　三次多项式的图像

2.1.8　曲线回归模型的检验

对同样的问题，采用不同的曲线回归模型，或者同一模型而用不同的参数估计方法，所得的预测结果往往相差较大。因此，必然存在一个预测结果的分析判断问题。

建立曲线回归模型的实质是选用一条适当的曲线来拟合样本数据的变化规律。从统计意义上讲，拟合度愈好，预测结果则愈可取。但是，决不能脱离预测对象的机理及其本身的变化规律，即不能单纯从统计意义来判断预测结果，而必须基于研究实际问题的意义去分析判断预测结果的合理性。

曲线预测的检验过程，可概括如下。

(1) 若曲线回归方程是通过改造原样本数据且使用线性回归法估计参数求得的，则在线性回归参数估计时，首先应该进行线性回归方程的统计检验（见第1章），检验通过的方程及其参数，则入选。

(2) 在获得曲线回归的不同的具体方程式以后，分别计算原样本数据的"预测值"$\hat{y}_i$，再求出残差 $\delta_i = y_i - \hat{y}_i$，根据残差 δ_i 数列，检验其是否具有随机性。若是随机性数列，则检验通过；同时，计算均方差，均方差较小者较适合（见第1章）。

(3) 用通过统计检验的各回归方程，分别进行预测，对所得的不同预测结果进行实际问题规律的合理性分析。通过分析，一般可以获得预测结果的合理性分析和解释，使选定的预测结果真正建立在定性分析与定量分析相结合的基础上，具有满意的可信度。为进一步确定其可信度，还必须求得预测值的置信值域。为此可算出标准误差 S。

$$S = \sqrt{\frac{\sum_{i=1}^{n} \delta_i^2}{n-m}} \tag{2.15}$$

式中：n 为样本数；m 为方程参数的个数；δ_i 为残差：$\delta_i = y_i - \hat{y}_i \quad (i=1,2,\cdots,n)$。

可以认为在95%置信度内，预测值的值域近似为 $\hat{y} \pm 2S$。若某预测值 $\hat{y}$ 的值域太宽，则不理想。

2.2 生长曲线回归模型

生长曲线本来是描述生物生长过程的一种特殊曲线。生物学界长期研究发现，生物的生长过程，一般经历发生、发展、成熟和衰亡4个阶段，每个阶段的成长速度各不相同：在发生初期成长速度较慢，然后慢慢加快；到发展时期成长速度则较快；在成熟时期，成长速度达到最快后逐渐变慢。生物成长过程形式如图2.7所示，因曲线形状呈 S 形，又称为 S 曲线。

通过观察和研究发现，有许多事物的成长，或者某些变量随时间的变化，也类似于生物生长的过程，呈现 S 形，其变化速度也是由慢渐快，达到最快后，又由快逐渐变慢，最后其变量值趋于某种极限。例如作物叶面积、高度的增长，在一定资源条件下微生物生物量、种群的变化等。

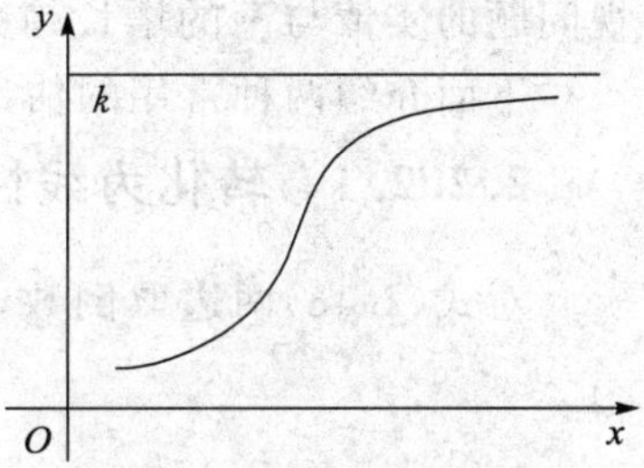

图 2.7　生物生长曲线

2.2.1　原理

设因变量 y 是时间 t 的函数。y 的增长速度为 $\frac{dy}{dt}$，假设 y 的平均增长率满足如式(2.16)所示的微分方程。

$$\frac{1}{y}\frac{dy}{dt} = a - by \tag{2.16}$$

式中：a，b 均为待定系数，皆为正值才有意义。

当 y 很小时，可视为 $a-by \approx a$，则增长速度 $\frac{dy}{dt} \approx ay$，a 为常数，增长速度随着 y 的增大而逐渐增大；当 y 逐渐增大时，$a-by$ 逐渐变小，y 的增长速度又由大逐渐变小。

当 $a-by=0$ 时，增长速度为零，即 $y=\frac{a}{b}=k$。其中，k 为 y 的极限(饱和)值，亦为正数。

设初始条件为 $t=0$ 时，$y=y_0$，解微分方程式(2.16)，可得：

$$y = \frac{k}{1 + \frac{k - y_0}{y_0} e^{-at}} \tag{2.17}$$

从式(2.17)也可见，当 $t \to \infty$ 时，$y \to k$。

2.2.2　Logistic 曲线模型

令 $m=\frac{k-y_0}{y_0}$，则式(2.17)可写成：

$$y = \frac{k}{1 + m e^{-at}} \tag{2.18}$$

式(2.18)即为 Logistic 曲线方程，式中 a，m，k 为待定系数。其中 k 为 y 饱和值，可

视问题的实情与 y 的增长趋势给定。

下面介绍两种常用的估计参数 m、a、k 的方法。

2.2.2.1　转化为线性方程的方法

对式(2.18)两边取倒数，得 $\frac{1}{y}=\frac{1+me^{-at}}{k}$，$\frac{k}{y}-1=me^{-at}$。然后两边取对数，得：

$$\ln\left(\frac{k}{y}-1\right)=\ln m-at \tag{2.19}$$

若 k 值已给定，y 的时间序列样本已知，则可令 $y'=\ln\left(\frac{k}{y}-1\right)$，$a_0=\ln m$，$a_1=-a$。则得一元线性方程：

$$y'=a_0+a_1t \tag{2.20}$$

式中：t 为 y 序列的时间点，可设为自然数列。

故可用改造后的样本数据$(1,y_1')$，$(2,y_2')$，…，(n,y_n')估计参数 a_0 与 a_1，其中 $y_i'=\ln\left(\frac{k}{y_i}-1\right)$，$m=e^{a_0}$，$a=-a_1$，代入式(2.18)得 Logistic 预测模型。

例 2.3　某一品种玉米高度与时间(生长周期，每个生长周期为 2～3 天，与气温有关)数据如表 2.1 所示。用转化为线性方程的估计法估计其 Logistic 曲线预测模型的参数。

表 2.1　玉米高度与时间(生长周期)的关系

时间(生长周期)	高度/cm	时间(生长周期)	高度/cm	时间(生长周期)	高度/cm
1	0.67	12	12.75	23	112.73
2	0.85	13	16.55	24	135.12
3	1.28	14	20.1	25	153.6
4	1.75	15	27.35	26	160.32
5	2.27	16	32.55	27	167.05
6	2.75	17	37.55	28	174.9
7	3.69	18	44.75	29	177.87
8	4.71	19	53.38	30	180.19
9	6.36	20	71.61	31	180.79
10	7.73	21	83.89		
11	9.91	22	97.46		

解 其散点图如图 2.8 所示：

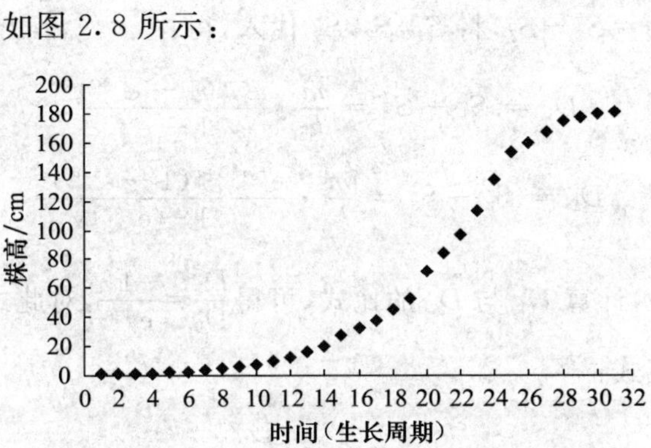

图 2.8 玉米高度与时间(生长周期)的关系曲线

从图 2.8 可看出，玉米高度随时间的变化大体呈现 S 形，可用 Logistic 曲线预测。设该品种玉米生长高度极限值 $k=300$ cm，根据式(2.20)通过一元线性回归求得：

$$y' = a_0 + a_1 t = 5.973\,971 + (-0.229\,65)t$$

$$m = \mathrm{e}^{a_0} = \mathrm{e}^{5.973\,971} = 393.063\,4$$

$$a = -a_1 = 0.229\,65$$

$$y = \frac{300}{1 + 393.063\,4\mathrm{e}^{-0.229\,65t}}$$

2.2.2.2 确定极限值 k 的方法

取样本数 n 为 3 的整倍数，即 $r=\left[\frac{n}{3}\right]$；记样本点为 $(1,y_1),(2,y_2),(3,y_3),\cdots,(n,y_n)$。

由式(2.18)可以推出：

$$\frac{1}{y_i} = \frac{1}{k} + \frac{m}{k}\mathrm{e}^{-ai} \qquad (i = 1,2,\cdots,n)$$

令 $S_1 = \sum_{i=1}^{r} \frac{1}{y_i}, S_2 = \sum_{i=r+1}^{2r} \frac{1}{y_i}, S_3 = \sum_{i=2r+1}^{3r} \frac{1}{y_i}$。得：

$$S_1 = \frac{r}{k} + \frac{m}{k}\sum_{i=1}^{r}\mathrm{e}^{-ai} = \frac{r}{k} + \frac{m}{k}\cdot\frac{\mathrm{e}^{-a}(1-\mathrm{e}^{-ra})}{1-\mathrm{e}^{-a}}$$

$$S_2 = \frac{r}{k} + \frac{m}{k}\sum_{i=r+1}^{2r}\mathrm{e}^{-ai} = \frac{r}{k} + \frac{m}{k}\cdot\frac{\mathrm{e}^{-(r+1)a}(1-\mathrm{e}^{-ra})}{1-\mathrm{e}^{-a}}$$

$$S_3 = \frac{r}{k} + \frac{m}{k}\sum_{i=2r+1}^{3r}\mathrm{e}^{-ai} = \frac{r}{k} + \frac{m}{k}\cdot\frac{\mathrm{e}^{-(2r+1)a}(1-\mathrm{e}^{-ra})}{1-\mathrm{e}^{-a}}$$

令 $D_1=S_1-S_2$，$D_2=S_2-S_3$，将 S_1，S_2，S_3 代入，得：

$$D_1 = S_1 - S_2 = \frac{m}{k} \cdot \frac{e^{-a}(1-e^{-ra})^2}{1-e^{-a}}$$

$$D_2 = S_2 - S_3 = \frac{m}{k} \cdot \frac{e^{-(r+1)a}(1-e^{-ra})^2}{1-e^{-a}}$$

为消去 m 与 k，计算 D_1 与 D_2 的比式，可得$\frac{D_1}{D_2}=\frac{1}{e^{-ra}}$，对此式两边取对数，整理后可得参数 a 的算式：

$$a = \frac{1}{r}\ln\left(\frac{D_1}{D_2}\right) \tag{2.21}$$

因为：

$$\frac{D_1^2}{D_1-D_2} = \frac{\frac{m^2}{k^2} \cdot \frac{e^{-2a}(1-e^{-ra})^4}{(1-e^{-a})^2}}{\frac{m}{k} \cdot \frac{e^{-a}(1-e^{-ra})^3}{1-e^{-a}}} = S_1 - \frac{r}{k}$$

所以，可得参数 k 和 m 的算式：

$$k = \frac{r}{S_1 - \frac{D_1^2}{D_1 - D_2}} \tag{2.22}$$

$$m = \frac{S_1 - \frac{r}{k}}{\frac{1}{k} \cdot \frac{e^{-a}(1-e^{-ra})}{1-e^{-a}}} = \frac{\left(\frac{D_1^2}{D_1-D_2}\right)k}{\frac{e^{-a}(1-e^{-ra})}{1-e^{-a}}} \tag{2.23}$$

例 2.4 用例 2.3 的数据，取前 30 组数据，用确定极限值的方法，求其 Logistic 曲线预测模型参数 k 的值。

解 $S_1 = \sum_{i=1}^{10} \frac{1}{y_i} = 5.595\ 77$

$S_2 = \sum_{i=11}^{20} \frac{1}{y_i} = 0.438\ 47$

$S_3 = \sum_{i=21}^{30} \frac{1}{y_i} = 0.074\ 08$

$D_1 = S_1 - S_2 = 5.157\ 29$

$D_2 = S_2 - S_3 = 0.364\ 49$

$$k=\frac{10}{5.59577-\dfrac{5.15729^2}{5.15729-0.36446}}=215.6507$$

从例 2.4 可见，这种参数估计方法能估计出极限 k 值，对此估计可以根据事物生长机理判断其可信度。因此，此法适用于确信预测对象已经进入生长成熟阶段，今后的增长速度必定逐渐减小的情形，即已知的时间序列的散点图已经较明显地呈现 S 形，其上端已经出现斜率递减的趋势。

2.3　用 Excel 求可线性化的非线性回归方程

用 Excel 求可线性化的非线性回归方程也有两种方法，即图表法和调用“数据分析-回归”模块法，分别介绍如下。

2.3.1　图表法

例 2.5　酵母菌生物量与时间的关系图表如图 2.9 所示。

时间	生物量
0	9.6
1	18.3
2	29
3	47.2
4	71.1
5	119.1
6	174.6
7	257.3

图 2.9　例 2.5 的数据输入表

插入图表、散点图，如图 2.10 所示。

从散点图中可以看出，大致符合指数图像，在添加趋势线时，可以选择指数模型(图 2.11)。

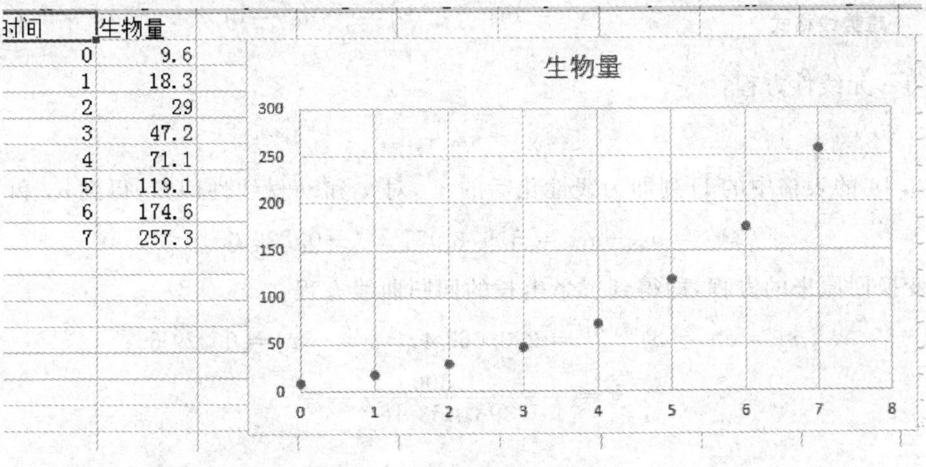

图 2.10　例 2.5 的散点图

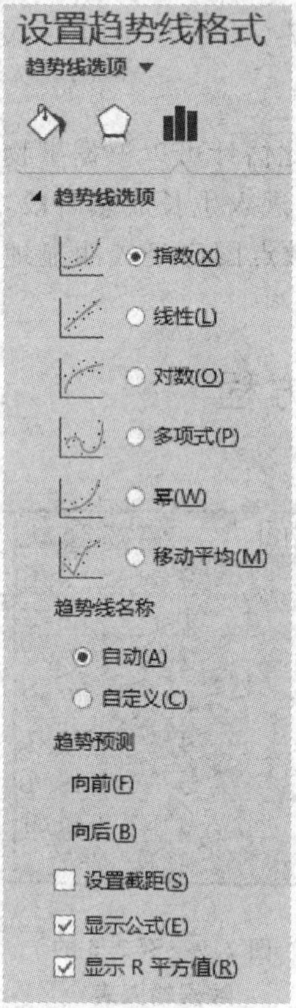

图 2.11　例 2.5 的趋势线格式

结果如图 2.12 所示。

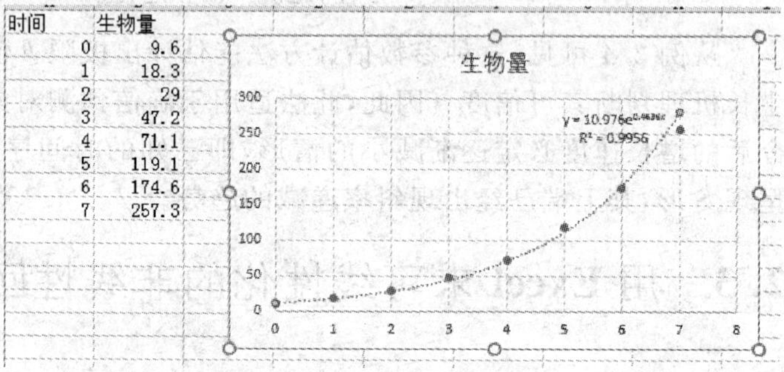

图 2.12　例 2.5 结果

在例 2.3 中，我们讨论了玉米增长过程模型，从散点图上看，玉米生长过程符合 Logistic 曲线，但是在添加趋势线时，并无可选择的曲线。如何用图表来求出玉米生长模型的回归曲线呢？

我们用线性化的方法来求解。

(1) 输入数据，加入散点图，如图 2.13 所示。由 2.2.2 节介绍的方法做变换，将非线性曲线线性化(图 2.14)：

$$y' = \ln\left(\frac{k}{y} - 1\right), \qquad a_0 = \ln m, \qquad a_1 = -a$$

则得一元线性方程：

$$y' = a_0 + a_1 t$$

图 2.14 的表格中的 D 列即为线性化后的 y'，对 x 和 y' 做线性回归，得到 a_0 和 a_1，

$$y' = a_0 + a_1 t = 5.973\,971 + (-0.229\,65)t$$

再变换回原来的方程，即得到玉米生长的回归曲线方程：

$$m = \mathrm{e}^{a_0} = \mathrm{e}^{5.973\,971} = 393.063\,4, \quad a = -a_1 = 0.229\,65;$$

$$y = \frac{300}{1 + 393.063\,4\mathrm{e}^{-0.229\,65t}}$$

生长阶段	玉米高度
1	0.67
2	0.85
3	1.28
4	1.75
5	2.27
6	2.75
7	3.69
8	4.71
9	6.36
10	7.73
11	9.91
12	12.75
13	16.55
14	20.1
15	27.35
16	32.55
17	37.55
18	44.75
19	53.38
20	71.61
21	83.89
22	97.46
23	112.73
24	135.12
25	153.6
26	160.32
27	167.05
28	174.9
29	177.87
30	180.19
31	167.739 6

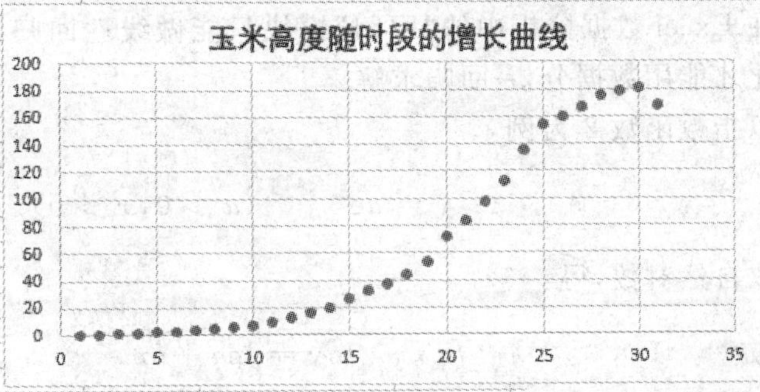

图 2.13　玉米生物量的数据和散点图

	A	B	C	D
1	生长阶段	玉米植株高度		ln((300/y)-1)
2	1	0.67		6.10202421
3	2	0.85		5.863464049
4	3	1.28		5.452646602
5	4	1.75		5.138316273
6	5	2.27		4.876407204
7	6	2.75		4.682972624
8	7	3.69		4.385779746
9	8	4.71		4.138270016
10	9	6.36		3.83232615
11	10	7.73		3.63256917
12	11	9.91		3.376646871
13	12	12.75		3.114821645
14	13	16.55		2.840649639
15	14	20.1		2.633712581
16	15	27.35		2.299472393
17	16	32.55		2.106155264
18	17	37.55		1.944387209
19	18	44.75		1.741152012
20	19	53.38		1.530412546
21	20	71.61		1.159819965
22	21	83.89		0.94628112
23	22	97.46		0.73149536
24	23	112.73		0.507555847
25	24	135.12		0.199054664
26	25	153.6		-0.048009219
27	26	160.32		-0.137817726
28	27	167.05		-0.228320051
29	28	174.9		-0.335100965
30	29	177.87		-0.375966895
31	30	180.19		-0.408104695
32	31	180.79		-0.416449493

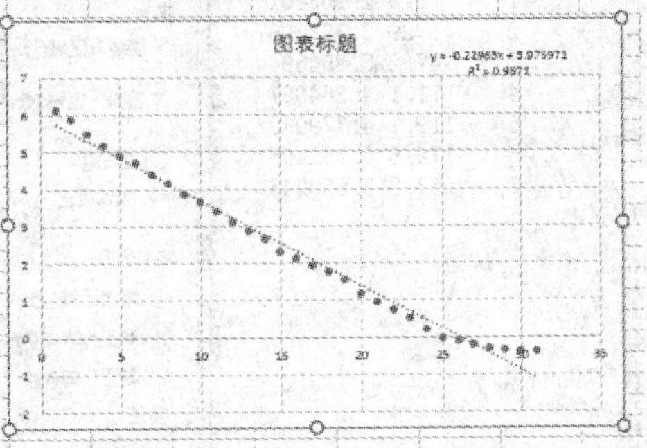

图 2.14　玉米生物量的数据线性化后的散点图和趋势线

2.3.2 调用“数据分析-回归”模块法

在 Excel 数据分析中的“回归”模块只能做线性回归，非线性问题必须将数据线性化才能用数据分析-回归求解。

以指数函数 2 为例，

$$y = ae^{bx} \qquad (a > 0, x > 0)$$

两边取自然对数，得：

$$\ln y = \ln a + bx$$

令 $y' = \ln y, a' = \ln a$，则得：

$$y' = a' + bx$$

将原样本 (x_i, y_i) 改变为 $(x_i, \ln y_i)$，用新样本数据按一元线性回归方法可估计出参数 a' 与 b，则有：$a = e^{a'}, b = b$。

再看例 2.5 的数据，将指数方程变换为线性方程（图 2.15），再调用数据分析-回归模块如图 2.16 所示。

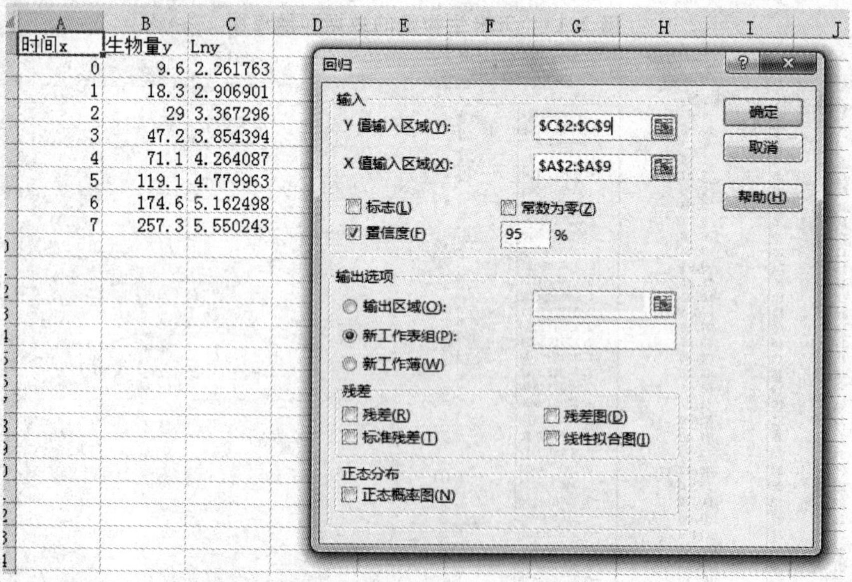

图 2.15 例 2.5 数据线性化后的回归对话框

SUMMARY OUTPUT

回归统计	
Multiple	0.997802
R Square	0.99561
Adjusted	0.994878
标准误差	0.081455
观测值	8

方差分析

	df	SS	MS	F	gnificance F
回归分析	1	9.028071	9.028071	1360.682	2.65E-08
残差	6	0.03981	0.006635		
总计	7	9.06788			

	Coefficien	标准误差	t Stat	P-value	Lower 95%	Upper 95%	下限 95.0%	上限 95.0%
Intercept	2.395683	0.052579	45.56337	7.49E-09	2.267027	2.52434	2.267027	2.52434
X Variabl	0.463631	0.012569	36.88742	2.65E-08	0.432877	0.494386	0.432877	0.494386

图 2.16 例 2.5 用数据分析-回归模块得到的结果

其中，X 值输入区域仍然是时间，Y 值的输入区域是 C2:C9，也就是 $\ln y$。

2.4 趋势面分析

趋势面分析是根据空间的抽样数据，拟合一个数学曲面，用该数学曲面来反映空间分布的变化情况。在数学上，趋势面分析问题实际上就是曲面拟合问题，目前趋势面的求解均采用最小二乘法。

2.4.1 趋势面分析的一般原理

2.4.1.1 趋势面模型的建立

设实际观测数据为 $z_i(x_i, y_i)$ $(i=1,2,\cdots,n)$，趋势面拟合值为 $\hat{z}_i(x_i, y_i)$，则有：

$$z_i(x_i, y_i) = \hat{z}_i(x_i, y_i) + \delta_i \qquad (i = 1, 2, \cdots, n) \tag{2.24}$$

式中：δ_i 为剩余值(残差值)。

显然，当(x_i, y_i)在空间上变动时，式(2.24)就刻画了实际分布曲面、趋势面和剩余面之间的互动关系。

趋势面分析的核心就是从实际观测值出发推算趋势面，一般采用回归分析方法，使得残差平方和

$$Q_E = \sum_{i=1}^{n} \delta_i^2 = \sum_{i=1}^{n} [z_i(x_i, y_i) - \hat{z}_i(x_i - y_i)]^2$$

达到最小来估计趋势面参数。这就是在最小二乘法意义下的趋势面拟合。

用来计算趋势面的数学方程式有多项式函数和傅立叶级数,其中最常用的是多项式函数。因为任何一个函数都可以在一个适当的范围内用多项式来逼近,而且通过调整多项式的次数,可使所求的回归方程适合实际问题的需要。

多项式趋势面的形式如下。

一次趋势面模型:

$$z = a_0 + a_1 x + a_2 y \tag{2.25}$$

二次趋势面模型:

$$z = a_0 + a_1 x + a_2 y + a_3 x^2 + a_4 xy + a_5 y^2 \tag{2.26}$$

三次趋势面模型:

$$z = a_0 + a_1 x + a_2 y + a_3 x^2 + a_4 xy + a_5 y^2 + a_6 x^3 + a_7 x^2 y + a_8 xy^2 + a_9 y^3 \tag{2.27}$$

在实际的空间趋势面模拟中,按照对事物认识由易到难的规律,应首先考虑用式(2.25)表达的倾斜平面去拟合,如果不能满足需求,再考虑用式(2.26)描述的二次抛物趋势面去模拟,如果还不能满足研究需求,则需选用三次趋势面、四次趋势面甚至更高次趋势面进行拟合。

2.4.1.2 趋势面模型的参数估计

趋势面模型参数的估计实际上就是对非线性回归模型回归系数的估计。最小二乘法给出了多项式系数的最佳线性无偏估计值,这些估计值能使残差平方和达到最小。趋势面参数的估计就是根据观测值$(z_i, x_i, y_i)(i=1,2,\cdots,n)$确定多项式的系数$a_0, a_1, \cdots, a_p$,使残差平方和最小。

令$x_1 = x, x_2 = y, x_3 = x^2, x_4 = xy, x_5 = y^2, \cdots$,则有:

$$\hat{z} = a_0 + a_1 x_1 + a_2 x_2 + \cdots + a_p x_p$$

这样就将多项式回归(非线性)模型转化为多元线性回归模型。其残差平方和为:

$$Q_E = \sum_{i=1}^{n} (z_i - \hat{z}_i)^2 = \sum_{i=1}^{n} [z_i - (a_0 + a_1 x_{1i} + a_2 x_{2i} + \cdots + a_p x_{pi})]^2 \tag{2.28}$$

根据最小二乘法的原理，求 Q_E 对 $a_1, a_2, \cdots, a_p$ 的偏导数，并令其等于 0，则得正规方程组：

$$\begin{cases} \dfrac{\partial Q_E}{\partial a_0} = -2\sum_{i=1}^{n}[z_i - (a_0 + a_1 x_{1i} + a_2 x_{2i} + \cdots + a_p x_{pi})] \cdot 1 = 0 \\ \dfrac{\partial Q_E}{\partial a_1} = -2\sum_{i=1}^{n}[z_i - (a_0 + a_1 x_{1i} + a_2 x_{2i} + \cdots + a_p x_{pi})] \cdot x_{1i} = 0 \\ \quad\vdots \\ \dfrac{\partial Q_E}{\partial a_p} = -2\sum_{i=1}^{n}[z_i - (a_0 + a_1 x_{1i} + a_2 x_{2i} + \cdots + a_p x_{pi})] \cdot x_{pi} = 0 \end{cases}$$

化简可得：

$$\begin{cases} na_0 + a_1 \sum_{i=1}^{n} x_{1i} + \cdots + a_p \sum_{i=1}^{n} x_{pi} = \sum_{i=1}^{n} z_i \\ a_0 \sum_{i=1}^{n} x_{1i} + a_1 \sum_{i=1}^{n} x_{1i} x_{1i} + \cdots + a_p \sum_{i=1}^{n} x_{pi} x_{1i} = \sum_{i=1}^{n} x_{1i} z_i \\ \quad\vdots \\ a_0 \sum_{i=1}^{n} x_{pi} + a_1 \sum_{i=1}^{n} x_{1i} x_{pi} + \cdots + a_p \sum_{i=1}^{n} x_{pi} x_{pi} = \sum_{i=1}^{n} x_{pi} z_i \end{cases} \tag{2.29}$$

式中：$a_0, a_1, \cdots, a_p$ 为 $p+1$ 个未知量。

将式(2.29)中各参数用矩阵形式表示为：

$$\boldsymbol{X} = \begin{bmatrix} 1 & x_{11} & x_{21} & \cdots & x_{p1} \\ 1 & x_{12} & x_{22} & \cdots & x_{p2} \\ \vdots & \vdots & \vdots & & \vdots \\ 1 & x_{1n} & x_{2n} & \cdots & x_{pn} \end{bmatrix}, \boldsymbol{A} = \begin{bmatrix} a_0 \\ a_1 \\ \vdots \\ a_p \end{bmatrix}, \boldsymbol{Z} = \begin{bmatrix} z_1 \\ z_2 \\ \vdots \\ z_n \end{bmatrix}$$

则方程组式(2.29)变为：

$$\boldsymbol{X}^{\mathrm{T}} \boldsymbol{X} \boldsymbol{A} = \boldsymbol{X}^{\mathrm{T}} \boldsymbol{Z} \tag{2.30}$$

对于二元二次多项式 $z = a_0 + a_1 x + a_2 y + a_3 x^2 + a_4 xy + a_5 y^2$，其正规方程组为：

$$\begin{bmatrix} 1 & 1 & \cdots & 1 \\ x_1 & x_2 & \cdots & x_n \\ y_1 & y_2 & \cdots & y_n \\ x_1^2 & x_2^2 & \cdots & x_n^2 \\ x_1 y_1 & x_2 y_2 & \cdots & x_n y_n \\ y_1^2 & y_2^2 & \cdots & y_n^2 \end{bmatrix} \cdot \begin{bmatrix} 1 & x_1 & y_1 & x_1^2 & x_1 y_1 & y_1^2 \\ 1 & x_2 & y_2 & x_2^2 & x_2 y_2 & y_2^2 \\ \vdots & \vdots & \vdots & \vdots & \vdots & \vdots \\ 1 & x_n & y_n & x_n^2 & x_n y_n & y_n^2 \end{bmatrix} \cdot \begin{bmatrix} a_0 \\ a_1 \\ a_2 \\ a_3 \\ a_4 \\ a_5 \end{bmatrix}$$

$$= \begin{bmatrix} 1 & 1 & \cdots & 1 \\ x_1 & x_2 & \cdots & x_n \\ y_1 & y_2 & \cdots & y_n \\ x_1^2 & x_2^2 & \cdots & x_n^2 \\ x_1 y_1 & x_2 y_2 & \cdots & x_n y_n \\ y_1^2 & y_2^2 & \cdots & y_n^2 \end{bmatrix} \cdot \begin{bmatrix} z_1 \\ z_2 \\ \vdots \\ z_n \end{bmatrix}$$

由式(2.30)求解,可以得到:

$$\boldsymbol{A} = (\boldsymbol{X}^{\mathrm{T}} \boldsymbol{X})^{-1} \boldsymbol{X}^{\mathrm{T}} \boldsymbol{Z} \tag{2.31}$$

多项式趋势面随着多项式次数的不同,其形态也不同,图 2.17 是对一、二、三次多项式趋势面的一般形态及其剖面形态的描述。

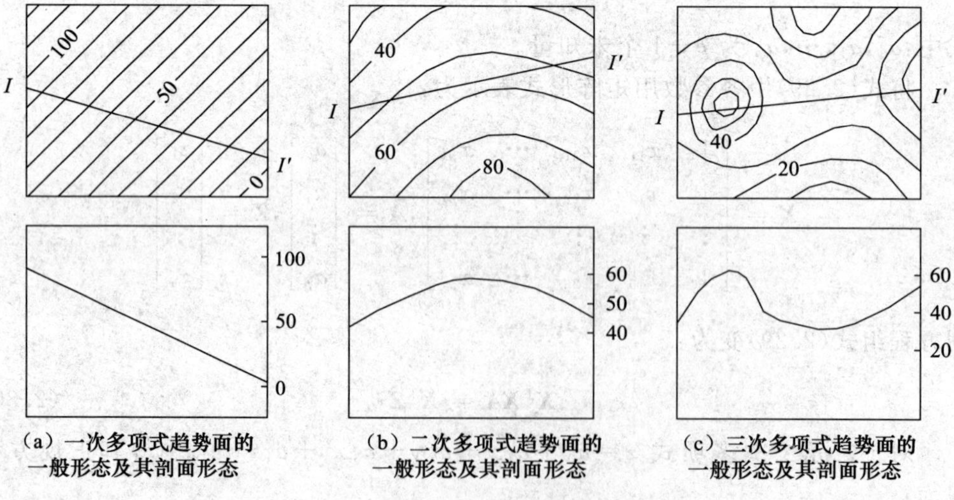

(a) 一次多项式趋势面的一般形态及其剖面形态

(b) 二次多项式趋势面的一般形态及其剖面形态

(c) 三次多项式趋势面的一般形态及其剖面形态

图 2.17 一、二、三次多项式趋势面的形态

2.4.2　趋势面模型的检验

趋势面分析拟合程度与回归模型的效果直接相关，因此，对趋势面模型进行检验是一个关系到趋势面能否在实际研究中应用的关键问题，也是趋势面分析中不可缺少的重要环节。这可以通过趋势面拟合适度的 R^2 检验、F 检验以及逐次检验来完成。

2.4.2.1　趋势面拟合适度的 R^2 检验

在趋势面模型的回归参数解出以后，需要比较趋势面与实际面的拟合程度。决定系数 R^2 表示回归平方和所占变量的总离差平方和的比重，是测定回归模型拟合优度的重要指标。

总离差平方和 Q_T 等于回归平方和与剩余平方和之和，即

$$Q_T = \sum_{i=1}^{n}(z_i - \hat{z}_i)^2 + \sum_{i=1}^{n}(\hat{z}_i - \bar{z})^2 = Q_R + Q_E \tag{2.32}$$

式中：$Q_E = \sum_{i=1}^{n}(z_i - \hat{z}_i)^2$ 为残差平方和；$Q_R = \sum_{i=1}^{n}(\hat{z}_i - \bar{z})^2$ 为回归平方和。

Q_R 越大（或 Q_E 越小）就表示因变量 z 与自变量 x，y 的关系越密切，回归的规律性越强、效果越好。记决定系数 R^2 为：

$$R^2 = \frac{Q_R}{Q_T} = 1 - \frac{Q_E}{Q_T} \tag{2.33}$$

显然，R^2 越大，趋势面的拟合度就越高。

2.4.2.2　趋势面拟合适度的 F 检验

趋势面拟合适度的 F 检验，是对趋势面回归模型整体的显著性检验。检验的方法是利用变量 z 的总离差平方和中的回归平方和与残差平方和的比值，确定变量 z 与自变量 x，y 之间的回归关系是否显著。即：

$$F = \frac{\dfrac{Q_R}{p}}{\dfrac{Q_E}{(n-p-1)}} \tag{2.34}$$

检验的办法是在显著性水平 α 下，查 F 分布表得 F_α。若计算的 F 值大于临界值 F_α，则认为趋势面方程显著；否则，趋势面方程不显著。

2.4.2.3　趋势面拟合适度的逐次检验

在多项式趋势面分析和检验中，有时需要对相继两个阶次趋势面模型的适度

性进行比较，为此需要求出较高次多项式的回归平方和与较低次多项式方程的回归平方和之差，将此差除以回归平方和的自由度之差，得出由于多项式次数增高所产生的回归均方差，然后将此均方差除以较高次多项式的残差均方差，得出相继两个阶次趋势面模型的适度性比较检验值 F。若 F 检验是显著的，则较高次多项式对回归做出了新贡献，若 F 检验不显著，则较高次多项式对于回归并无新贡献，相应的方差分析见表 2.2。

表 2.2　多项式趋势面由 K 次增高至 $(K+1)$ 次的回归显著性检验

离差来源	平方和	自由度	均方差	F
$(K+1)$次回归	$Q_R^{(K+1)}$	p	$MS_R^{(K+1)}=\dfrac{Q_R^{(K+1)}}{p}$	$\dfrac{MS_R^{(K+1)}}{MS_E^{(K+1)}}$
$(K+1)$次残差	$Q_E^{(K+1)}$	$n-p-1$	$MS_E^{(K+1)}=\dfrac{Q_E^{(K+1)}}{n-p-1}$	
K 次回归	$Q_R^{(K)}$	q	$MS_R^{(K)}=\dfrac{Q_R^{(K)}}{q}$	$\dfrac{MS_R^{(K)}}{MS_E^{(K)}}$
K 次残差	$Q_E^{(K)}$	$n-q-1$	$MS_E^{(K)}=\dfrac{Q_E^{(K)}}{n-q-1}$	
由 K 次增高至$(K+1)$次的回归	$Q_R^{(I)}=Q_R^{(K+1)}-Q_R^{(K)}$	$p-q$	$MS_R^{(I)}=\dfrac{Q_R^{(I)}}{p-q}$	$\dfrac{MS_R^{(I)}}{MS_E^{(K+1)}}$
总离差	Q_T			

需要注意的是，在实际应用中，往往用次数低的趋势面逼近变化比较小的地理要素数据，用次数高的趋势面逼近起伏变化比较复杂的地理要素数据。次数低的趋势面使用起来比较方便，但具体到某点拟合较差；次数较高的趋势面只在观测点附近效果较好，而在外推和内插时则效果较差。

2.4.3　趋势面分析应用

例 2.6　某流域 1 月份降水量与各观测点的坐标位置数据如表 2.3 所示。请以降水量为因变量 z，地理位置的横坐标和纵坐标分别为自变量 x, y，进行趋势面分析，并对趋势面方程进行拟合适度的 F 检验。

表 2.3　某流域 1 月份降水量及观测点的地理位置数据(徐建华,2002)

序号	降水量 z/mm	横坐标 $x/10^4$ m	纵坐标 $y/10^4$ m
1	27.6	0	1
2	38.4	1.1	0.6
3	24	1.8	0
4	24.7	2.95	0
5	32	3.4	0.2
6	55.5	1.8	1.7
7	40.4	0.7	1.3
8	37.5	0.2	2
9	31	0.85	3.35
10	31.7	1.65	3.15
11	53	2.65	3.1
12	44.9	3.65	2.55

解　(1) 建立趋势面模型:根据上述趋势面分析原理,首先采用二次多项式进行趋势面拟合,用 Excel 求解。

输入数据(图 2.18):

A	B	C	D	E	F	G
例2.6	某流域1月份降水量及观测点的地理位置数据					
序号	横坐标 $x/10^4$m	纵坐标 $y10^4$m	x^2	xy	y^2	降水量 Z/mm
1	0	1	0	0	1	27.6
2	1.1	0.6	1.21	0.66	0.36	38.4
3	1.8	0	3.24	0	0	24
4	2.95	0	8.7025	0	0	24.7
5	3.4	0.2	11.56	0.68	0.04	32
6	1.8	1.7	3.24	3.06	2.89	55.5
7	0.7	1.3	0.49	0.91	1.69	40.4
8	0.2	2	0.04	0.4	4	37.5
9	0.85	3.35	0.7225	2.8475	11.2225	31
10	1.65	3.15	2.7225	5.1975	9.9225	31.7
11	2.65	3.1	7.0225	8.215	9.61	53
12	3.65	2.55	13.3225	9.3075	6.5025	44.9

图 2.18　例 2.6 的输入数据

其中,横坐标 x、纵坐标 y 和降水量 z 是原始数据,二次趋势面模型由式(2.26)描述,所以要求出 x^2,y^2 和 xy。

Y 值输入区域输入因变量“降水量”，X 值输入区域输入 B3：E14，即看成是5个自变量的多元线性回归(图 2.19)。

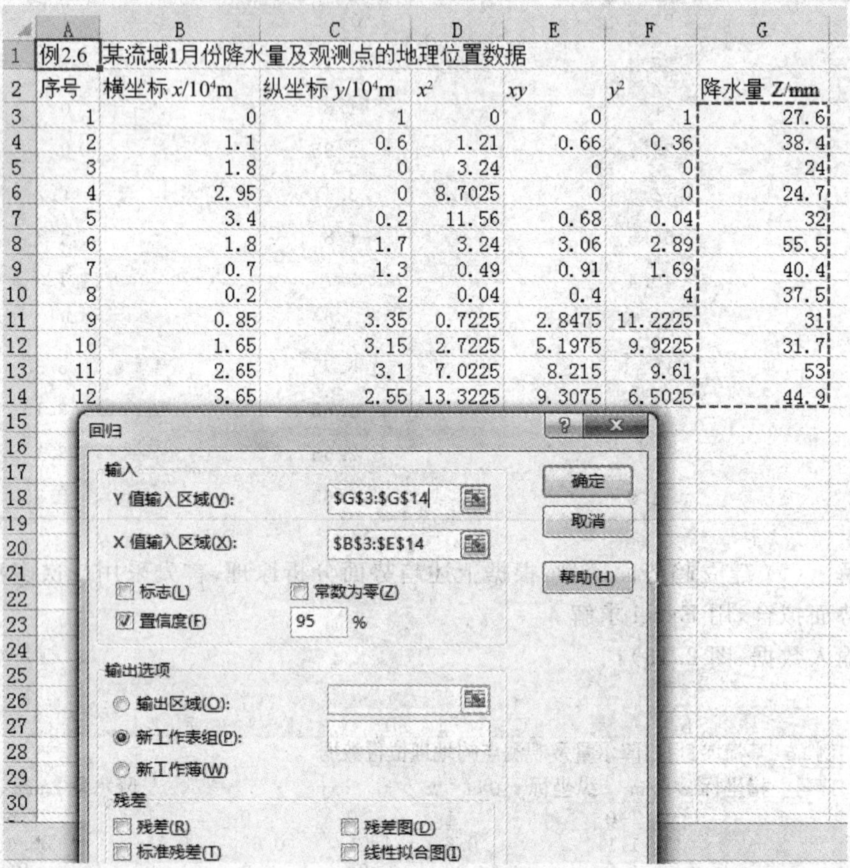

	A	B	C	D	E	F	G
1	例2.6	某流域1月份降水量及观测点的地理位置数据					
2	序号	横坐标 $x/10^4$m	纵坐标 $y/10^4$m	x^2	xy	y^2	降水量 Z/mm
3	1	0	1	0	0	1	27.6
4	2	1.1	0.6	1.21	0.66	0.36	38.4
5	3	1.8	0	3.24	0	0	24
6	4	2.95	0	8.7025	0	0	24.7
7	5	3.4	0.2	11.56	0.68	0.04	32
8	6	1.8	1.7	3.24	3.06	2.89	55.5
9	7	0.7	1.3	0.49	0.91	1.69	40.4
10	8	0.2	2	0.04	0.4	4	37.5
11	9	0.85	3.35	0.7225	2.8475	11.2225	31
12	10	1.65	3.15	2.7225	5.1975	9.9225	31.7
13	11	2.65	3.1	7.0225	8.215	9.61	53
14	12	3.65	2.55	13.3225	9.3075	6.5025	44.9

图 2.19 例 2.6 的回归分析对话框

结果如下：

得到回归方程(图 2.20)：

$$z = 5.998 + 17.438x + 29.787y - 3.558x^2 + 0.357xy - 8.070y^2$$

$$(R^2 = 0.839,\quad F = 6.236)$$

再采用三次趋势面进行拟合，过程略，得到：

$$z = -48.810 + 37.557x + 130.130y + 8.389x^2 - 33.166xy - 62.740y^2 - 4.133x^3 + 6.138x^2y + 2.566xy^2 + 9.785y^3$$

$$(R^2 = 0.965,\quad F = 6.054)$$

	A	B	C	D	E	F	G	H	I
1	SUMMARY OUTPUT								
2									
3	回归统计								
4	Multiple	0.915762							
5	R Square	0.83862							
6	Adjusted	0.704137							
7	标准误差	5.612758							
8	观测值	12							
9									
10	方差分析								
11		df	SS	MS	F	gnificance F			
12	回归分析	5	982.2442	196.4488	6.235868	0.022739			
13	残差	6	189.0183	31.50305					
14	总计	11	1171.263						
15									
16		Coefficien	标准误差	t Stat	P-value	Lower 95%	Upper 95%	下限 95.0%	上限 95.0%
17	Intercept	5.997996	10.02356	0.59839	0.571462	-18.5288	30.52477	-18.5288	30.52477
18	X Variabl	17.43815	6.815689	2.558531	0.042994	0.760765	34.11554	0.760765	34.11554
19	X Variabl	29.78745	9.132781	3.261597	0.017214	7.440339	52.13456	7.440339	52.13456
20	X Variabl	-3.58831	1.488109	-2.41132	0.052479	-7.22958	0.052958	-7.22958	0.052958
21	X Variabl	0.356914	1.610078	0.221675	0.831919	-3.5828	4.296633	-3.5828	4.296633
22	X Variabl	-8.0695	2.084412	-3.87136	0.008253	-13.1699	-2.96913	-13.1699	-2.96913

图 2.20　例 2.6 回归分析结果

(2) 模型检验:包括拟合适度的 R^2 检验、显著性 F 检验和逐次检验。

① 趋势面拟合适度的 R^2 检验　R^2 检验方法计算的结果表明,二次趋势面的决定系数为 $R^2=0.839$,三次趋势面的决定系数为 $R^2=0.965$,可见二次趋势面回归模型和三次趋势面回归模型的显著性都较高,而且三次趋势面较二次趋势面具有更高的拟合程度。

② 趋势面拟合适度的显著性 F 检验　F 检验方法计算的结果显示,二次趋势面和三次趋势面的 F 值分别为 $F_2=6.236$ 和 $F_3=6.054$。在置信水平 $\alpha=0.05$ 下,查 F 分布表得 $F_{2\alpha}=F_{0.05}(5,6)=4.53$,$F_{3\alpha}=F_{0.05}(9,2)=19.4$。显然,$F_2>F_{2\alpha}$,而 $F_3<F_{3\alpha}$,故二次趋势面的回归方程显著而三次趋势面不显著。

F 检验的结果表明,用二次趋势面进行拟合比较合理。

③ 趋势面拟合适度的逐次检验　在二次和三次趋势面检验中,对两个阶次趋势面模型的适度进行比较,相应的方差分析计算结果见表 2.4。

从二次趋势面增加到三次趋势面,$F=1.779$。在置信度水平 $\alpha=0.05$ 下,查 F 分布表得 $F_{0.05}(4,2)=19.25$,由于 $F<F_{0.05}(4,2)$,故将趋势面拟合次数由二次增高至三次,对回归方程并无新贡献,因而选取二次趋势面比较合适。这也进一步验证了趋势面拟合适度的显著性 F 检验的结论。

表 2.4　二次和三次趋势面回归模型的逐次检验方差分析

离差来源	平方和	自由度	均方差	F
三次回归	1 129.789	9	125.532	6.054
三次残差	41.474	12－9－1	20.737	
二次回归	982.244	5	196.449	6.236
二次残差	189.018	12－5－1	31.503	
由二次增高至三次的回归	147.545	4	36.886	1.779

第 1 篇　练习题

1. 回归分析是处理哪一类关系的？什么时候可以考虑用回归分析？

2. 写出线性回归模型及其假设。如何把实际问题写成线性回归模型的标准形式？

3. 如何确定回归直线？

4. 回归模型 $y_t=\beta_0+\beta_1 x_t+\varepsilon_t(t=1,2,\cdots,N)$ 中的 β_0,β_1 与回归直线 $\hat{y}=a+bx$ 中的 a,b 各是什么性质的变量，它们有什么联系和区别？

5. 如何判断估计量的优劣？

6. 为什么要进行相关性检验？

7. 样本相关系数 r 的定义式、取值范围、几何意义分别是什么？试计算例 1.2 的样本相关系数。

8. 什么叫回归分析的方差分析？Q_T、Q_R、Q_E 和 S 的定义及实际意义分别是什么？

9. 如何用回归方程进行预报？

10. 如何用回归方程控制 Y 的取值？（选作）

11. 怎样才能使预报精确？

12. 回归问题是如何下结论的？与微积分下结论的方式有什么不同？

13. 多元回归中的决定系数 R^2 与一元回归中的相关系数 r 有什么相同与不同之处？

14. 逐步回归的基本思想是什么？分别定性地、定量地说明选入、剔除变量的原则。

15. 某地区连续 13 年的农业总产值资料见下表。

农业总产值资料表

年份(t)	2005	2006	2007	2008	2009	2010	2011	2012	2013	2014	2015	2016	2017
农业总产值 y/亿元	108	109	115	121	127	135	133	141	151	153	167	170	176

(1) 建立一元线性回归模型。

(2) 以 95%的置信度预测 2018 年的产值。

(3) 计算样本的相关系数。

(4) 进行一元线性回归模型的方差分析和回归的显著性检验。

16. 某山区水土流失面积与土壤的含氮量数据见下表。

土壤含氮量数据表

序号	水土流失面积 y/km^2	土壤含氮量 $x/(g/m^2)$
1	0.8	6.6
2	1.4	5.2
3	2.0	4.8
4	2.7	3.9
5	3.3	3.7
6	4.1	3.2
7	5.6	2.4
8	6.5	2.3
9	7.1	2.1
10	7.7	2.3
11	8.3	1.7
12	9.2	1.5

(1) 试画出二者之间的散点图,并确定是什么样的相关形式。

(2) 试找出合适的模型做曲线拟合。

(3) 检查该模型的显著性,并预测当水土流失面积 $x=10\ km^2$ 时的土壤含氮量。

第 1 篇　计算实习

1. 8 个学生在学习不同周数后，在一次考试中取得如下成绩(百分制)：

学生学习成绩表

学生编号	学习时间/周	考试成绩/分
A	0	10
B	1	30
C	2	40
D	3	70
E	4	80
F	4	90
G	5	90
H	6	100

分别用手算、上机完成下列问题：

(1) 用回归方程 $\hat{y}=bx$ 拟合这些数据，其中 x 是学习周数，y 是考试成绩。并对回归模型进行检验。同时说出选用此模型的理由以及回归模型预测的适用范围。

(2) 用回归方程 $\hat{y}=a+bx$ 拟合这些数据，对回归模型进行检验，说出选用此模型的理由以及回归模型的适用范围。

2. 用非线性回归的方法拟合下列数据，得出最优模型，并进行检验。

(1) 玉米全生育期的平均气温与相对产量的关系，如下表所示。

玉米气温产量关系表

温度 T/℃	14	14	18	19	20	22	23	24	25	28	30	32
相对产量(Y)	0.0	0.4	0.6	0.7	0.8	1.0	1.0	1.0	1.0	0.95	0.8	0.6

(2) 某一玉米品种播后天数与株高的关系(可设玉米的株高最大为 282 cm)，如下表所示。

玉米时间株高关系表

天数/d	11	21	31	41	51	61	66	69	72
株高/cm	20.5	47.1	83.5	171.0	226.7	259.7	271.3	275.3	280.3

(3) 某一污染物自净过程中其浓度与时间的关系，如下表所示。

污染物浓度时间关系表

时间/min	2.17	4.50	13.33	24.50	29.67	35.00	49.67	65.50	81.33
浓度/(mg/L)	0.040	0.039	0.038	0.024	0.021	0.023	0.017	0.017	0.013

(4) 酵母菌生物量与时间的关系，如下表所示。

酵母菌生物量时间关系表

时间/h	0	1	2	3	4	5	6	7
生物量/g	9.6	18.3	29.0	47.2	71.1	119.1	174.6	257.3

(5) 酵母菌生物量与时间的关系(设生物量的最大值为 665 g)，如下表所示。

酵母菌生物量与时间关系表

时间/h	0	1	2	3	4	5	6	7	8	9
生物量/g	9.6	18.3	29.0	47.2	71.1	119.1	174.6	257.3	350.7	441.0
时间/h	10	11	12	13	14	15	16	17	18	
生物量/g	513.3	559.7	594.8	629.4	640.8	651.1	655.9	659.6	661.8	

3. 在一丘陵地带测量高程，x 和 y 方向每隔 100 m 测一个点，得到的高程如下表所示。试用趋势面分析(一次、二次、三次)方法，确定合适的模型，并由此找出最高点和该点的高程。

测量高程表　　m

y	x			
	100	200	300	400
100	636	697	624	478
200	698	712	630	478
300	680	674	598	412
400	662	626	552	334

4. 在不同灌水量(x)和施氮肥量(y)下，年作物的总产量(kg/hm^2)的实验数据如下表所示，试用趋势面分析的方法，确定合适的模型，并由此找出以产量为最高的水肥管理措施。

不同灌水量和施氮肥量下的年作物总产量表 kg/hm^2

施氮肥量(y)	灌水量(x)/mm		
	80	280	480
0	3 778.5	4 984.4	3 326.9
160	4 849.8	6 419.3	6 138.4
320	5 300.0	6 956.5	6 619.6
160	4 410.6	6 420.4	6 081.9
320	5 343.2	7 841.6	7 541.1
480	5 793.0	8 267.5	8 002.0
320	4 556.8	7 061.2	6 292.4
480	5 384.1	8 328.1	7 709.0
640	5 840.2	8 274.1	8 167.0

第2篇　基于过程的动力学模型与应用

生态学在资源和环境科学研究中占有重要的地位。它研究生物体及其生存环境间的关系，特别是研究不同种群间的相互作用。就其研究内容而言，它可划分为三个不同水平：生理生态学、种群生态学和生态系统。其中种群生态学以生物种群的增长及不同种群间的相互作用为其研究内容，例如种群的增长，不同生物种群间的相互依存、竞争或排斥关系。在和资源与环境有关的研究中，种群或生物量增长的动力学模型起着重要作用，它不仅揭示了许许多多生态学的奥秘，而且对20世纪自然科学的重大突破之一，即混沌现象的发现与认识做出了重要贡献。本部分内容仅就有关模型做简要介绍。

第 3 章　单种群增长的动力学模型

用数学模型研究生态系统时，为了更好地掌握一般原理，通常从一个单种群模型开始研究。生态学中把生物分成：个体—种群—群落—生物圈(或生态圈)的层次，一般来说每一种群在生物圈中必属于某一层次。例如，人们常说的“大鱼吃小鱼，小鱼吃虾米”，这里的大鱼、小鱼、虾米分别属于某一层次。每一个种群都有：①低一层次(营养层次)的种群，即它们的食物供应者，例如虾米就是小鱼种群的低一层次的种群；②同一层次的种群，即资源利用的竞争者，例如上例中各种类的小鱼种群；③高一层次的种群，即它们的捕食者，例如大鱼种群即为小鱼种群的捕食者。当然，每个种群的发展还要受自然环境中各种因素的影响。

在研究自然界的单一种群时，则可以把各层次种群的影响以及物理环境的影响，都归结到单种群模型的参数中，使得问题简化。在生态模型中，常有两种情况：

(1) 生命长、世代重叠并且数量很大的种群，常常可近似地用连续过程来描述，通常表为微分方程。

(2) 生命短、世代不重叠的种群，或者虽然是生命长、世代重叠的种群，但其数量比较少，均可用不连续过程来描述，通常表为差分方程。

3.1　Logistic 方程

3.1.1　非密度制约方程

在种群增长研究中，人口增长是最古老的课题之一，这里就从这个话题开始讨论。美国的人口调查记录是世界上比较完整的记录之一，表 3.1 给出了美国人口增长的部分记录。从记录中知，1790 年有 3.929×10^6 人。在随后 10 年中，人口平均增长率为 $0.137\,9\times10^6$ 人/年，人口平均相对增长率为 0.035 10。

$$\text{人口平均增长率}=\frac{5.308-3.929}{1\,800-1\,790}\times10^6=0.137\,9\times10^6(\text{人/年})$$

$$\text{人口平均相对增长率}=\frac{5.308-3.929}{3.929(1\,800-1\,790)}=0.035\,10$$

表 3.1 美国人口调查数据(COMAP,1998)

年份	实际人口/10^6	年份	实际人口/10^6
1790	3.929	1890	62.948
1800	5.308	1900	75.995
1810	7.24	1910	91.972
1820	9.638	1920	105.711
1830	12.866	1930	122.775
1840	17.069	1940	131.669
1850	23.192	1950	150.697
1860	31.443	1960	179.323
1870	38.558	1970	203.185
1880	50.156	1980	226.5

人口平均增长率是以单位时间(年)人口的增加来描述人口增长的速率,此值与人口的基数有关。而人口平均相对增长率以单位时间人口增长比率来表示人口增长速率,此值与基数无关,在一定的条件下、一定的时间范围内,相对增长率是一个稳定的常数。

现在讨论一般的种群增长。如果某一种群的数量以 $N(t)$表示,其中 t 代表时间,从时间 t 到 $t+\Delta t$,在这段时间间隔中种群增长有如下关系。

$$\text{种群平均增长率} = \frac{N(t+\Delta t)-N(t)}{\Delta t} = \frac{\Delta N}{\Delta t}$$

$$\text{种群平均相对增长率} = \frac{N(t+\Delta t)-N(t)}{N(t)\Delta t} = \frac{\Delta N}{\Delta t}\cdot\frac{1}{N}$$

令 $\Delta t\to 0$,取极限就得到在时间 t 的种群平均增长率和种群平均相对增长率。

$$\text{种群平均增长率} = \lim_{\Delta t\to 0}\frac{\Delta N}{\Delta t} = \frac{\mathrm{d}N}{\mathrm{d}t}$$

$$\text{种群平均相对增长率} = \lim_{\Delta t\to 0}\frac{\Delta N}{N\Delta t} = \frac{1}{N}\frac{\mathrm{d}N}{\mathrm{d}t}$$

在一定条件下,种群平均相对增长率与种群大小无关,是一个正常数 r,它代表种群自然增长的能力,也称为自然增长率或内禀增长率。由此就获得一个描述种群增长规律的数学模型。

$$\frac{1}{N}\frac{\mathrm{d}N}{\mathrm{d}t} = r \tag{3.1}$$

式(3.1)是最简单的微分方程,积分这个方程可以得到解。

$$\ln N = rt + C$$

式中:C 是积分常数,由初始条件决定。当 $t=t_0$ 时,种群 $N=N_0$,有:

$$\ln N_0 = rt_0 + C$$

联合上述两个等式消去积分常数 C,得方程的解:

$$r(t-t_0) = \ln\frac{N}{N_0} \tag{3.2}$$

或

$$N = N_0 e^{r(t-t_0)} \tag{3.3}$$

这个数学模型第一次被马尔萨斯在研究人口增长规律时提出,因此被称为马尔萨斯方程,也叫作非密度制约方程。这个方程可以作为一般的种群生态数学模型:若 $r>0$,方程描述了种群增长的过程;若 $r<0$,方程描述种群消亡的过程。

当 $r>0$ 时,使种群中个体数目加倍的时间被称为倍增时间,记为 T。当 $t=T$ 时,$N(t)=2N_0$,将其代入式(3.3),得到 $2N_0=N_0 e^{r(T-t_0)}$,即:

$$r = \frac{\ln 2}{T-t_0} \tag{3.4}$$

式(3.4)表示种群平均相对增长率 r 与倍增时间 T 成反比。

当 $r<0$ 时,在生物学意义上与 $r>0$ 的情况截然不同,此时 r 代表一个种群的衰减率。使种群中个体的数目减少到原来的一半的时间被称为半衰期,记为 $T_{\frac{1}{2}}$。当 $t=T_{\frac{1}{2}}$ 时,$N(T_{\frac{1}{2}})=\frac{1}{2}N_0$,将其代入式(3.3)得到:

$$r = -\frac{\ln 2}{T_{\frac{1}{2}}-t_0} \tag{3.5}$$

前面所例举的美国人口从 1790—1980 年的相对增长率可以通过更合理的方式计算出来,此值是 $r=0.031$,然后写出相应于式(3.3)的方程:

$$N(t) = 3.929 \times 10^6 \times e^{0.031(t-1\,790)}$$

这个方程所表示的结果与美国 1790—1860 年的实际调查人口数据十分吻合,但是从 1860 年以后出现较大的误差:实际人口数据比计算的数字小;随着时间的推移,误差愈大。它说明人口的相对增长率不可能一直保持在原有的水平。

3.1.2　密度制约方程

按照马尔萨斯方程,随着时间的推移,种群无限增大。而在实际生活中种群不可能无限增大，当种群达到一定大小，种群的增长受到多方面的约束，这是因为种群的生活空间、生存条件有限，如植物生活所需的水分、阳光、土壤中的营养物质有限，动物摄取的食物有限等。因此式(3.1)中的种群相对增长率不可能一直维持原有的水平。马尔萨斯模型未能完全真实地表达生物种群实际增长的过程，它的应用受到一定的限制。

现在考虑如何对马尔萨斯方程做适当的修改。如果在有限的生存资源条件下，将能够维持种群生存的最大数量记作 $\overline{N}$，此值也被称作饱和种群量，种群未饱和程度可以用比值$\frac{\overline{N}-N}{\overline{N}}$表示，那么，可以用$\frac{r(\overline{N}-N)}{\overline{N}}$来表示种群相对增长率。当 $N=0$ 时，未饱和程度为 1，相对增长率为 r；随着 N 的增加，未饱和程度减小，相对增长率减少；当 $N=\overline{N}$ 时，未饱和程度为 0，相对增长率为 0。改进之后描述种群增长的方程如式(3.6)所示。

$$\frac{1}{N}\frac{\mathrm{d}N}{\mathrm{d}t}=r\left(1-\frac{N}{\overline{N}}\right) \tag{3.6}$$

这就是著名的 Logistic 方程①。

此方程的解为：

$$r(t-t_0)=\ln\frac{N}{N_0}-\ln\frac{\overline{N}-N}{\overline{N}-N_0} \tag{3.7}$$

从式(3.7)中解出 N，得 $N(t)$的表达式：

$$N(t)=\frac{\overline{N}}{1+\left(\frac{\overline{N}}{N_0}-1\right)\mathrm{e}^{-r(t-t_0)}} \tag{3.8}$$

将 Logistic 方程的解式(3.8)生成图形，如图 3.1 所示。

图 3.1 中的曲线称为 Logistic 曲线，它反映种群增长的过程已考虑到生存资源的限度，比马尔萨斯方程更符合真实情况。下面对 Logistic 曲线作详细的讨论(图 3.2)。

如果种群的增长从初始点 $A_0(t_0, N_0)$开始，随着时间的增加种群数量 $N(t)$不断增长，那么当 $t\to\infty$时，$N(t)$以饱和种群量 $\overline{N}$ 为极限。为了更进一步了解变化的

---

① 这个方程有时又被称为 Verhulst 模型或者 Logistic 生长曲线。它最早出现在 Pierre Verhulst (1845,1847)的文章中。

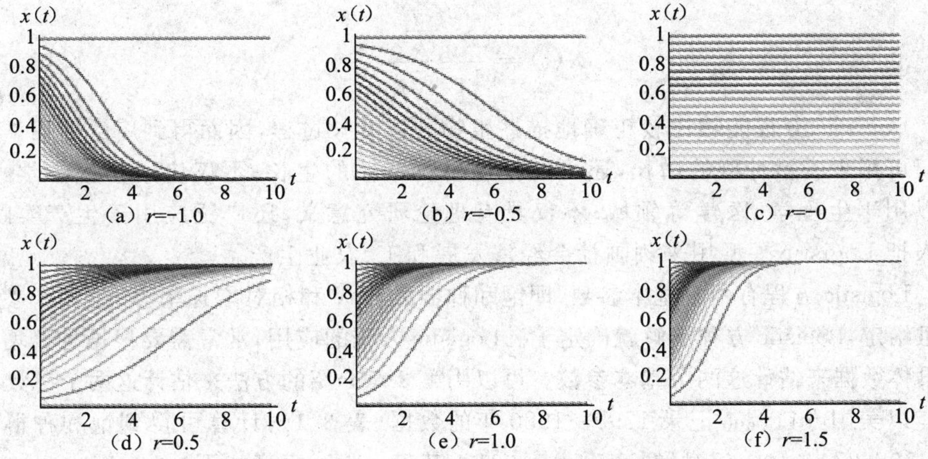

图 3.1　不同 r 值条件下 Logistic 方程的解的图形

性质，求 N 的二阶导数。

$$\frac{d^2 N}{dt^2} = r^2 N\left(1-\frac{2N}{\overline{N}}\right)\left(1-\frac{N}{\overline{N}}\right)$$

二阶导数为 0 的条件是 $N=0$，$N=\overline{N}$ 或者 $N=\frac{\overline{N}}{2}$。$N=0$ 无意义，$N=\overline{N}$ 属于种群增长的极限情形，没有讨论价值。当方程曲线出现拐点(图 3.2 中点 A)时，有：

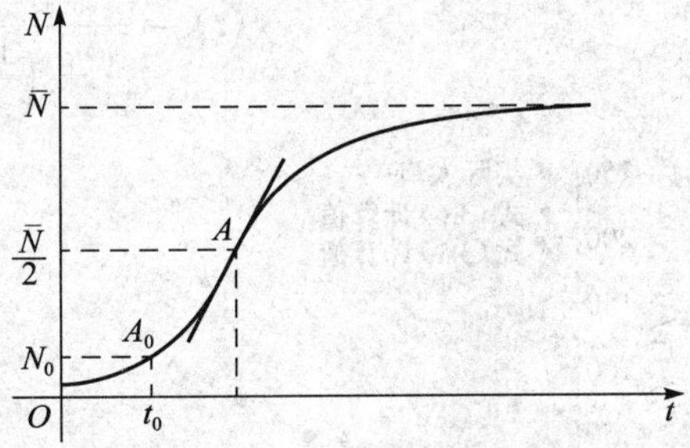

图 3.2　Logistic 方程解的讨论

$$N=\frac{\overline{N}}{2} \tag{3.9}$$

曲线有拐点意味着种群的增长出现转折点。在拐点 A 之前，种群增长速率增加，在此之后速率减少。在拐点种群增长速率达到极大值 $\frac{dN}{dt}=\frac{1}{4}r\overline{N}$。如果把初始条件选在该点，即 $t=t_0$ 时，$N_0=\frac{\overline{N}}{2}$，这时 Logistic 方程的解成为简单的形式：

$$N(t)=\frac{\overline{N}}{1+e^{-r(t-t_0)}} \tag{3.10}$$

取 $r=a$，$\overline{N}=\frac{a}{b}$，Logistic 方程和它的解分别可写成：

$$\frac{dN}{dt}=aN-bN^2 \tag{3.11}$$

$$N(t)=\frac{\frac{a}{b}}{1+\mathrm{e}^{-a(t-t_0)}} \tag{3.12}$$

Logistic 方程能够比较正确地描述生物种群增长过程，因而得到广泛应用。它不仅可用来表示种群的增长，还可以描述生物个体的生长；不仅应用于生态学，还可以用于生理学、医学等领域；不仅具有理论研究意义，还广泛应用于生产实践。有人把 Logistic 模型用来刻画社会经济发展和工、农业生产。

Logistic 方程有两个基本参数，即饱和种群数量 $\overline{N}$ 和相对增长率 r。这两个参数一旦给定，Logistic 方程的解就确定了。Logistic 方程的应用，常常需要根据种群增长的具体数据来估计这两个基本参数。可以用第 2 章介绍的方法来估计这两个参数。

以美国人口调查记录 1790—1980 年的数据（表 3.1），计算可得到饱和种群量 $\overline{N}=197.274\times10^6$，相对增长率 $r=0.031$。其 Logistic 模型如下：

$$N(t)=\frac{197.274\times10^6}{1+\left(\frac{197.274}{3.929}-1\right)\mathrm{e}^{-0.031(t-1\,790)}} \tag{3.13}$$

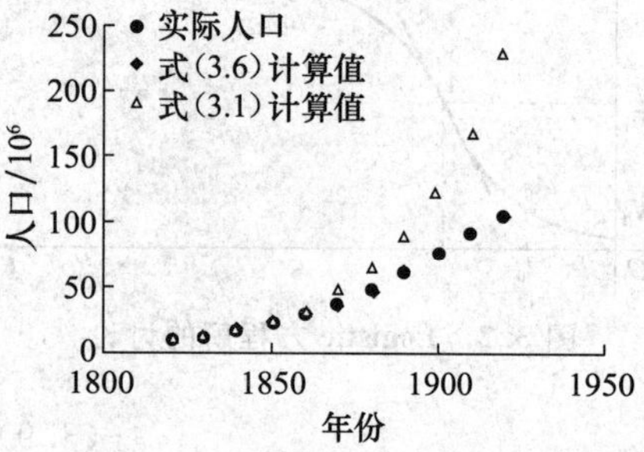

图 3.3　用式(3.1)和式(3.6)计算的美国人口数和实际人口数对比

式(3.13)由于考虑了生存资源的限制，它比马尔萨斯模型获得的增长公式的拟合效果要好，在更长的时间范围内（1790—1950 年），它与实际人口数据吻合得更好。

但是自 20 世纪 60 年代以后，实际人口调查数据大于模型预期的数值，Logistic 模型的模拟结果亦未能完全符合实际人口增长情形。实际上随着时间的推移，饱和种群量也在变化。公式中的饱和人口量 $\overline{N}=197.274\times10^6$，而实际调查人口数据在 1970 年已达到 203.185×10^6，80 年代美国人口又已超过 220×10^6。实际人口增长数据告诉我们，饱和种群量在不断上升。

3.2　被开发了的单种群增长模型

将式(3.6)写成：

$$\frac{1}{N}\frac{\mathrm{d}N}{\mathrm{d}t}=r\left(1-\frac{N}{\overline{N}}\right)=r-\frac{N}{\overline{N}}r \tag{3.14}$$

式(3.14)的右端是 $N(t)$的线性函数,若要更接近实际情况,则应该用非线性密度制约函数,方程应写为:

$$\frac{1}{N}\frac{\mathrm{d}N}{\mathrm{d}t}=F(N)$$

或者

$$\frac{\mathrm{d}N}{\mathrm{d}t}=NF(N) \tag{3.15}$$

式(3.6)、式(3.15)是描述种群在自然环境下增长的规律的模型,这些种群没有受到人类的开发。例如在渔业中,式(3.15)只适于描述鱼在自然环境下生长的情况,即不考虑到人类的捕捞,如果把人类的捕捞因素考虑进去,则模型就要作相应的修改。

(1) 具常数收获率的单种群模型

$$\frac{\mathrm{d}N}{\mathrm{d}t}=NF(N)-h \tag{3.16}$$

式中:h 为常数,表示收获率。

例如养鱼,在一个自然区域中养鱼,而每年(单位时间内)规定捕捞 h(条)鱼,则可用形如式(3.16)的模型来描述鱼类的生长情况。如果收获率不是常数,而是与 N 成比例的数量,则有:

$$\frac{\mathrm{d}N}{\mathrm{d}t}=NF(N)-hN \tag{3.17}$$

上述改进的模型也常常被用来描述农药灭虫的效果,其中 N 表示害虫的密度,h 表示喷洒农药的药量,显然单位时间中杀死害虫的数量与害虫的密度成正比。

(2) 具时变收获率的单种群模型

如果收获率与时间有关,则可通过引入随时间变化的 $h(t)$,构建得到时变的单种群模型。

$$\frac{\mathrm{d}N}{\mathrm{d}t}=NF(N)-h(t) \tag{3.18}$$

或

$$\frac{\mathrm{d}N}{\mathrm{d}t}=NF(N)-h(t)N \tag{3.19}$$

3.3 具有时滞的模型

上两节中所述的 Logistic 模型式(3.6)考虑的调节因子为$(1-N/K)$,它是与瞬时密度有关的调节因子,但大多数实际情况是,这种调节效应有某种时滞,即有滞后时间 T(一般是一代种群的平均年龄的大小),这时 Logistic 方程变为:

$$\frac{\mathrm{d}N}{\mathrm{d}t}=rN(t)\left[1-\frac{N(t-T)}{K}\right] \tag{3.20}$$

也就是说,时刻 t 种群的增长率不仅与时刻 t 时的种群的密度有关,而且与在此以前的时刻 T 的种群密度有关($T\geqslant 0$,是一个常数)。

有时,这个密度相关的增长率与过去所有时间的种群密度都有关系,这种情况下,具有时滞的 Logistic 方程变成:

$$\frac{1}{N(t)}\cdot\frac{\mathrm{d}N}{\mathrm{d}t}=b-aN(t)-\mathrm{d}\int_{-\infty}^{t}N(s)K(t-s)\mathrm{d}s \tag{3.21}$$

一般称 $K(t)$为核函数。在实际中常用两种简单的核函数。

$K(t)=\exp\left(-\frac{t}{T}\right)$,称为弱时滞核函数(图 3.4),这时,Logistic 方程为:

$$\frac{\mathrm{d}N}{\mathrm{d}t}=N(t)\left[r-cN(t)-w\int_{-\infty}^{t}\exp[-a(t-s)]N(s)\mathrm{d}s\right] \tag{3.22}$$

$K(t)=t\exp\left(-\frac{t}{T}\right)$称为强时滞核函数(图 3.4),这时,Logistic 方程为:

$$\frac{\mathrm{d}N}{\mathrm{d}t}=N(t)\left[r-cN(t)-w\int_{-\infty}^{t}(t-s)\exp[-a(t-s)]N(s)\mathrm{d}s\right] \tag{3.23}$$

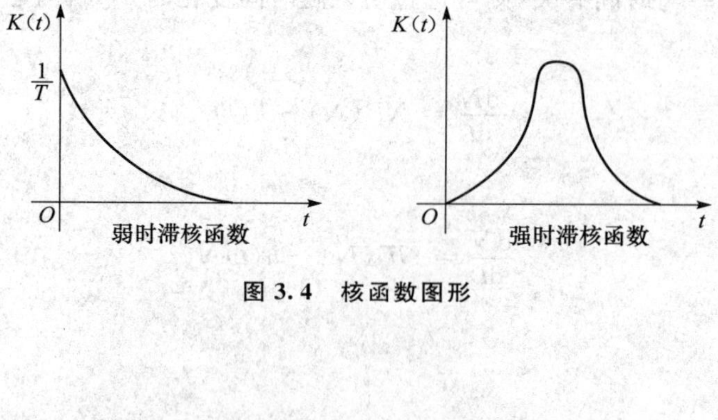

图 3.4 核函数图形

3.4　离散时间的模型——差分方程

差分方程是一种代数方程，该方程表明序列中的任意项如何用前一项或几项来计算。初始条件是该序列的第一项。

计算机只能作有限次的加、减、乘、除运算，它既不能求导数，更不能解微分方程。在计算机上求微分方程的数值解，需要把微分方程中所有的导数用差商代替，从而得到一个代数方程——差分方程，然后对差分方程求解，并以所求的解作为微分方程数值解。

函数 $f(x)$在 x 点的导数是通过极限的形式来定义的：

$$f'(x)=\lim_{\Delta x\to 0}\frac{f(x+\Delta x)-f(x)}{\Delta x} \tag{3.24}$$

如果引入符号：

$$\begin{cases}\Delta f(x)=f(x+\Delta x)-f(x)\\ \nabla f(x)=f(x)-f(x-\Delta x)\end{cases} \tag{3.25}$$

并分别称$\Delta f(x)$，$\nabla f(x)$为函数 $f(x)$在点 x 处以 Δx($\Delta x>0$)为步长的向前差分和向后差分，则当 Δx 充分小时，有：

$$\begin{cases}f'(x)\approx\dfrac{\Delta f(x)}{\Delta x}\\ f'(x)\approx\dfrac{\nabla f(x)}{\Delta x}\end{cases}$$

这样，连续形式的 $f'(x)$转化为离散的差分差商形式，而差分差商的极限则是 $f'(x)$的连续形式。

下面以酵母培养物的增长为例(表 3.2)，介绍离散时间的 Logistic 模型。

表 3.2　酵母菌的生物量(COMAP，1998)

时间/h	观察到的酵母生物量(P_n)/g	生物量的变化($P_{n+1}-P_n$)/g
0	9.6	
1	18.3	8.7
2	29	10.7
3	47.2	18.2

续表 3.2

时间/h	观察到的酵母生物量(P_n)/g	生物量的变化($P_{n+1}-P_n$)/g
4	71.1	23.9
5	119.1	48
6	174.6	55.5
7	257.3	82.7
8	350.7	93.4
9	441	90.3
10	513.3	72.3
11	559.7	46.4
12	594.8	35.1
13	629.4	34.6
14	640.8	11.4
15	651.1	10.3
16	655.9	4.8
17	659.6	3.7
18	661.8	2.2

其散点图及增长曲线如图 3.5 所示。

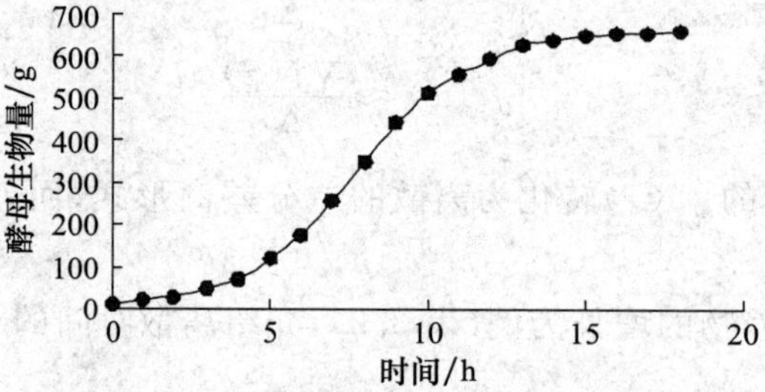

图 3.5 酵母培养物增长曲线

将 Logistic 方程写成为：

$$\frac{\mathrm{d}N}{\mathrm{d}t} = Nr\left(1-\frac{N}{\overline{N}}\right)$$

再写成差分方程：

$$\frac{N(t+\Delta t)-N(t)}{\Delta t}=rN(t)\left(1-\frac{N(t)}{\overline{N}}\right) \tag{3.26}$$

记 t 时刻的种群数量 $N(t)$ 为 N_n，当 $\Delta t=1$ 时，则差分方程变为：

$$N_{n+1}=N_n+rN_n\left(1-\frac{N_n}{\overline{N}}\right) \tag{3.27}$$

对于酵母菌的生物量的变化，设 $\overline{N}=665$，则：

$$N_{n+1}=N_n+rN_n\left(1-\frac{N_n}{665}\right)$$

用第 2 章学过的方法，用表 3.2 的数据，可以拟合得 $r=0.535\ 5$。于是，差分方程为：

$$N_{n+1}=N_n+0.535\ 5N_n\left(1-\frac{N_n}{665}\right)$$

表 3.3 是观测值、解析解和差分解的列表，其对比图如图 3.6 所示。

表 3.3　酵母菌生物量的观测值、解析解和差分解

时间(t)/g	生物量(N)/g	解析解(N')/g	差分解(N'')/g
0	9.6	9.6	9.6
1	18.3	16.23	14.67
2	29	27.26	22.35
3	47.2	45.26	33.91
4	71.1	73.75	51.15
5	119.1	116.81	76.43
6	174.6	177.48	112.65
7	257.3	254.99	162.76
8	350.7	342.56	228.58
9	441	428.76	308.91
10	513.3	502.82	397.49
11	559.7	559.38	483.12
12	594.8	598.82	553.88
13	629.4	624.59	603.44
14	640.8	640.73	633.35

续表 3.3

时间(t)/h	生物量(N)/g	解析解(N')/g	差分解(N'')/g
15	651.1	650.58	649.49
16	655.9	656.48	657.60
17	659.6	659.99	661.52
18	661.8	662.06	663.37
19		663.27	664.24
20		663.99	664.65

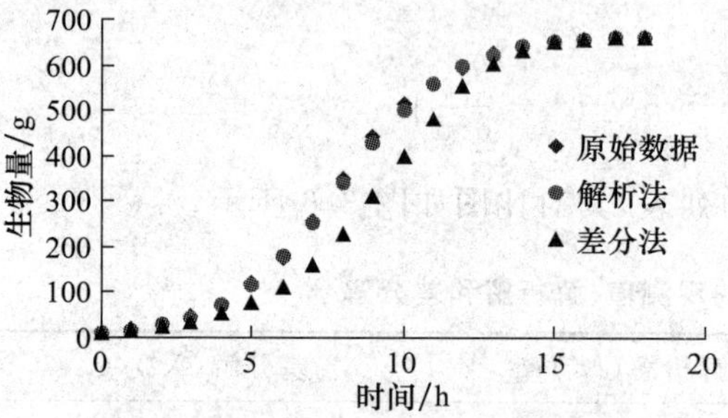

图 3.6 酵母菌生物量的观测值、解析解和差分解对比图

应用差分方法，当 $\Delta t=1$ 时，非密度制约的 Logistic 方程的差分方程为：

$$N(t+1)=\lambda N(t) \tag{3.28}$$

这里 $N(t+1)$ 与 $N(t)$ 分别表示第 $t+1$ 代与第 t 代种群密度，λ 为有限增加率。易见当 $\lambda>1$ 时，N 呈指数增长，趋于无限；当 $\lambda<1$ 时，N 呈指数减少，趋于零。因此它与式(3.1)一样是不准确的，所以必须考虑具有密度制约的模型，对应于式(3.15)，有：

$$N(t+1)=N(t)F(N(t)) \tag{3.29}$$

这里 $F(N(t))$ 就是一个非线性密度调节因子，对应于不同的 F 就有不同的因子。

3.5 具有时变环境的模型

在式(3.6)中，考虑在环境中种群的饱和量 $\overline{N}$ 为常数，但有时环境是变化的。例如饱和周期性变化 $\overline{N}(t)=K_0+K_1\cos\left(\frac{2\pi}{\tau}t\right)$，则式(3.6)变为：

$$\frac{\mathrm{d}N}{\mathrm{d}t}=Nr\left(1-\frac{N}{\overline{N}(t)}\right) \tag{3.30}$$

解为：

$$N(t) = \left\{ r\int_0^t \frac{1}{\overline{N}(s)} \exp[r(s-t)]\mathrm{d}s \right\}^{-1}$$

特征返回时间仍为 $T_R = \frac{1}{r}$。

进一步考虑,环境变化是随机的,即 $\overline{N}(t)$是一随机变量。

3.6　反应扩散方程

3.6.1　随机概念的引入

自然界里有很多问题是确定性的,例如我们可以根据牛顿力学精确知道月亮围绕地球运动的轨道,并能够准确预测月球绕地球转动一圈所需要的时间。但是我们在日常生活中还会经常碰到一些随机的或者说不确定的事情。在微观层次,有我们熟知的布朗运动,即植物学家布朗 1827 年用显微镜观察到花粉在水溶液里的无规则运动。这种微小颗粒(花粉直径约 10^{-4} cm)的运动被认为是水分子碰撞造成的,称为布朗运动。我们用显微镜观测悬浮在液体里的花粉或者其他细小固体颗粒的运动时,我们发现它的轨迹可能如图 3.7 所示。

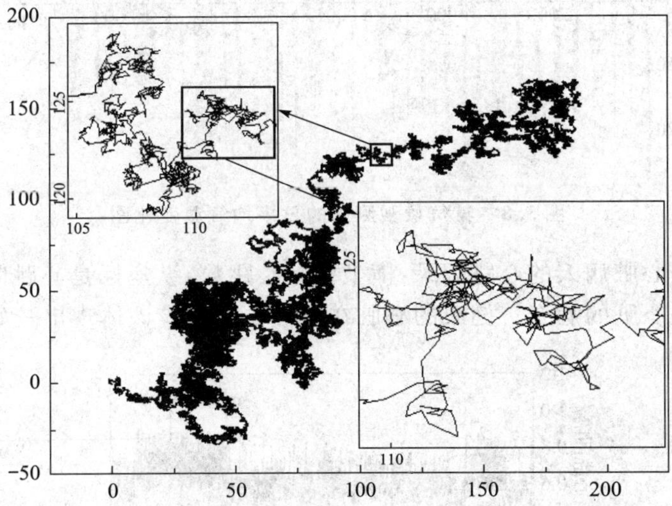

图 3.7　用显微镜观测悬浮在液体里的花粉颗粒的运动

从图 3.7 中可以发现,花粉等颗粒的运动轨迹没有什么特定的方向性,我们无法准确预测下一时刻它运动到什么位置。而且在作了更细致的观测后会发现,甚至连它的速度我们也无法准确测量和预测。若将布朗运动的粒子视为巨分子，则布朗运动是直接由分子碰撞引起的。根据关于碰撞频率的知识，粒子每秒受碰次数在液体中约为 10^{19} 次，在气体中约为 10^{15} 次，都比我们所使用的仪器测量的反应时间快得多。看来，布朗运动只是一种平均结果。人们将它理解为周围分子碰撞作用不平衡（分子运动速度的涨落）导致的运动。此外图 3.7 还告诉我们，布朗运动具有自相似的特性。换句话说，如果把该图中不同的区域里的运动轨迹分别提取出来放在一起并放大，我们无法分辨究竟哪张图代表的尺度大一些。事实上这和本书第 5 章要讲述的分形特性有关。

同样的不确定性还体现在气象数据上。图 3.8 给出我国某气象观测站的日平均气温变化，数据反映了 30 年的气温变化。从中可以看出，气温的变化除了具有以年为周期的波动规律之外，每一年的气温又具有一定的随机性，或者说不确定性。

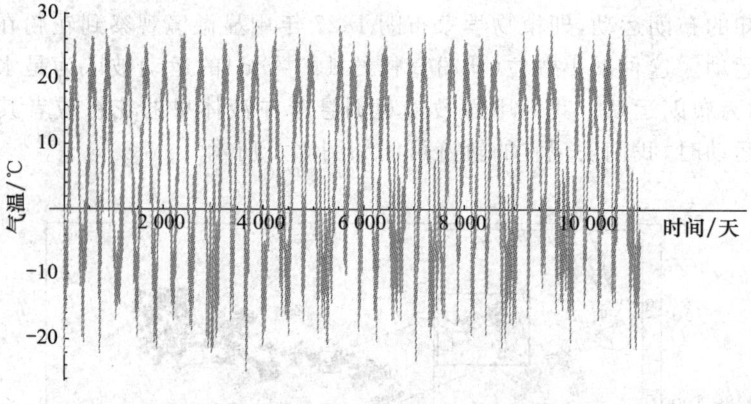

图 3.8　某气象观测站的日平均气温变化图

图 3.9 是心脏病人的心跳记录：横坐标是心跳数，纵坐标是心跳间隔。其中的不确定性反映心脏的病变。健康的心脏在类似的图中应该体现出较好的规律性。

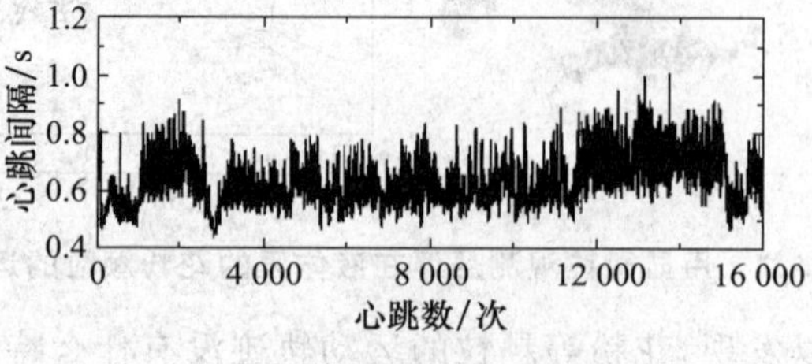

图 3.9　心脏病人的心跳记录

此外股票以及商品价格的变化也具有类似的随机性,正如图 3.10 中纽约证券交易所的价格走势所表现的。

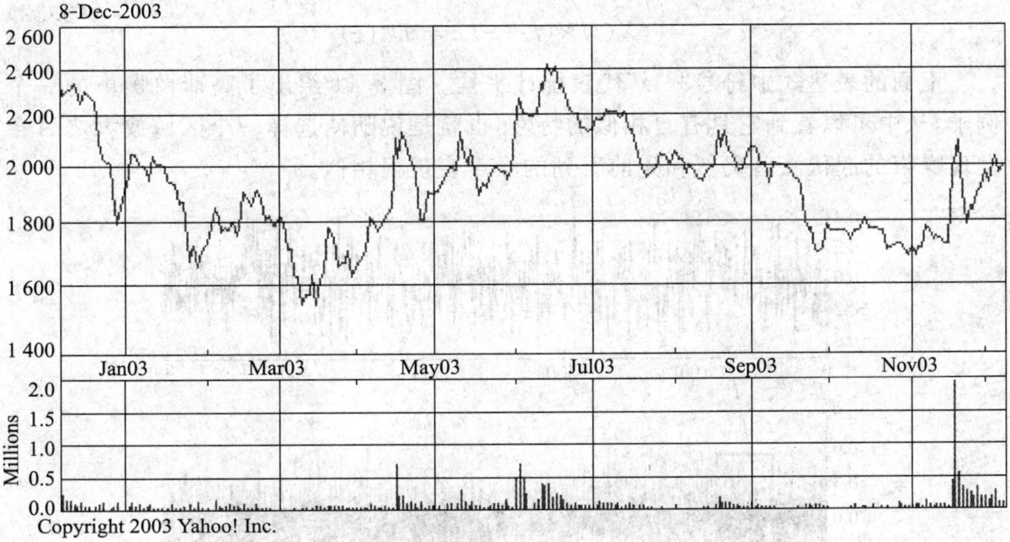

图 3.10　纽约证券交易所的价格走势

3.6.2　常用的随机方程和模型

为了定量的研究这些随机现象,人们建立了各种方程和模型,其中最普遍的是郎之万(Langevin)方程、随机行走模型和扩散方程。

3.6.2.1　郎之万方程

以花粉为例来研究相应的郎之万方程。假定花粉颗粒质量为 m,t 时刻坐标为 $x(t)$。在不计其他外力作用的情况下,颗粒受到的净作用力 $F(t)$ 由两部分构成:无规则作用力 $X(t)$,又称为噪声;黏滞力 $-\alpha\dfrac{\mathrm{d}x}{\mathrm{d}t}$,$\alpha$ 为阻尼系数。若颗粒半径为 a,η 为黏滞系数,则 $\alpha=6\pi a\eta$(司托克斯公式)。花粉的运动方程可以写为:

$$m\frac{\mathrm{d}^2x}{\mathrm{d}t^2}=-\alpha\frac{\mathrm{d}x}{\mathrm{d}t}+X(t) \tag{3.31}$$

这种包含了随机效应的方程称为郎之万方程。需要注意的是,该方程中的随机力或者随机效应只是通过 $X(t)$ 形式上给出来。关于它的具体性质要根据所研究的问题的涨落/起伏的统计特性来选择。最常用的噪声模型包括高斯白噪声，它具有如下的统计性质(Risken,1984)。

$$\begin{cases}\langle X(t)\rangle = 0 \\ \langle X(t)X(t+\tau)\rangle = D\delta(\tau)\end{cases} \tag{3.32}$$

上面的表达式中符号"〈 〉"代表统计平均。图 3.11 给出了高斯白噪声的一个例子，从中可以看到它具有自相似的特性，也就是说随便选择一个区域放大之后会发现噪声的起伏涨落仍然和先前看到的噪声表现很相似。

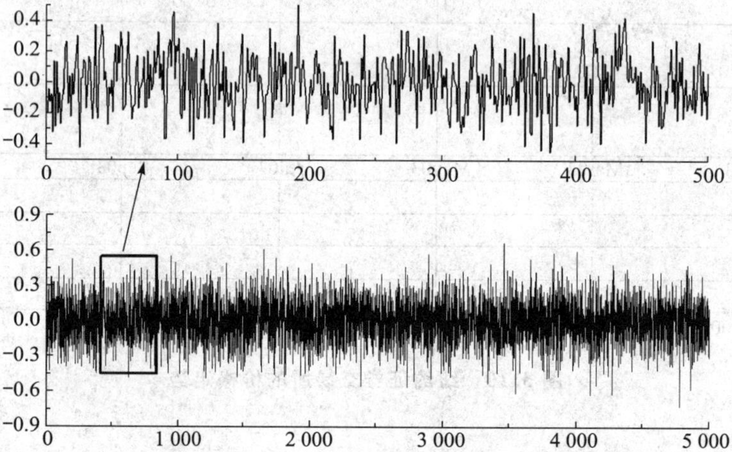

图 3.11　高斯白噪声

更普遍或者接近真实情况的噪声应该具有一定的关联。

$$\begin{cases}\langle X(t)\rangle = 0 \\ \langle X(t)X(t+\tau)\rangle = Df(\tau)\end{cases} \tag{3.33}$$

在这里，函数 f 反映了不同时刻噪声之间的关联。通常称这种具有一定关联度的噪声为色噪声，例如动物细胞体内的分子马达(肌动蛋白，ATP 酶)的随机运动。

最常用的色噪声是指数关联的色噪声。

3.6.2.2　随机行走理论

爱因斯坦用"随机行走"理论(random walk theory)来研究布朗运动，给出了正确的结果。其理论概要如下。

假设 $t=0$ 时，布朗粒子在 $x(0)=0$ 处。分子无规则地碰撞，频率为 $1/\tau^*$。每次碰撞使颗粒沿 x 方向移动 δ，正反向移动概率相同，彼此独立。考虑碰撞 l 次，在

$t=l/\tau^*$ 时刻颗粒处在 x 处的概率。因移动由碰撞所致，颗粒的位置总可写为 $x=m\delta$，$m=\dfrac{x}{\delta}$ 为“正向”与“反向”推动粒子的碰撞次数之差。于是得到：行走 l 次，布朗粒子到 x 处（即正向多走 m 次）的概率由二项式分布给出：

$$P_l(m)=\left(\frac{l}{2}\right)^l\frac{l\,!}{\left(\frac{l+m}{2}\right)!\left(\frac{l-m}{2}\right)!} \tag{3.34}$$

进一步可求出平均值 $\langle m\rangle=0$，$\langle m^2\rangle=l$。经过有限时间 $t\gg\tau^*$ 后，有：

$$\begin{cases}\langle X(t)\rangle\geqslant 0\\ \langle(X(t+\tau)-X(t))^2\rangle\propto\tau\end{cases} \tag{3.35}$$

与郎之万方程的结果相同（胡岗 1994）。

3.6.2.3　扩散方程

布朗粒子密度不均匀时会扩散。用 $n(\vec{x},t)$ 表示颗粒密度，$\vec{J}(\vec{x},t)$ 表示粒子流通量（单位时间通过单位面积的粒子数）。由菲克（Fick）定律 $\vec{J}=-D\,\nabla n$（D 为扩散系数）和连续性方程 $\dfrac{\partial n}{\partial t}+\nabla\cdot\vec{J}=0$，可得：

$$\frac{\partial n}{\partial t}=D\Delta n$$

这就是扩散方程。该方程可以从郎之万方程或者随机行走模型出发推导得出，具体步骤可以参考胡岗等的文章（Risken1984；胡岗 1994）。

3.6.3　常用的随机方程和模型的应用实例

可以把式（3.6）写成：

$$\frac{\mathrm{d}U}{\mathrm{d}t}=SU(1-U) \tag{3.36}$$

这里 $U=\dfrac{1}{K}N$，$S=r_m$，在这里已假定种群密度在空间中的分布是均匀的。

如果密度分布是不均匀的，则高密度位置的种群就要向低密度位置扩散。假定这种扩散在空间中是各向同性的，则式（3.36）中加上扩散项后可写为：

$$U_t=U_{xx}+SU(1-U) \tag{3.37}$$

式（3.37）被称为费歇尔方程，其中 U 表示种群密度，t 表示时间，x 表示空间坐标。在这种情况下密度 U 是时间 t 和空间坐标 x 的函数 $U(x,t)$。

对应于一般非线性密度制约模型，式(3.15)在种群密度空间分布不均匀的情况下则变成：

$$U_t = U_{xx} + f(U) \tag{3.38}$$

公式(3.38)被称为反应扩散方程，而方程 $U_t = f(U)$ 可以说是只有反应而无扩散，可称之为反应方程。

第 4 章　多种群增长的动力学模型

4.1　两种群相互作用的模型

自然界存在大量相互依赖、相互竞争的动植物种群，这些相互作用可以归为捕食-被捕食关系。早期，意大利亚得里亚海的渔民发现，捕获的一种食用鱼的数量和它的天敌——一种鲨鱼的数量之间存在随时间发展而周期波动的特性。类似的周期性波动也被发现存在于加拿大哈德逊湾的毛皮市场上每年供应的山猫和雪兔的毛皮数量上（图 4.1）。意大利数学家沃尔特拉（Volterra. Vito，1860. 5. 3—1940. 10. 11）在了解到亚得里亚海的鱼类数量周期变化规律后，于 1925 年开始研究相应的数学模型。他和美国的数学家洛特卡（A. J. Lotka）各自独立地提出了捕食者和被食者之间关系的微分方程式，被称为洛特卡-沃尔特拉模型（Lotka-Volterra Model）。事实上，该模型已经不仅应用于生态领域，目前有很多人在诸如经济学（供求矛盾，生产者和消费者之间的关系等）、胚胎演化等领域应用该模型并取得了很好的结果。

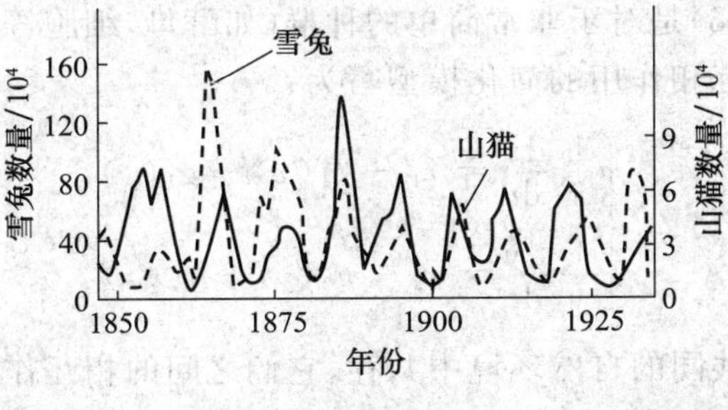

4.1　山猫和它的主要食物雪兔之间的数量变动关系

下面给出相互作用的两种群演化方程。

如果把竞争的种群分别记为 x 和 y，它们的相互作用有三种结果：在某种条件下 x 淘汰了 y；在另一条件下 y 淘汰了 x；在一定条件的范围内两个种群能够共存。

根据这三种条件和结果，来建立两个种群互相作用的数学模型。

假设有甲、乙两个种群，当它们独自在一个自然环境中生存时，数量的演变均服从 Logistic 方程。记 $x(t)$ 和 $y(t)$ 分别为甲、乙两个种群的数量，r_1 和 r_2 是它们的内禀增长率，N_1 和 N_2 是它们的最大容量。于是对于种群甲有：

$$\frac{\mathrm{d}x}{\mathrm{d}t}=r_1x\left(1-\frac{x}{N_1}\right) \tag{4.1}$$

式中：因子 $\left(1-\dfrac{x}{N_1}\right)$ 反映由于甲对有限资源的消耗导致的对它本身增长的制约作用，$\dfrac{x}{N_1}$ 可解释为相对于 N_1 而言，单位数量的甲消耗供养甲的食物量(设食物总量为 1)。

当两个种群在同一自然环境中生存时，由于乙消耗同一种群有限资源将对甲的增长产生影响，而可以在因子 $\left(1-\dfrac{x}{N_1}\right)$ 中再减去一项，该项与种群乙的数量 y(相对于 N_2 而言)成正比，得到种群甲的方程：

$$\frac{\mathrm{d}x}{\mathrm{d}t}=r_1x\left(1-\frac{x}{N_1}-\sigma_1\frac{y}{N_2}\right) \tag{4.2}$$

这里 σ_1 的意义是，单位数量乙(相对于 N_2 而言)消耗的供养甲的食物量为单位数量甲(相对 N_1)消耗量的 σ_1 倍。

类似地，甲的存在也影响了乙的增长，种群乙的方程为：

$$\frac{\mathrm{d}y}{\mathrm{d}t}=r_2y\left(1-\sigma_2\frac{x}{N_1}-\frac{y}{N_2}\right) \tag{4.3}$$

对 σ_2 可作相应的解释。这里称 σ_1,σ_2 为竞争系数。

式(4.2)、式(4.3)是对于非常简单的种群(如酵母，细胞等)的模型。

可以把两种群互相作用的简化模型写为：

$$\begin{cases}\dfrac{1}{x}\dfrac{\mathrm{d}x}{\mathrm{d}t}=r_1-f_1(x)-g_1(y)\\[2ex]\dfrac{1}{y}\dfrac{\mathrm{d}y}{\mathrm{d}t}=r_2-g_2(y)-f_2(x)\end{cases} \tag{4.4}$$

两种群在一个共同的自然环境中共存，它们之间的相互作用，只有以下四种情况：捕食者与被捕食者；寄生物与寄主；两种群相互竞争；两种群互惠共存。

1926 年沃尔特拉利用方程

$$\begin{cases}\dfrac{1}{x}\dfrac{\mathrm{d}x}{\mathrm{d}t}=\alpha-\beta y\\[2ex]\dfrac{1}{y}\dfrac{\mathrm{d}y}{\mathrm{d}t}=\delta x-\gamma\end{cases}\qquad(\alpha>0,\beta>0,\gamma>0,\delta>0) \tag{4.5}$$

来解释捕鱼量中大鱼和小鱼所占的比例的周期性变化现象。如果把式(4.5)写成

$$\frac{\mathrm{d}y}{\mathrm{d}x}=\frac{y(-\gamma+\delta x)}{x(\alpha-\beta y)}$$

或

$$\frac{\alpha-\beta y}{y}\mathrm{d}y=\frac{-\gamma+\delta x}{x}\mathrm{d}x$$

则经过任意初始点$(x_0,y_0)(x_0>0,y_0>0)$的解即可写成：

$$\alpha\ln\left(\frac{y}{y_0}\right)-\beta(y-y_0)=-\gamma\ln\left(\frac{x}{x_0}\right)+\delta(x-x_0) \tag{4.6}$$

即：
$$\delta\left[x-x_0-\frac{\gamma}{\delta}\ln\left(\frac{x}{x_0}\right)\right]+\beta\left[y-y_0-\frac{\alpha}{\beta}\ln\left(\frac{y}{y_0}\right)\right]=0 \tag{4.7}$$

其图形如图 4.2 所示。

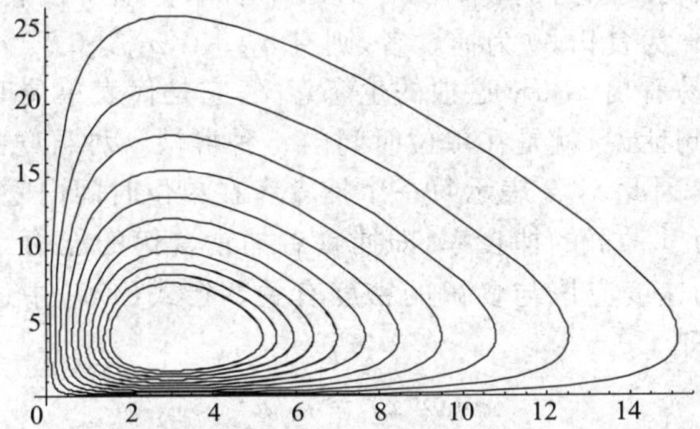

图 4.2　方程(4.5)的解的图形,不同曲线代表不同的初始值(x_0,y_0)

沃尔特拉认为描述捕食者与被捕食者之间竞争的模型为：

$$\begin{cases}\dfrac{1}{x}\dfrac{\mathrm{d}x}{\mathrm{d}t}=a-bx-cy\\[2ex]\dfrac{1}{y}\dfrac{\mathrm{d}y}{\mathrm{d}t}=-e+c'x\end{cases} \tag{4.8}$$

后人称此模型为沃尔特拉方程。

将沃尔特拉方程简单地推广,就能将两种群相互作用的四种情况统一在一个模型中(陈兰荪,1991),即：

$$\begin{cases}\dfrac{\mathrm{d}x}{\mathrm{d}t}=x(a_{10}+a_{11}x+a_{12}y)\\[2ex]\dfrac{\mathrm{d}y}{\mathrm{d}t}=y(a_{20}+a_{21}x+a_{22}y)\end{cases} \tag{4.9}$$

称式(4.9)为两种群相互作用的沃尔特拉模型。于是有:

(1) 当 $a_{12}<0, a_{21}>0$ 时,说明 x 为被捕食者(或寄主),而 y 为捕食者(或寄生物)。

(2) 当 $a_{12}<0, a_{21}<0$ 时,说明 x 种群和 y 种群是相互竞争的关系。

(3) 当 $a_{12}>0, a_{21}>0$ 时,说明 x 种群和 y 种群是互惠共存的关系。

(4) 一般假定 $a_{11}\leqslant 0, a_{22}\leqslant 0$。若 $a_{11}<0(a_{22}<0)$,则说明 x 种群(y 种群)是密度制约的;若 $a_{11}=0(a_{22}=0)$,则说明 x 种群(y 种群)是非密度制约的。

(5) $a_{10}(a_{20})$表示 x 种群(y 种群)的生长率(出生率减去死亡率)。若把 x 种群和 y 种群看成是一个系统,则 $a_{10}>0(a_{20}>0)$表示 x 种群(y 种群)可以依靠此系统之外的食物为生,而 $a_{10}<0(a_{20}<0)$则表示 x 种群(y 种群)不能完全依靠此系统之外的食物为生。也就是说,x 种群(y 种群)必以 y 种群(x 种群)为食才能得到生存。

以捕食与被捕食关系为例,来看式(4.9)中右端各项所代表的生态意义,这里 $a_{11}\leqslant 0, a_{22}\leqslant 0$,若 x 为食饵,y 为捕食者,则有 $a_{12}<0, a_{21}>0$。

从式(4.9)容易看出 $a_{12}xy$ 这项的生态意义,它是代表单位时间内 x 种群的个数减少的数目,换句话说,就是在单位时间内 x 种群被 y 种群吃掉的个数。而这时 y 种群的个数是 y,因此 $a_{12}x$ 表示每一个捕食者在单位时间内吃掉 x 种群的个数,在生态学中称之为 y 种群的捕食率,即捕食者捕食食饵的能力,记为 $\Phi(x)$,显然,捕食者捕食食饵的速度应该与食饵的密度有关。在式(4.9)中这种关系被简单地看成正比例关系,即

$$\Phi(x)=a_{12}x \tag{4.10}$$

$\Phi(x)$是描述捕食者捕食的能力的,又被称为这个捕食者的功能性反应函数。严格地说 $\Phi(x)$应该是 x 的非线性函数。

4.2 被开发了的两种群互相作用的模型

上节所讨论的是两个种群互相作用自然发展的模型,可以说是在人们还未开发的大自然中两个种群互相作用的模型。如果加上人的因素,情况就有所不同。下面举个利用天敌来消除害虫例子。

设 $x(t)$为时刻 t 时害虫的密度,$y(t)$为时刻 t 时天敌的密度。用最简单的模型

$$\begin{cases}\dfrac{\mathrm{d}x}{\mathrm{d}t}=x(1-y)\\[2ex]\dfrac{\mathrm{d}y}{\mathrm{d}t}=y(-1+x)\end{cases} \tag{4.11}$$

来描述，不能达到使害虫减少到不危害农作物的程度。因此，还需要人工饲养一些害虫的天敌，按时将一定数量的害虫的天敌投放到田里去，这样两个种群互相作用的模型为：

$$\begin{cases} \dfrac{\mathrm{d}x}{\mathrm{d}t} = x(1-y) \\ \dfrac{\mathrm{d}y}{\mathrm{d}t} = y(-1+x)+v \qquad (v \geqslant 0) \end{cases} \tag{4.12}$$

式中：v 为天敌的投放率。

有时不采用人工饲养天敌、投放天敌的办法，而采用加用杀虫剂的办法。假设所加的杀虫剂只杀死害虫而不伤害天敌，那么同样用式(4.11)来描述天敌与害虫的互相作用，这时模型为：

$$\begin{cases} \dfrac{\mathrm{d}x}{\mathrm{d}t} = x(1-y)-u(t)x \\ \dfrac{\mathrm{d}y}{\mathrm{d}t} = y(x-1) \end{cases} \tag{4.13}$$

式中：$u(t)$为杀虫剂的投放率，杀虫剂的投放当然是有限的，即 $0 \leqslant u(t) \leqslant b$($b$ 为正常数)。

在实际情况中，使用杀虫剂往往不仅杀死害虫，而且对天敌也会产生一定的危害，这样，式(4.13)则变成：

$$\begin{cases} \dfrac{\mathrm{d}x}{\mathrm{d}t} = x(1-y)-e_1u(t)x \\ \dfrac{\mathrm{d}y}{\mathrm{d}t} = y(x-1)-e_2u(t)y \end{cases} \tag{4.14}$$

式中：e_1 和 e_2 分别为杀虫剂对害虫和天敌的伤害率，$e_i \geqslant 0 (i=1,2)$均为常数。

在渔业中也有类似的问题。把 x 记作小鱼的密度，把 y 记作大鱼的密度。如果每年收获大鱼的收获率是常数，那么模型为：

$$\begin{cases} \dfrac{\mathrm{d}x}{\mathrm{d}t} = xf_1(x,y) \\ \dfrac{\mathrm{d}y}{\mathrm{d}t} = yf_2(x,y)-v \end{cases} \tag{4.15}$$

式中：v 为大鱼的每年收获率。

如果大鱼和小鱼每年都被打捞，而且其收获率分别为常数 v 和 u，则模型为：

$$\begin{cases} \dfrac{\mathrm{d}x}{\mathrm{d}t} = xf_1(x,y) - u \\ \dfrac{\mathrm{d}y}{\mathrm{d}t} = yf_2(x,y) - v \end{cases} \tag{4.16}$$

若大鱼和小鱼的收获率不是常数，而是随时间的变化而变化的，则有：

$$\begin{cases} \dfrac{\mathrm{d}x}{\mathrm{d}t} = xf_1(x,y) - u(t) \\ \dfrac{\mathrm{d}y}{\mathrm{d}t} = yf_2(x,y) - v(t) \end{cases} \tag{4.17}$$

如果不仅不打捞小鱼，而且每年还投放一定数量的鱼苗，那么式(4.16)和式(4.17)则分别变成：

$$\begin{cases} \dfrac{\mathrm{d}x}{\mathrm{d}t} = xf_1(x,y) + u \\ \dfrac{\mathrm{d}y}{\mathrm{d}t} = yf_2(x,y) - v \end{cases} \tag{4.18}$$

$$\begin{cases} \dfrac{\mathrm{d}x}{\mathrm{d}t} = xf_1(x,y) + u(t) \\ \dfrac{\mathrm{d}y}{\mathrm{d}t} = yf_2(x,y) - v(t) \end{cases} \tag{4.19}$$

这里也可以提出类似于单种群模型中的问题：怎样控制每年大鱼的收获量，使得在一段时间内(例如10年、20年)捕鱼量(或纯利润)最大，而且不破坏渔业资源？

4.3 具有时滞的两个种群相互作用的模型

如同单种群的模型一样，有时我们必须考虑滞后作用对种群增长的影响。其中最为简单的是在捕食与被捕食系统中，只考虑食饵种群的滞后影响。也就是说，如果食饵种群增长符合Logistic方程，则滞后的增长符合式(3.20)，若两个种群间的关系用沃尔特拉方程描述，则有：

$$\begin{cases} \dfrac{\mathrm{d}N_1(t)}{\mathrm{d}t} = rN_1(t)\left(1 - \dfrac{N_1(t-T)}{K}\right) - \alpha N_1(t)N_2(t) \\ \dfrac{\mathrm{d}N_2(t)}{\mathrm{d}t} = bN_2(t) + \beta N_1(t)N_2(t) \end{cases} \tag{4.20}$$

式中：$N_1(t)$和$N_2(t)$分别代表两个种群在时刻t时的密度。

如果同时考虑到捕食种群与被捕食种群的滞后作用，并设其滞后时间是相同的，又两者相互作用符合沃尔特拉方程，则有：

$$\begin{cases}\dfrac{\mathrm{d}N_1(t)}{\mathrm{d}t}=rN_1(t)\left(1-\dfrac{N_1(t-T)}{K}\right)-\alpha N_1(t)N_2(t)\\ \dfrac{\mathrm{d}N_2(t)}{\mathrm{d}t}=-bN_2(t)+\beta N_1(t-\tau)\cdot N_2(t-\tau)\end{cases}\tag{4.21}$$

如果考虑连续时滞影响，也就是说过去任何时刻种群的密度均对现在种群的增长速度有影响，那么和单种群模型一样要引入核函数 $K(t)$。总的来说，具时滞的模型形式很多，对应于上节中所述的无时滞的每一个模型，当考虑到时滞时，都至少有一个相对应的模型，这里不必一一列举。需要说明的是，以上所用的核函数可以是如图 3.4 所示的强时滞核函数或弱时滞核函数或一般核函数。

4.4　离散时间的两种群相互作用的模型

离散时间的两种群相互作用模型这一节不作详细叙述，因为它们的形式与本章 4.1 节所述完全类似，只要把 4.1 节所述模型的微分改为差分即可。例如对式(4.9)，用 $N_1(t)$和 $N_2(t)$分别代表两种群 x，y 在 t 代的密度或个数，则离散时间的两种群模型为：

$$\begin{cases}N_1(t+1)=N_1(t)f_1(N_1(t),N_2(t))\\ N_2(t+1)=N_2(t)f_2(N_1(t),N_2(t))\end{cases}\tag{4.22}$$

4.5　反应扩散方程

本章以上各节所考虑的模型都是假定两个种群在空间中的密度分布是均匀的，因此种群密度只是时间的函数，分别记为 $N_1(t)$，$N_2(t)$。如果不是这样，则在高密度位置的种群就要向低密度位置扩散，这时种群密度不仅是时间的函数，而且是空间坐标的函数。将两种群的密度分别记为 $N_1(X,t)$，$N_2(X,t)$，这里 X 表示空间的点(例如二维空间的点 $X(X,Y)$，三维空间的点 $X(X,Y,Z)$)。而在这种情况下，数学模型必须加上扩散项。例如对一般的模型(4.9)，这时则变为：

$$\begin{cases}\dfrac{\partial N_1}{\partial t}=N_1f_1(N_1,N_2)+D_1\nabla^2N_1\\ \dfrac{\partial N_2}{\partial t}=N_2f_2(N_1,N_2)+D_2\nabla^2N_2\end{cases}\tag{4.23}$$

式中：D_1 和 D_2 分别代表种群 N_1 和 N_2 的扩散系数。∇^2 称为 Laplace 算子，其在二维平面直角坐标下表示如下：

$$\nabla^2 = \frac{\partial^2}{\partial X^2} + \frac{\partial^2}{\partial Y^2} \tag{4.24}$$

在有的情况下，假设两个种群中有一个种群的密度分布是均匀的，而另一种群密度分布是不均匀的。一般说来，如果是捕食被捕食系统，则常假定食饵的分布是均匀的，这样方程变为：

$$\begin{cases} \dfrac{\partial N_1}{\partial t} = N_1 f_1(N_1, N_2) \\ \dfrac{\partial N_2}{\partial t} = N_2 f_2(N_1, N_2) + D_2 \nabla^2 N_2 \end{cases} \tag{4.25}$$

相应于 f_1 和 f_2 的各种具体函数表达式，同样得到各种不同的反应扩散方程。这里不一一罗列。

4.6 反应扩散方程在景观生态学上的应用

图 4.3 中的条状斑纹图案在半干旱地区很常见，特别是分布在山坡上，并且接近于和等高线平行的分布。这些图案的形成受到地表降雨、山坡倾斜角度、地表起伏程度、土壤类型等因素共同作用。

图 4.3　半干旱地区植物群落形成的条状图案

[非洲尼日尔亚美(Niamey)地区(Christopher，1999)

Christopher A. Klausmeier. Regular and Irregular

Patterns in Semiarid vegetation. Science. 284. 1826-1828. 1999]

如果选水分 W 和生物量 N 作为两个相互作用的"种群"，则所研究问题可近似看作限定于二维无限区域 $X(X,Y)$。假设降雨速率是一个常数 A，通过蒸发以

速率 L 损失土壤中的水分。被植物吸收的水分速率 R 正比于 $G(W)\times F(N)\times N$。$G(W)$反映了植物对水的响应关系，而 $F(N)$是一个增函数，反映了植物怎样增加了水分的入渗。为了处理简单，可以认为 $G(W)$和 $F(N)$都是线性函数，$G(W)=W$，$F(N)=N$。植物的生物量的损失只和种群密度相关的死亡率联系起来，死亡率为 M。降雨后地表水流流速为 V。植物向四周低密度区域繁殖扩张，用扩散过程来描述，相应的扩散系数为 D。考虑了这些因素之后的种群动力学方程变为：

$$\begin{cases}\dfrac{\partial W}{\partial t}=A-LW-RWN^2+V\dfrac{\partial W}{\partial X}\\[2ex]\dfrac{\partial N}{\partial t}=RJWN^2-MN+D\left(\dfrac{\partial^2}{\partial X^2}+\dfrac{\partial^2}{\partial Y^2}\right)N\end{cases}\tag{4.26}$$

可以看到式(4.26)中第二个方程的等号右边第三项是扩散项，所以这两个方程构成了一个反应扩散方程组。选定适宜参数，求解式(4.26)，就可以得到一定区域内不同降雨量 N 在空间的分布模式，图 4.3 仅是其中的一种情形。

第5章 混沌与分形模型初步

混沌是指发生在确定性系统中的貌似随机的不规则运动。一个确定性理论描述的系统,其行为却表现为不确定性——不可重复、不可预测,这就是混沌现象。在科学上,如果一个系统的演变过程对初态非常敏感,人们就称它为混沌系统。混沌是非线性动力系统的固有特性,是非线性系统普遍存在的现象。牛顿确定性理论能够充分处理的多为线性系统,而线性系统大多是由非线性系统简化来的,因此,在现实生活和实际工程技术问题中,混沌无处不在。

混沌学就是寻求混沌现象的规律,对其加以处理和应用的科学。20 世纪 60 年代,混沌学的研究热悄然兴起,渗透到物理学、化学、生物学、生态学、力学、气象学、经济学、社会学等诸多领域,成为一门新兴学科。混沌的发现和混沌学的建立,同相对论和量子论一样,是对牛顿确定性经典理论的重大突破,为人类观察物质世界打开了一个新的窗口。所以,许多科学家认为,20 世纪物理学最有意义的三件事是:相对论、量子论和混沌学的创立。

5.1 动力学系统与混沌

牛顿力学所描绘的世界是一幅静态的、简单的、可逆的、确定性的、永恒不变的自然图景,形成了一种关于"存在"的机械自然观。而人们真正面临的世界却是地质变迁、生物进化、社会变革等这样一幅动态的、复杂的、不可逆的、随机的、千变万化的自然现象,形成的是关于"演化"的自然观。任何客观的随时间变化的自然现象都服从一定的客观规律,这些规律原则上应该可以用数学方程描述。由于目前认识水平的限制,人类还不能做到这一点。如果把大致上可以用牛顿力学来描述的系统称为静态系统,那么动力学系统就是指那些动态的、复杂的、随机的系统。为了更好地研究混沌,本章将通过几个例子来介绍一些动力系统以及混沌现象。

5.1.1 混沌的发现——洛仑兹关于大气对流的模型

南海之帝为倏,北海之帝为忽,中央之帝为浑沌——《庄子·应帝王》。

气象学家洛伦兹在孩提时代就是个气象迷，以反复记录他家房子外的小观测站里温度计的读数为乐趣，他同时也热爱数学推理。正是这两种爱好，使他在混沌研究这个领域做出了开创性的工作。1963 年，他为了预报天气，用计算机求解仿真地球大气的 13 个方程式，对大气系统进行模拟，以便寻找进行长期天气预报的方法。一次偶然的机会，洛仑兹没有把一次运算从头算起，他走了一条捷径，从中途去启动，把前面打印出来的结果作为初始条件输入。这新一轮的计算原本应当重复前一次的计算结果，因为程序并没有变。当他喝了杯咖啡后回来看结果时却目瞪口呆，他计算出来的气候演变曲线与上一轮的计算相去甚远，根本不是一个类型的气候，而是完全不同的两类气候。起先他以为随机性来自计算机的误差，但在排除了种种随机因素后还是出现了上述现象。为了更细致地考察结果，他对初始输入数据的小数点后第四位进行了四舍五入。最后检查发现问题出在他输入的数据上，计算机内的数据能够存有小数点后 6 位数，如：0.506 127，但打印时为了节省空间，只打出了三位数，即 0.506。他本能地认为这么小的误差仿佛一阵微风吹过，对大范围的气候不会有什么影响。事实却完全相反：气候的演变对初始条件极为敏感；本来很小的输入数据差异，结果却偏离了十万八千里！面对事实，他冲破了旧的观念束缚，在仔细分析结果后认定，他发现了新的现象："对初始值的极端不稳定性"，即："混沌"。这个发现在当时很多科学家都不理解，几家科学杂志也都拒登他的文章，认为"违背常理"：相近的初值代入确定的方程，结果也应相近才对，怎么能偏离很远呢？受到当时科学水平的限制，人们没有也不可能意识到这项工作的划时代意义，论文最后只能刊登在一本不太出名的杂志上。所以一直过了将近十年，这项工作才被重视起来，人们开始认识到确定性系统的内在随机性——混沌是客观事物固有的特性。后来在 1979 年 12 月，洛伦兹在华盛顿的一次讲演中提出"蝴蝶效应"，大意为：一只南美洲亚马孙河流域热带雨林中的蝴蝶，偶尔扇动几下翅膀，可能在两周后引起美国得克萨斯州的一场龙卷风！其原因在于：蝴蝶翅膀的运动，导致其身边的空气系统发生变化，并引起微弱气流的产生，而微弱气流的产生又会引起它四周空气或其他系统产生相应的变化，由此引起连锁反应，最终导致其他系统的极大变化。此效应说明，某些事物发展的结果，对初始条件具有极为敏感的依赖性，初始条件的极小偏差，将会引起结果的极大差异。

当年洛仑兹在研究大气在地表受阳光照射变热或变冷而发生对流过程时提出的方程组可以简化为：

$$
\begin{cases}
\dfrac{\mathrm{d}x}{\mathrm{d}t} = -\sigma x + \sigma y \\
\dfrac{\mathrm{d}y}{\mathrm{d}t} = -xz + rx - y \\
\dfrac{\mathrm{d}z}{\mathrm{d}t} = xy - bz
\end{cases}
\tag{5.1}
$$

式中：x，y 和 z 分别是与对流强弱、对流引起的水平温差和垂直温差有关的变量；σ，r 和 b 分别是与流体力学中的普兰多数、瑞利数和区域大小有关的参量。

洛仑兹方程式(5.1)中含有二次项 xz 和 xy，所以它是非线性的。对于非线性方程，除了其中极少数以外，一般都没有解析解。近数十年来，数值计算方法研究的进展，特别是计算机的发展，使得求非线性方程的数值解变得十分简易快速，从而使非线性方程(组)的解与线性方程(组)的解的巨大差异显露出来。洛仑兹就是在用计算机求解式(5.1)时发现，当式中的参数取适当值时，其解出现了非周期的随机振荡。如果令 $\sigma=10$，$b=8/3$，$r=28$ 时，用计算机很容易求得如图 5.1 所示的振荡曲线。可以看出，此振荡与完全随机的噪声不完全一样，它似乎还有一点规律：无论时间多长，它都不会完全重复以前某时刻的振荡，即此时振荡具有非周期性和随机性。

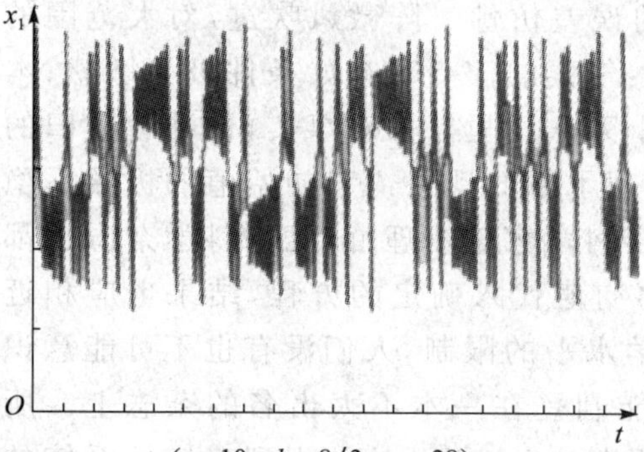

($\sigma=10$, $b=8/3$, $r=28$)

图 5.1　洛仑兹方程的解

人们常用状态变量 x，y 和 z 作为坐标画出方程的解在此空间(被称为状态空间或相空间)的轨迹。图 5.2 就是洛仑兹方程(5.1)在两个不同相平面上投影的轨迹。可以看出，这些轨迹被限制在

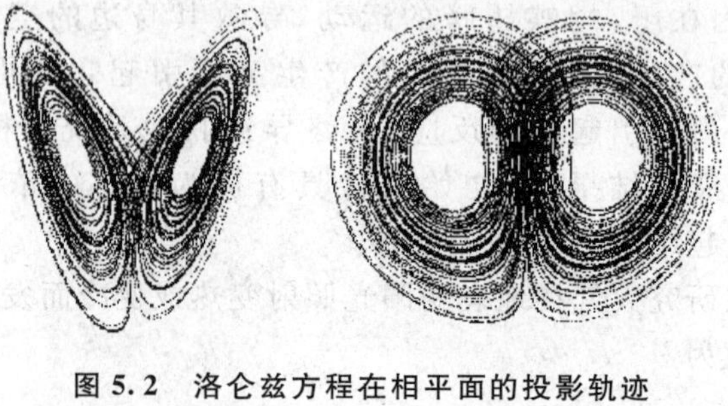

图 5.2　洛仑兹方程在相平面的投影轨迹

相平面(或相空间)的有限区域内,这样的有限区域被称为运动系统的吸引子。吸引子不随时间变化,其附近的轨道都要趋近于它。对于周期运动,吸引子是一简单的闭曲线。但是,像洛仑兹系统这样具有随机性的非周期运动,其吸引子绝不是什么复杂的闭曲线,它的轨线往往是既折叠又相互交叉的密集的带。这种具有复杂结构的吸引子被称为奇怪吸引子,以别于具有不动点和闭曲线那样的简单吸引子。这种具有随机性或奇怪吸引的运动便是混沌。

5.1.2　生态系统中的振荡与混沌

种群的繁衍和相互作用的问题越来越引起人们的重视。这其中自然也包括人口学的问题。然而,人口问题要比动物种群问题复杂得多,因为人口的繁衍受到不同种群(国家或民族)之间的制约,受国家的政策、科技进步引起的生产力发展以及人口平均寿命的变化等诸多因素的影响。动物种群虽难免也要受到这类因素影响,但毕竟比人口受到的影响小得多。下面仅就动物种群的生态学问题加以研究,而不涉及人口学问题和植物生态学问题。

以某一范围内单一种类(不受其他物种影响)的昆虫繁衍为例,其子代数量远大于其亲代数量(如某些昆虫一次产的卵的数量极大),这样便可以认为,当子代出生后,其亲代的数量即可略而不计,或者说,种群数量没有世代交叠。令 x_n 和 x_{n+1} 分别表示亲代和子代的种群数量。很容易看出,x_{n+1} 应与 x_n 有关,见第 3 章式(3.28):

$$x_{n+1} = F(x_n) \tag{5.2}$$

函数 F 的形式必须由具体分析得出。首先种群的出生率应与 x_n 成正比。另一方面,在某一范围内,由于种群赖以生存的食物等资源有限,当种群过密、亲代种群数量增大时,昆虫之间必然要争夺资源,从而自然要限制其无限制地增长。这种限制作用源于昆虫之间的争夺,因此种群的死亡率应与 x_n^2 成正比。考虑到种群的繁殖作用和为争夺资源的限制作用两方面因素,于是子代数量 x_{n+1} 与亲代数量 x_n 的关系应为:

$$x_{n+1} = \alpha x_n - \beta x_n^2 \tag{5.3}$$

式中:α 和 β 分别是由出生率和环境资源等因素决定的参数。

经过适当变换后,式(5.3)也可写成:

$$x_{n+1} = \mu x_n(1 - x_n) \tag{5.4}$$

式中:x_n 不是种群的数量,而是种群数量与该地区能供养的最大种群数量之比。

一个地区能供养的最大种群数的 x 值等于 1，种群可利用的食物数量则与 $(1-x)$ 成正比，从而式(5.4)表示种群子代数量 x_{n+1} 既与亲代数量 x_n 成正比，也与种群可利用食物资源数量 $(1-x)$ 成正比。当种群数量达到极限 $(x_n=1)$ 时，可供利用的食物为零，种群便不能再繁殖了，从而 $x_{n+1}=0$。

称式(5.3)和式(5.4)为 Logistic 映像。它不像微分方程那样表示连续变化的动力学规律，而是把动力学规律表成离散映像。

进一步分析 Logistic 映像所表述的种群问题的一些特性。首先我们要知道在一定的条件(参数 α、β 或 μ 一定)下，种群能繁殖到什么数量。显然，种群数量不变表明 $x_{n+1}=x_n$。令此不变的值(或不动点)为：

$$\begin{cases} x_s = \mu x(1-x_s) \\ x_s = \dfrac{\mu-1}{\mu} \end{cases} \tag{5.5}$$

但是种群数值的上述不变值 x_s 不一定都是稳定的。进一步分析和计算都可以证明：当 μ 发生变化(由昆虫自身和外部环境决定)时，$\dfrac{\mathrm{d}F}{\mathrm{d}x}$ 随之变化，只有当 $\left|\dfrac{\mathrm{d}F}{\mathrm{d}x}\right|<1$ 时，也就是当 μ 取值在(1,3)区间时，x_s 才是稳定的；μ 取其他值时，$\left|\dfrac{\mathrm{d}F}{\mathrm{d}x}\right|>1$，$x_s$ 都不稳定，即昆虫数量不能维持定值而会发生振荡性的变化。

当 $x\in[0,1]$，$\mu\in[0,4]$，参数 μ 变化时，长时间 x_n 演化的形态可以有好多种(图 5.3)：

$0<\mu\leqslant 1=\mu_1$ 时，$x_n\to 0$；

$1<\mu\leqslant 3=\mu_2$ 时，$x_n\to 1-\dfrac{1}{\mu}$；

$3<\mu\leqslant 3.449=\mu_3$ 时，$x_n\to$ 周期 2，即在两个值上跳动；

$3.449<\mu\leqslant 3.545=\mu_4$，$x_n\to$ 周期 4，即在四个值上来回跳动；

⋮

$\mu\to 3.57=\mu_\infty$ 时，$x_n\to$ 混沌吸引子。

应该说明，混沌是由确定性的系统式(5.4)一步一步算出来的，甚至于混沌也可以用一个解析表达式表示出来。

例如式(5.4)中 $\mu=4$ 时，$x_{n+1}=4x_n(1-x_n)$ 的一个解就是 $x_n=\sin^2(2^n\pi\theta)$。将它代入式(5.4)，有：

$$\sin^2(2^{n+1}\pi\theta) = \sin^2[2 \cdot (2^n\pi\theta)] = [^2\sin(2^n\pi\theta)\cos(2^n\pi\theta)]^2 = 4x_n(1-x_n) \tag{5.6}$$

显然,若 θ 是无理数,那么解就是非周期的。

图 5.3 是用计算机得到的 x 稳定时(去掉暂态)的值随 μ 变化的情况(郑维敏,1998),人们称这种比较常见的由于参数值变化,变量 x 取值由周期逐次加倍进入混沌状态的过程为倍周期分叉通向混沌。

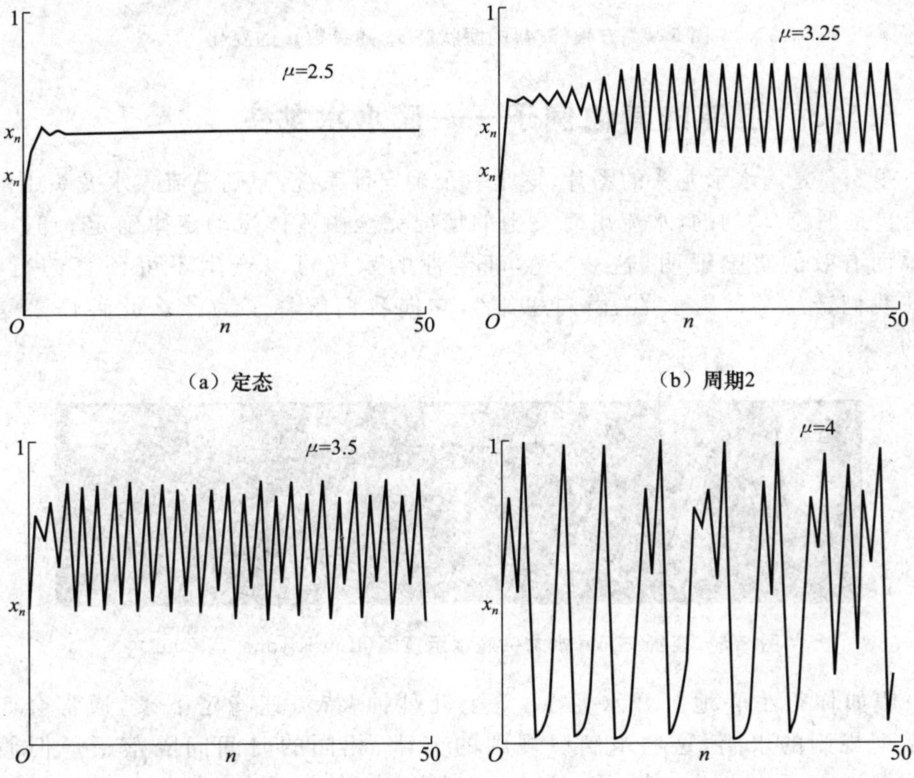

(a) 定态　(b) 周期2

(c) 周期4　(d) 混沌

图 5.3　方程(5.4)式的解的时间序列

图 5.4 显示了状态 x_n 随参数 μ 的变化(郑维敏,1998)。直到 $\mu_\infty = 3.57$ 时,周期变为 2^∞,因而是混沌吸引子。

现有的研究已经表明:混沌吸引子无法用欧氏几何来描述,必须用到分形数学的原理才能对其特征进行描述。

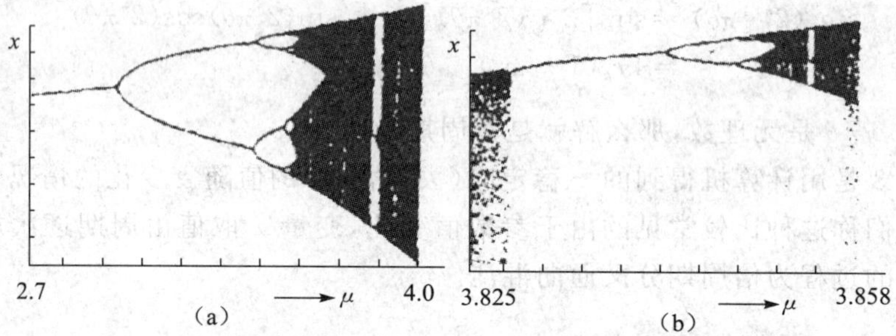

图 5.4　方程(5.4)的解状态 x_n 随参数 μ 的变化

5.1.3　混沌的其他例子——滴水水龙头

图 5.5 是滴水水龙头的图片，这是一个确定性系统，原则上流入水龙头中的水的流量是平稳、均匀的，水流出时发生的情况完全由流体运动定律确定。但一个简单而有效的实验证明，这一显然确定性的系统可以产生不可预言的行为。这使我们产生某种数学的“横向思维”，它向我们解释了为什么此种怪事是可能的。

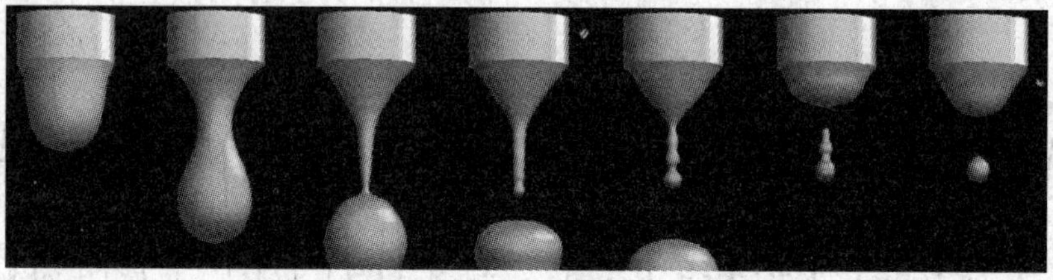

图 5.5　直径 7 mm 水龙头滴水示意图(Ken Kiyono 等，2003)

假如你很小心地打开水龙头，等上几秒钟，待流速稳定下来，通常会产生一系列规则的水滴，这些水滴以规则的节律、相同的时间间隔落下。但假如你缓缓地打开水龙头，使水量增大，并调节水龙头，使一连串水滴以很不规则的方式滴落，这种滴落方式似乎是随机的，只要做几次实验就会成功。实验时均匀地转动水龙头，别把水龙头开大到让水成了不间断的水流，你需要的是中速滴流。如果你调节得合适，就可以在好多分钟内听不出任何明显的变化。

设测量滴水水珠相邻两次水滴下落时间 T_n 和 T_{n+1}，水滴质心坐标 Z_G 和速度 $\frac{dZ_G}{dt}$，重构可以得到如图 5.6 所示的奇怪吸引子。

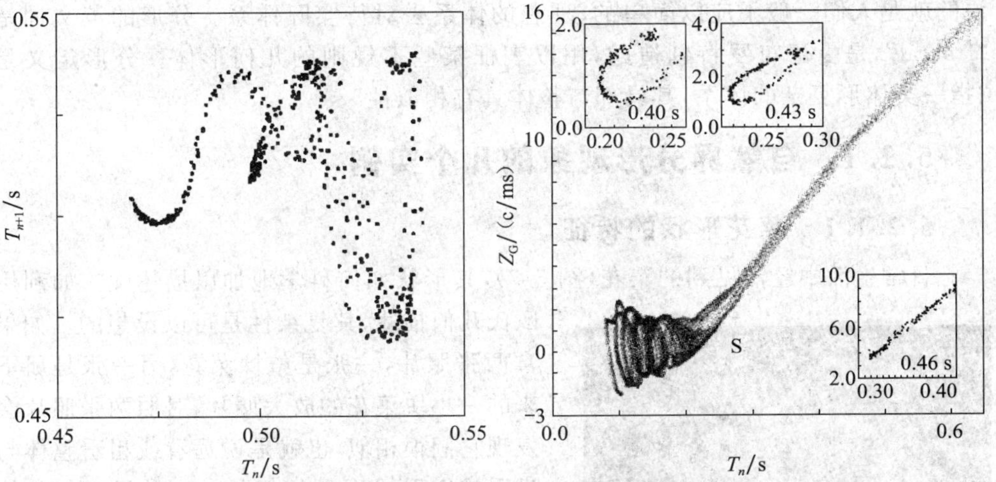

图 5.6　滴水水珠奇怪吸引子的图像(Ken Kiyono 等,2003)

5.1.4　混沌判断——李雅普诺夫指数

在混沌系统中不可能对系统的状态进行长期预测,这是由于初始状态的微小不确定性将会迅速按指数速度扩大。这种轨迹收敛或发散的比率,被称为李雅普诺夫指数。正的李雅普诺夫指数意味着混沌。系统 $x_{n+1}=f(x_n)$ 如初始值存在微小误差,随时间(或迭代)产生分离,这种分离程度常用李雅普诺夫指数 λ 来度量:

$$\lambda=\lim_{n\to\infty}\frac{1}{n}\sum_{n=0}^{n-1}\ln\left|\frac{\mathrm{d}f(x_n,\mu)}{\mathrm{d}x}\right| \tag{5.7}$$

式中:x_n 为第 n 次迭代值。

李雅普诺夫指数可以按下述方式理解:轨迹斜率的对数决定了局部伸展,它由伸展总次数的概率加权,决定对于稳定的周期轨迹,李雅普诺夫指数 λ 均为负数。分支点(即倍周期分叉)处对应于稳定轨迹边缘(李雅普诺夫指数为 0)。当进入混沌区间时,开始有混沌行为,李雅普诺夫指数为逐渐增大的正数,但不时为无限多个具有周期行为的“窗口”中断。

5.2　分形现象与分形维数

分形(fractal)理论的创始人曼德布罗特(Mandelbrot)曾说过:“浮云不呈球形,山峰不呈锥体,海岸线不是圆圈,树干不是光溜溜的,闪电永不会沿直线行进”,

说的就是人们一般不应以简单的、理想的体系去对待实际体系。分形的英文词是"fractal",是曼德布罗特创造的,用以表征某些不规则的几何形体。分形定义是"指一类体形复杂的体系,其局部与整体具有相似性"。

5.2.1 自然界分形现象的几个实例

5.2.1.1 菜花形状的特征

日常生活中经常见到的菜花(图 5.7),其形状如何科学地加以描述呢?如利用欧氏几何描述,其复杂性是可以设想的。如果拿两张照片,一张是整棵菜花,另一张是掰下来的一小块菜花的放大照片,对照两张照片会发现它们很相似,也就是说远看或粗看整体与近看或细看局部是相似的。这种局部与整体自相似的特征,对我们不无启发。另外,菜花的表面很不规则,很粗糙,这也是它的另一特征。所以菜花的形态特征是粗糙而自相似的。有些恶性肿瘤,其形状颇像菜花。可见研究它的形状及形成过程具有实际意义。

图 5.7 菜花的照片

5.2.1.2 海岸线有多长

再看一下海岸线,曼德布罗特曾提出这样一个问题:"英伦岛的海岸线有多长?"许多人对这样的问题都感到惊讶。认为只要用尺规量一下就知道了。实际上,在地图上丈量的长度在百科全书中就有记载。然而,西班牙与葡萄牙的边界线的长度在西班牙百科全书中的记载与葡萄牙百科全书的记载不一致,二者相差20%。原来海岸线或边界线的长度与尺规所设置的基准有关,基准可以从几十米到几百米。

折线的长度与尺规基准的关系,如表 5.1 所示。所生成的图形见图 5.8。

表 5.1 折线的长度与尺规基准的关系

尺规基准/m	长度/m
1	1
1/3	1.333 3
1/9	1.777 8

如果用不同倍数的放大镜观察海岸线，就会发现，用不同的尺度（即细看与粗看）观察到的不规则的弯弯曲曲的海岸线，整体与局部何其相似。这又是局部与整体的自相似，参见图 5.9 的示意图。当然，所谓自相似不是说完全一样，只是相似而已。

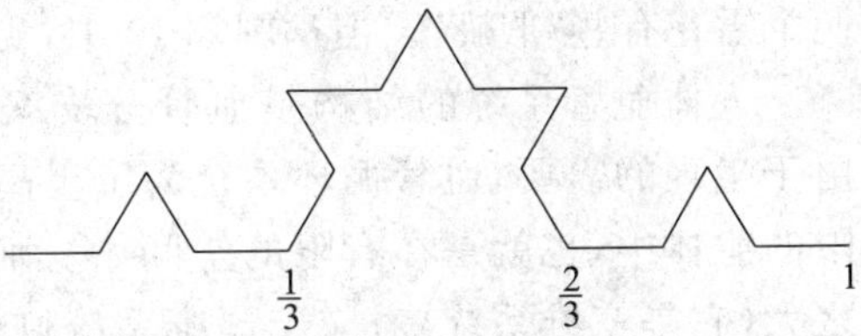

图 5.8　折线的长度与尺规基准的关系

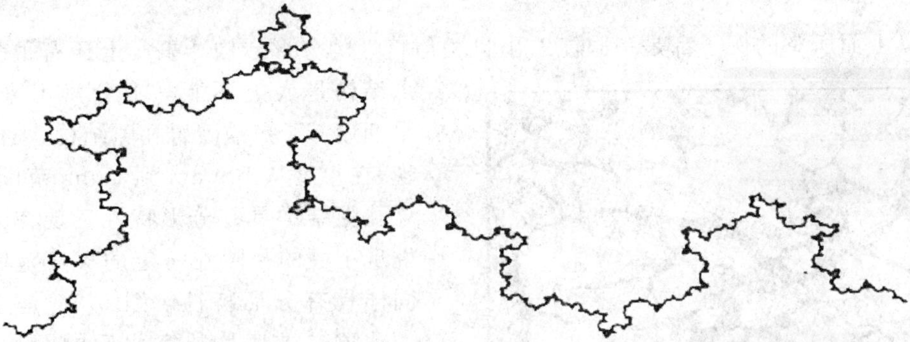

图 5.9　海岸线的一个实例

曼德布罗特对自己所提问题做出的答案如下："其长度趋于无穷"。这个答案可以说完全出乎一般人意料。这不是违背普通常识吗？怎么有限面积的周长却是无穷长呢！其实，自然界存在不少这种情况。仔细观察雪花晶体（图 5.10），就可发现这样的现象。

由于晶体结晶的起始位置（晶种）具有一定的随机性，和规则的分形结构相比，这

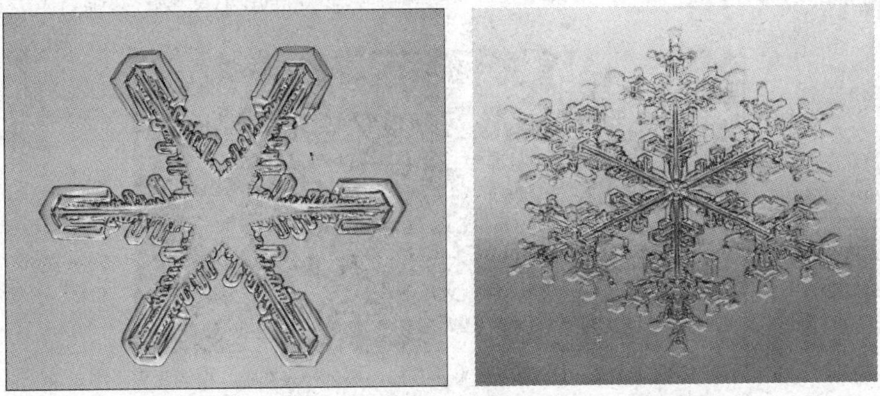

图 5.10　两种不同的雪花结晶照片

两个雪花有些“瑕疵”。但从图 5.10 中,我们仍会发现不同尺度的自相似特性。

人体血管系统的结构是血管分支又分支,它也有局部与整体自相似的特征。由于生理的需要,血管循环系统为了提高血氧的效率,把一个巨大的表面压缩在有限的躯体中,也就是在有限的空间中。血管循环系统的结构使血管的总面积非常之大(它是三维系统,对应着二维系统则是在有限面积的条件下,周长非常之大),这是求生存的需要。

5.2.2 随机分形的几个例子

上面所举的例子都是一眼能看出自相似特性的分形结构。事实上还有很多分形结构是人类不能马上分辨出来的。早期用 CT 扫描砂岩孔隙结构,人们发现,在尺度从 100 nm 到 1 mm 范围内,该孔隙结构具有分形特性。现在人们发现土壤的孔隙在一定的尺度范围内同样具有分形特性。图 5.11 是土壤大孔隙二维切片数字化后的图像,分析显示它满足分形的定义。

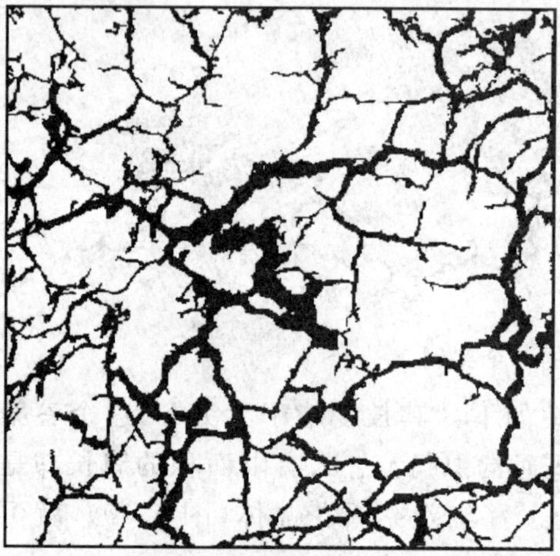

(二维土壤切片的数字化图像,黑色代表孔隙,白色代表土壤。对应的实际土壤尺寸为5 cm×5 cm)

图 5.11 土壤大孔隙二维切片的数字化图像

图 5.11 所示的这种大孔隙结构的分形特性反映在不同尺度下孔隙的自相似特性上。这种结构和裂缝的形成有关。土壤干裂时先是生成大的裂缝,然后在每个被大裂缝包围的未干裂的区域进一步发展出小尺度的裂隙(图 5.12)。

(相应的每个格点被孔隙占有的概率为 p=0.63,黑色代表孔隙,白色代表土壤)

图 5.12 土壤大孔隙的二维逾渗模型(Liu G 等,2008)

图 5.12 所示逾渗模型被广泛应用于模拟多孔介质的孔隙结构。该模型和真实孔隙结构相比具有生成简单，能反映物理本质等优点。目前逾渗模型被大量应用于模拟水、溶质等在多孔介质中的运动规律。

图 5.13 的结构和菌类菌落生长图案非常相似，加入一些其他规则后能够模拟胶体粒子的聚集——类似于土壤颗粒聚集、电化学上的沉积、绝缘气体在玻璃板面上放电图像等。除上述两个例子外，第 3 章中介绍的噪声、布朗运动都是典型的随机分形系统。

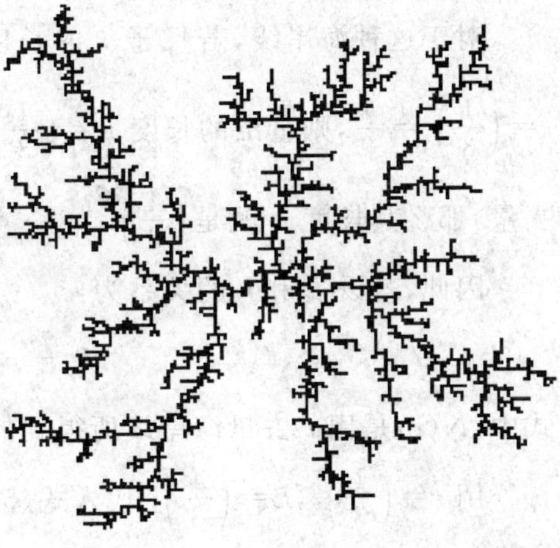

图 5.13　计算机 38 000 步模拟之后生成的 DLA(diffusion limit aggregation)结构

5.2.3　分形与分形维数的定义

自然界的分形现象，它们均有一个共同的特点：没有统一的特征尺度，却有自相似的结构。由于分形是一个新的概念，下面仍从实例入手来阐述它的意义。以海岸线为例，假如海岸线是直线(设它的长度 $L=1$)，那么用尺度为 r 的尺子去量它，不管 r 的大小量出来的长度总是 1，即

$$L = r^0 \tag{5.8}$$

而实际海岸线，其长度 L 就随尺子 r 的减小而加长。图 5.14 是一种理想化的实际海岸线。

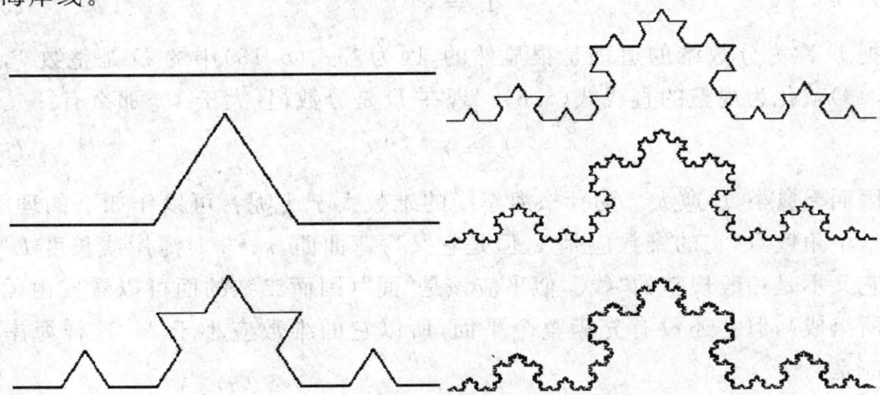

图 5.14　一种典型理想化的海岸线

对于这种海岸线，若尺子 r 的长度为 $\frac{1}{3}$，那么量出的海岸线长度 $L=\frac{4}{3}$。若 $r=\left(\frac{1}{3}\right)^2=\frac{1}{9}$，则量出的长度 $L=\left(\frac{4}{3}\right)^2=\frac{16}{9}$……依此类推，若海岸线用 $r=\left(\frac{1}{3}\right)^n$ 去量，那么其长度 L 就是 $\left(\frac{4}{3}\right)^n$。

因此，若设 L 和 r 的关系为：

$$L = r^{\mu} = N(r) \cdot r \tag{5.9}$$

式中：$N(r)$ 是用 r 去量海岸线所得到的长度为 r 的段数。

用 $r=\left(\frac{1}{3}\right)^n$，$L=\left(\frac{4}{3}\right)^n$ 代入式(5.9)得到：

$$\left(\frac{4}{3}\right)^n = \left[\left(\frac{1}{3}\right)^n\right]^{\mu} \tag{5.10}$$

将式(5.10)两边取对数，很易求到式(5.9)中的系数 μ：

$$\mu = 1 - \frac{\lg 4}{\lg 3} = 1 - D \tag{5.11}$$

其中：

$$D = \frac{\lg 4}{\lg 3} = 1.2618 \tag{5.12}$$

就是图 5.9 所示海岸线的分数维。

这样，海岸线的长度 L 和尺子 r 的关系为：

$$L = r^{1-D} \tag{5.13}$$

把 D 称为分数维的道理是很显然的，因为若式(5.13)中的 D 是整数 1，那么式(5.13)就化为规整的直线式(5.8)。现在 D 是分数，且大于 1。那么有：

$$L = r^{-0.2618} \tag{5.14}$$

因而 r 愈小，L 愈大。为什么海岸线的维数大于 1 呢？可以作如下的理解：从"线"这个角度看，它的维数应是 1，但是它又弯弯曲曲，$r \to 0$ 时海岸线长度 $L \to \infty$，所以它又不是一般规整的"线"，似乎应该是"面"(因而二维的面可以看成由无穷的线段所组成)，但它还没有充满整个平面，所以它的维数应小于 2。这样海岸线的维数应是：

$$1 < D < 2 \tag{5.15}$$

式(5.15)可以作为分数维 D 的定义。将式(5.9)和式(5.11)结合起来有：

$$\begin{cases} N(r) = \dfrac{1}{r^D} \\ D = \dfrac{\lg N(r)}{\lg\left(\dfrac{1}{r}\right)} \end{cases} \tag{5.16}$$

式(5.16)的意义是，用边长为 r 的小“立方”块去覆盖客体，量出的小立方块的最少个数是 $N(r)$。

定义式(5.16)显然包含了规整对象，图 5.15 是规整的线、面、体。若它们的边长均为 1，显然用 $r=\dfrac{1}{2}$ 的线(小方块或小立方体)去量分别得到 $N=2,4,8$，故按式(5.16)它们的维数 D 分别是 1，2 和 3。

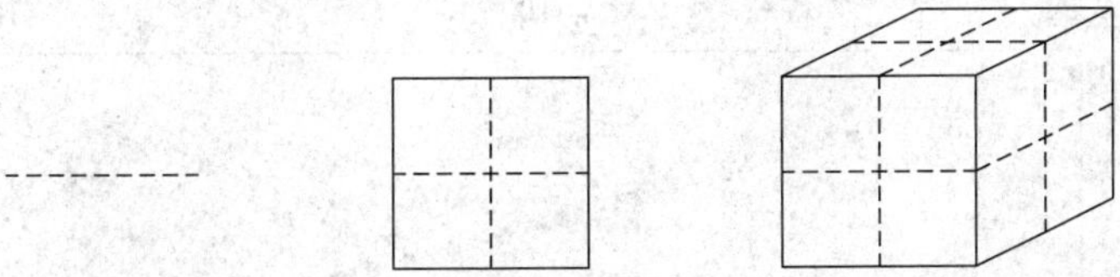

图 5.15　规整的线、面、体的维数 $D=1,2,3$

对于不规则分形结构，可以使用“盒子”方法来计算图形、图案的分形维数。该方法是用不同的尺度的正方形网格来覆盖相应的图案。具体做法是：将目标图像用一个刚好可以包含整个图像的正方形把其框住；然后把该正方形 4 等分成 4 个小的全等正方形，计算非空正方形的个数记为 $N(\varepsilon)$；然后再次对每一个划分后的小正方形进行 4 等分，计算非空正方形的个数 $N(\varepsilon)$；如此一直做下去。该方法计算的分形维数满足：

$$D = -\lim_{\varepsilon \to 0} \frac{\lg N(\varepsilon)}{\lg \varepsilon} \tag{5.17}$$

式中：ε 是测量尺度即最小正方形的边长；$N(\varepsilon)$是对应于测量尺度为 ε 时的非空正方形数。

式(5.17)要求 $\varepsilon \to 0$，在实验操作中，ε 的最小值的实际长度受图像分辨率限制很难达到 $\varepsilon \to 0$ 程度。

事实上自然界中并没有绝对的分形体，只是在一定尺度下表现出分形体性质，将其近似看成分形体(Mandalbrot B B，1982)。

从图 5.16 的两个例子可以看出二维土壤孔隙切片的数字化图像和逾渗模型在一定范围内的对数图上存在近似的线性关系：令 $y=\lg N(\varepsilon)$，$x=\lg\varepsilon$，a，b 为常数，对 y，x 进行线性回归得到直线方程 $y=bx+a$。如果上述线性回归显著，那么 $|b|$ 即为所分析的图形的分形维数（Falcorner K，1990）。则所述结构存在分形结构。但是真实土壤大孔隙在图 5.16 中存在两个不同的线性区间，这事实上和多重分形有关（J. F. Muzy，1993）。

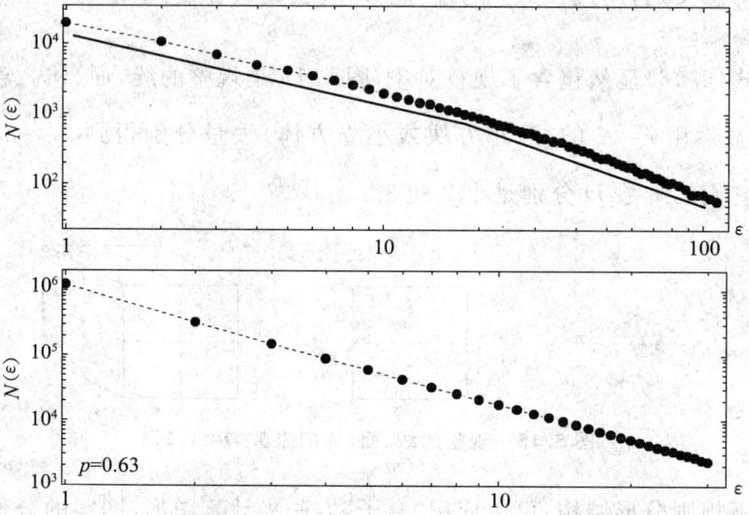

图 5.16　二维土壤孔隙切片的数字化图像和逾渗模型对应的分形维数（Liu G 等，2006）

5.3　L-系统简介

L-系统是 1968 年由匈牙利生物学家林登麦伊尔（Lindenmayer，1968；Prusinkiewicz 等，1989，1990）提出的有关生长发展中的细胞交互作用的数学模型，被广泛应用于植物生长过程的研究。用 L-系统可以建立生长模型。它不仅能模拟植物的形态，而且还能模拟植物的生长过程。也就是说，它在空间时间上都能表现植物的成长。L-系统实际上是一种建立生长模型的形式语言。本节将介绍它的基本原理。

5.3.1　一个实例

令：F 表示向前走一定距离；B 表示分支；＋表示分支逆时针转一个角度；－表

示分支顺时针转一个角度；θ 表示分支转的角度；[表示分支开始；] 表示分支结束并回到分支点。

利用这些符号，形成产生规则，可以描述或模拟某些植物的成长。

如果产生规则是：

$$F \rightarrow FF\,; B \rightarrow F[+B]F[-B]+B; \theta = 30°$$

那么用计算机不断迭代其前三步的结果如下。

(1) $F_0 \rightarrow FF = F_1$

$B_0 \rightarrow F[+B_0]F[-B_0]+B_0 = B_1$

(2) $F_1 \rightarrow F_1F_1 = FFFF = F_2$

$B_1 \rightarrow F_1[+B_1]F_1[-B_1]+B_1 = B_2$

(3) $F_2 \rightarrow F_2F_2 = FFFFFFFF = F_3$

$B_2 \rightarrow F_2[+B_2]F_2[-B_2]+B_2 = B_3$

相应的图如图 5.17 所示。

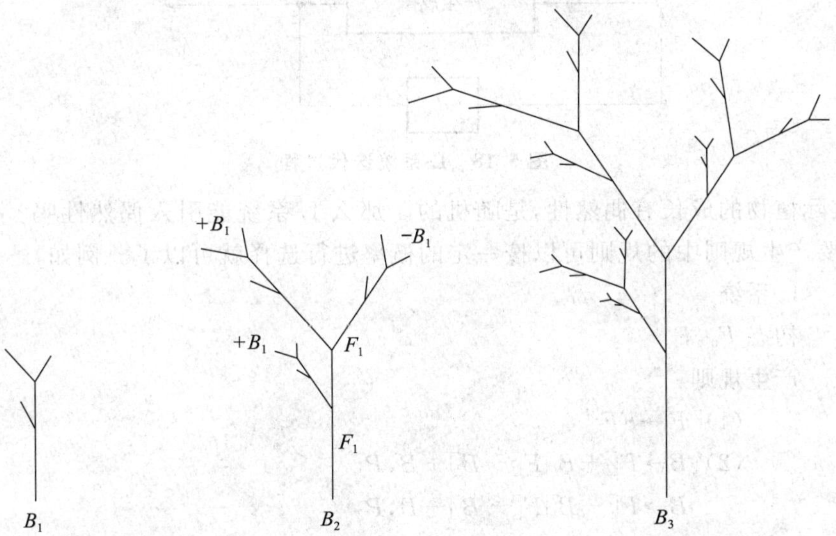

图 5.17 L-系统：迭代生长过程示例

从图 5.17 可见，杆支不断长大，分支也愈来愈多，颇像植物的生长过程。必须强调的是，符号及产生规则的规定必须是长期观察植物的生长总结出来的，而不能是臆造的。只有这样，才能作为某一种植物的生长模型。上面的例子只是说明 L-系统的原理（齐东旭，1994）。

5.3.2 L-系统基本原理

L-系统可以归纳如下：

L-系统

符号的初态(F_0,B_0)

产生规则

(1)……

(2)……

(3)……

⋮

参数 θ

它的迭代系统图如图 5.18 所示，它的迭代函数就是产生规则。

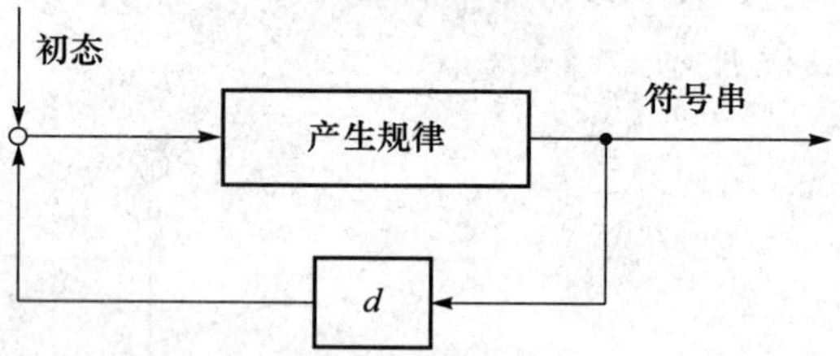

图 5.18 L-系统迭代过程

实际植物的成长有偶然性，是随机的。那么 L-系统能引入偶然性吗？这并不难，只要产生规则中的规则可以按一定的概率进行选择就可以了。例如，

L-系统

初态 F_0,B_0

产生规则：

(1) $F \to FF$

(2) $B \to F[+B]F[-B]+B, P_1$

$B \to F[-B]F[-B]+B, P_2$

$B \to F[+B]F[-B]+B, P_3$

参数 θ, P_1, P_2, P_3

其中：P_1,P_2,P_3 是中选的概率。

引入偶然性使成长模型更接近实际。这样的 L-系统叫做随机 L-系统。例如：

初态 F_0

产生规则：

$F\rightarrow F-F++F-F, P_1=0.5$

$F\rightarrow F+F--F+F, P_2=0.5$

参数 $\theta=60°$

其中：＋＋表示逆时针旋转两个 60°，即 120°，－－则表示顺时针旋转 120°。计算结果见图 5.19，它是不是很像上一节讲到的海岸线？从中你能得到什么启发吗？

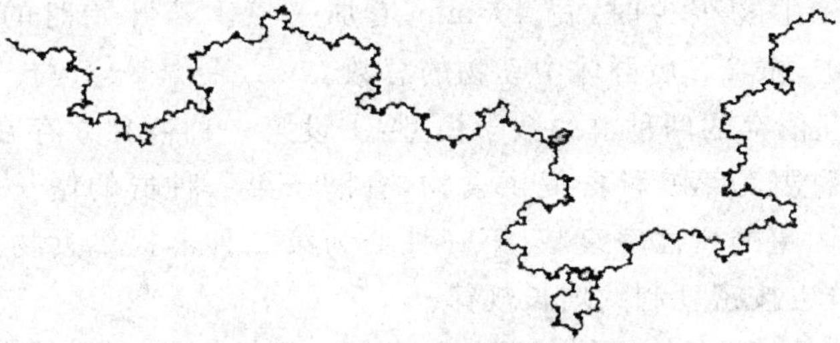

图 5.19　随机 L-系统生成的海岸线

第 2 篇　练习题

1. 建立增值-迁入过程的数学模型。设 $N=N(t)$ 为某个种群的个体数目，λ 为该种群的内禀增长率，ν 为个体迁入该种群的速率。假定该种群的个体数目的变化率与 $\lambda N+\nu$ 成正比，比例系数是 1；λ，ν 都是正常数，$t=0$ 时 $N=N_0$，求出该模型的解。

2. 通过加热、冷冻、药剂、紫外线照射等方法杀死细菌的消毒过程可用方程 $\frac{\mathrm{d}N}{\mathrm{d}t}=-KN$ 表示，其中 K 为正常数。有一种每毫升含 8×10^5 个病菌的悬浮液，假定用 5％的酚溶液处理它，设 $K=9\%$（按分钟计）。试问：10 min 后存活的细菌还剩多少？20 min 后呢？

3. 某种作指数衰变的放射性物质的变化过程可用 $\frac{\mathrm{d}M}{\mathrm{d}t}=-kM$ 来表示，设 $T_{\frac{1}{2}}$ 为半衰期，证明：$k=\frac{\ln 2}{T_{\frac{1}{2}}}$。

4. 在一个平均世代间隔时间为 $T=106$ min 并正在作指数增长的含 1 000 个细菌的群体中，发生了一个突变，突变群体的平均世代间隔时间为 53 min。问：需要经过多长时间这种突变的细菌就能在数量上超过原来野生型细菌的群体？到那个时候群体的总数有多少？

5. 根据经验，当一种新商品投入市场后，随着人们对它拥有量的增加，其销售

量 $s(t)$ 的下降速度与 $s(t)$ 成正比。广告宣传可给销售量添加一个增长速度,它与广告费 $a(t)$ 成正比。但广告只能影响这种商品在市场上尚未饱和的部分(设饱和量为 M)。建立销售量 $s(t)$ 的模型。若广告宣传只进行有限时间 τ,且广告费为常数 a,问 $s(t)$ 如何变化?

6. 一群体的增长受自限规律制约。设在一定环境下该群体的生存极限数为 5×10^8,当群体中生物很少时,每 40 min 增加一倍。若开始时的动物数分别为 1×10^7 和 1×10^8,求 2 h 后群体中动物的总数。

7. 建立相互依存的两种群的数学模型:①设第一种群独立存在时按密度制约增长规律,第二种群为第一种群提供食物,有助于第一种群的增长;②若无第一种群,第二种群以固定的死亡率衰减,第一种群为第二种群提供食物,促进第二种群增长。第二种群也按密度制约增长规律。

8. 生态学家估计人的内禀增长率约为 0.029,已知 1961 年世界人口数为 30.6 亿(3.06×10^9),当时的人口增长率则为 0.02。试根据 Logistic 模型计算:(1)世界人口数的上限约为多少?(2)何时是世界人口增长最快的时候?

9. 某公司的一间容积为 90 m^3 的会议室正在开会。开会前会议室里没有一氧化碳(CO),由于有人抽烟,会议室每分钟将增加 0.006 m^3 含 4%一氧化碳的烟雾。与此同时,会议室的通风设备每分钟也抽换 0.006 m^3 的空气。求:约经过多长时间,会议室里的一氧化碳含量将达到 0.01%?

10. 某猎场生活着一种供狩猎用的动物。据估计,若动物数量少于 a,该动物有可能绝灭,若动物数量超过 b 时,该动物会因为环境无法供养它们而减少。问:应该用怎样的微分方程来描述该种群的增长?

11. 近年来,科学研究已经表明,对一定的土壤结构的描述,可基于近似谢尔宾斯基海绵的生长过程来进行,土壤结构体表面积的变化规律,也近似谢尔宾斯基海绵表面积变化规律,你如何思考这个问题?

第 2 篇 计算实习

1. 酵母菌生物量在某一时段的增长符合 $\frac{dN}{dt}=r_m N$。N 为酵母菌生物量;t 为时间;r_m 为内禀增长率。实验测定的酵母菌生物量与时间(小时)的关系数据如下表所示。

酵母菌生物量与时间关系表

时间/h	0	1	2	3	4	5	6	7
生物量/g	9.6	18.3	29.0	47.2	71.1	119.1	174.6	257.3

(1) 根据实验数据，估算 r_m 的大小。

(2) 用解析方法和差分方法分别求出 $N(0),N(1),\cdots,N(7)$。做图并与实验值进行比较分析。

2. 设酵母菌生物量增长符合 $\frac{dN}{dt}=\frac{r_m N(N_m-N)}{N_m}$。$N$ 为 t 时刻生物量；r_m 为内禀增长率；N_m 为酵母菌生物量的最大值，设为 665 g。实验测定数据如下表所示。

酵母菌生物量时间关系表

时间/h	0	1	2	3	4	5	6	7	8	9
生物量/g	9.6	18.3	29.0	47.2	71.1	119.1	174.6	257.3	350.7	441.0
时间/h	10	11	12	13	14	15	16	17	18	
生物量/g	513.3	559.7	594.8	629.4	640.8	651.1	655.9	659.6	661.8	

(1) 根据实验数据，估算 r_m 的大小。

(2) 用解析方法和差分方法分别求出 $N(0),N(1),\cdots,N(20)$。做图并与实验值进行比较分析。

3. 设某一污染物的自净过程符合一级动力学方程，即 $\frac{dA}{dt}=-KA$。A 为污染物浓度；t 为时间；K 为一级反应动力学系数。实验测得的污染物浓度与时间关系如下表所示。

污染物浓度与时间关系表

时间/min	0	4	12	24	30	35	50	65	80
浓度/(mg/L)	0.040	0.039	0.038	0.024	0.021	0.023	0.017	0.017	0.013

(1) 试求 K，污染物的半衰期 $t_{\frac{1}{2}}$。

(2) 用解析方法和差分方法分别求出 $A(0),A(1),\cdots,A(80)$。做图并与实验值进行比较分析。

4. Logistic 过程的差分方程，可写为 $x_{n+1}=\mu x_n(1-x_n)$，对其进行如下的数值实验。

(1) 求 $\mu=0.5$，$x_0=0.1,0.11,0.101,0.1\,001$ 时 $x_1,x_2,\cdots,x_{60}$ 值，并做出 n-x_n 关系图；

(2) 求 $\mu=2$，$x_0=0.1,0.11,0.101,0.1\,001$ 时 $x_1,x_2,\cdots,x_{60}$ 值，并做出 n-x_n 关系图；

(3) 求 $\mu=3.2$，$x_0=0.1,0.11,0.101,0.1\,001$ 时 $x_1,x_2,\cdots,x_{60}$ 值，并做出 n-x_n

关系图；

(4) 求 $\mu=3.5$，$x_0=0.1, 0.11, 0.101, 0.1\,001$ 时 $x_1, x_2, \cdots, x_{60}$ 值，并做出 $n\text{-}x_n$ 关系图；

(5) 求 $\mu=4.0$，$x_0=0.1, 0.11, 0.101, 0.1\,001$ 时 $x_1, x_2, \cdots, x_{60}$ 值，并做出 $n\text{-}x_n$ 关系图；

(6) 把(1)～(5)得到结果进行比较，你能得出什么结论？

(7) 试绘出 $\mu \rightarrow x_{100}$ 的关系图，说明混沌现象是如何形成的。(选作)

5. 求出下列几何图形的分形维数，并进行说明讨论。

(1) 康托尔(Cantor)点集：

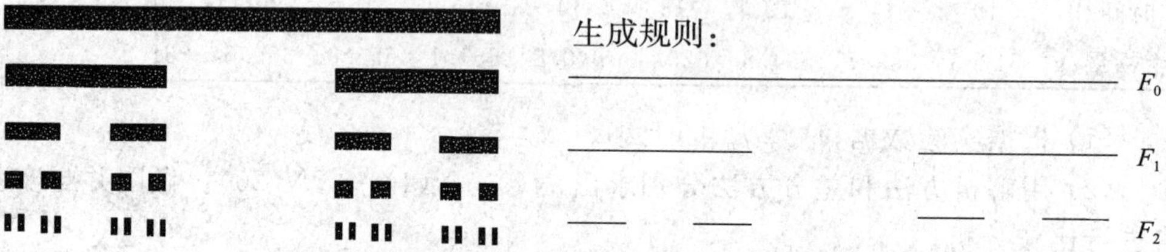

题 5(1)图

(2) 谢尔宾斯基垫片：

题 5(2)图

（3）谢尔宾斯基海绵：

E_0　　E_1 第一层　　E_2 第二层　　E_3 第三层

题 5(3)图

第3篇　资源环境系统中的优化模型

资源环境系统是一个以人类为中心的生态系统，人类与环境的关系十分复杂。系统分析是从系统观点出发，应用各种技术方法，对系统进行定性和定量分析。它适用于对情况比较复杂、不确定因素较多的系统进行分析。一般认为，系统分析就是用系统观点对一个系统内的基本问题进行思维推理，在确定和不确定条件下，探索可能采取的方案，通过分析对比，为达到预期目标选出最优方案的一种辅助决策方法（赵全升等，2005）。

系统分析包括两个关键内容，一个是系统的模型化；另一个是系统的最优化。模型化，就是用所研究系统的一系列有机组合的数学方程对实际系统进行科学的描述、概括。最优化是指应用最优化技术对系统进行优化决策。资源环境系统的优化决策的目的是最大限度地发挥有限资源的作用，提高经济效益，做到耗费较少的人力、物力和财力，创造出较高的经济价值、生态效益和社会效益，从而为领导部门的决策科学化提供依据。优化决策模型就是为了达到以上目的所建立的数学模型。

第6章　线性规划

线性规划是辅助人们进行科学管理的一种数学方法，是运筹学的重要组成部分。它在第二次世界大战中发展起来，研究的问题是如何最大限度地发挥有限资源的作用，提高经济效益，做到耗费较少的人力、物力和财力，创造出较高的经济价值、生态效益和社会效益，从而为决策科学化提供依据。线性规划在工农业生产、财政经济、商业的管理决策、交通运输等方面都有极为广泛的应用，它是现代经济管理学科的重要研究手段之一。

6.1　问题及数学模型

6.1.1　线性规划引例

首先列举一些例子来阐明线性规划所研究的问题和它的数学模型。

6.1.1.1　生产计划问题

例 6.1　某工厂生产Ⅰ，Ⅱ两种产品，已知有关数据见表 6.1。

表 6.1　某厂生产数据

项目	产品		拥有量
	Ⅰ	Ⅱ	
原材料/(kg/件)	2	1	11 kg
工时/(h/件)	1	2	10 h
利润/(元/件)	8	10	

试求获利最大的生产方案。

解　设生产产品Ⅰ和产品Ⅱ的件数分别为 x_1 和 x_2，根据题意，两种产品所用的原材料不能超过 11 kg，有：

$$2x_1 + x_2 \leqslant 11$$

工时不能超过 10 h，有：

$$x_1 + 2x_2 \leqslant 10$$

设产品Ⅰ和产品Ⅱ的总利润为 z 元，则

$$z = 8x_1 + 10x_2$$

此问题的数学模型为在条件

$$\begin{cases} 2x_1 + x_2 \leqslant 11 \\ x_1 + 2x_2 \leqslant 10 \\ x_1 \geqslant 0, x_2 \geqslant 0 \end{cases}$$

下，求 x_1, x_2，使

$$\max z = 8x_1 + 10x_2$$

在例 6.1 中，确定了 x_1, x_2 的值才能确定生产方案。在线性规划中，我们把这些需要确定的未知数叫做决策变量，对决策变量取值的范围起限定作用的条件（如例 6.1 中的不等式组），叫做约束条件，以约束条件为基础，讨论包含决策变量的某个一次式（如例 6.1 中的 $8x_1 + 10x_2$）的最大、最小值问题，这个一次式叫做目标函数。

6.1.1.2　营养配方问题

在现代农业的研究中，要从营养学的观点来考虑动植物合理营养物的供给。例如饲养场加工畜禽日粮配方时，要求从可能提供的若干种饲料中，在保证畜禽健康状况良好而需要的最低营养物质条件下，选用最佳的配料方案，使配合饲料的成本最低；再如复合混肥的优化配方与某一作物合理养分供给方案的决策等。

例 6.2　一饲料工厂用苜蓿草、鱼粉、豆饼粉配制 1 t 配合饲料，要求至少含有 35%蛋白质，1.5%脂肪，纤维素含量不得超过 8%。求成本最低的饲料最佳配制方案。有关数据见表 6.2。

表 6.2　营养成分

营养成分及成本	限制条件	原料营养成分含量/%		
		苜蓿草	鱼粉	豆饼粉
纤维素	不超过 8%	25	1	7
蛋白质	至少需有 35%	17	60	42
脂肪	至少需有 1.5%	2	7	0.5
成本/(元/t)		230	1 600	330

注：按重量计的百分比。

解　设配制 1 t 配合饲料需苜蓿草、鱼粉、豆饼粉的量分别为 x_1, x_2, x_3。

因为 1 t 配合饲料的纤维含量不能超过 8%，可以列出配合饲料的纤维含量约束条件：

$$25x_1 + x_2 + 7x_3 \leqslant 8 \qquad \text{(纤维含量约束)}$$

同理，可分别列出配合饲料的蛋白质与脂肪含量约束条件：

$$17x_1 + 60x_2 + 42x_3 \geqslant 35 \qquad \text{(蛋白质含量约束)}$$

$$2x_1 + 7x_2 + 0.5x_3 \geqslant 1.5 \qquad \text{(脂肪含量约束)}$$

现在用苜蓿草 x_1、鱼粉 x_2、豆饼粉 x_3 配成 1 t 配合饲料，可得重量约束条件：

$$x_1 + x_2 + x_3 = 1 \qquad \text{(重量约束)}$$

已知苜蓿草、鱼粉与豆饼粉的单价，由表 6.2 可知配制 1 t 配合饲料的成本为 z 元，则

$$z = 230x_1 + 1\,600x_2 + 330x_3$$

把这个营养物质问题抽象成数学模型，就是确定一组决策变量 x_1, x_2, x_3，满足约束条件：

$$\begin{cases} 25x_1 + x_2 + 7x_3 \leqslant 8 \\ 17x_1 + 60x_2 + 42x_3 \geqslant 35 \\ 2x_1 + 7x_2 + 0.5x_3 \geqslant 1.5 \\ x_1 + x_2 + x_3 = 1 \\ x_j \geqslant 0 \quad (j = 1,2,3,4) \end{cases}$$

并使目标函数（配合饲料成本）$z = 230x_1 + 1\,600x_2 + 330x_3$ 取最小值。

6.1.1.3　运输问题

生产实践中会遇到各种物资调运问题。如果处理得当，就可以节省原材料、运费和时间，否则，就会造成不必要的浪费。

例 6.3　两个工厂 A_1 和 A_2，分别生产同类产品 2 300 t 与 2 700 t，供应 B_1, B_2, B_3 三个地区。三地区对产品的需要量以及工厂到三个地区的距离见表 6.3。问两个工厂生产的产品应如何调运，才能使总运输量最少？

解　根据就近运输原则编制的调运方案（表 6.4 中方案一）与另一调运方案（表 6.4 中方案二）进行比较：

可得方案一的总运输量 S_1

$$S_1 = 50 \times 1\,700 + 60 \times 600 + 110 \times 1\,200 + 160 \times 1\,500 = 493\,000(\text{t} \cdot \text{km})$$

表 6.3　三个地区的产品需要量以及工厂到三个地区的距离

项目	至销地的距离/km			产量/t
	B_1	B_2	B_3	
工厂 A_1	50	60	70	2 300
工厂 A_2	60	110	160	2 700
需要量/t	1 700	1 800	1 500	5 000

表 6.4　就近运输调运方案

项目	B_1			B_2			B_3		
	距离/km	方案一/t	方案二/t	距离/km	方案一/t	方案二/t	距离/km	方案一/t	方案二/t
工厂 A_1	50	1 700		60	600	800	70		1 500
工厂 A_2	60		1 700	110	1 200	1 000	160	1 500	
化肥需求量/t		1 700			1 800			1 500	

方案二的总运输量 S_2

$$S_2 = 60 \times 1\,700 + 60 \times 800 + 110 \times 1\,000 + 70 \times 1\,500 = 365\,000(\text{t} \cdot \text{km})$$

结果表明，采用不同的调运方案，其总运输量也不相同，且按就近运输编制的方案并不一定是最佳方案。

为了确定最佳调运方案，把调动的产品量设为变量，用 x_{ij} 表示工厂 $A_i(i=1,2)$ 运往销地 $B_j(j=1,2,3)$的产品量。调运方案见表 6.5。

表 6.5　调运方案表

项目	B_1		B_2		B_3		产量/t
	货运量/t	距离/km	货运量/t	距离/km	货运量/t	距离/km	
工厂 A_1	x_{11}	50	x_{12}	60	x_{13}	70	2 300
工厂 A_2	x_{21}	60	x_{22}	110	x_{23}	160	2 700
化肥需求量/t	1 700		1 800		1 500		5 000

根据产销平衡要求，从工厂 A_1 运往三个地区的产品总量应该等于工厂 A_1 的总产量 2 300 t，于是有：

$$x_{11} + x_{12} + x_{13} = 2\,300$$

同理，从工厂 A_2 运往三个地区的产品总量应该等于工厂 A_2 的总产量 2 700 t，于是又得到：

$$x_{21}+x_{22}+x_{23}=2\ 700$$

另一方面，两个工厂供给 B_1 地区的产品之和应该等于 B_1 地区的需要量 1 700 t，于是有：

$$x_{11}+x_{21}=1\ 700$$

同理可得销地 B_2 和 B_3 的供需关系式：

$$x_{12}+x_{22}=1\ 800$$
$$x_{13}+x_{23}=1\ 500$$

根据表 6.5 的方案调运产品，可得总运输量 f 为：

$$f=50x_{11}+60x_{12}+70x_{13}+60x_{21}+110x_{22}+160x_{23}$$

由于调运量 $x_{ij}(i=1,2;j=1,2,3)$ 是变量，故可以确定很多调运方案，现在要从很多个调运方案中找一个运输量最少的方案。把这个实际问题抽象成数字模型就是确定一组决策变量 x_{ij} 满足约束条件：

$$\begin{cases} x_{11}+x_{12}+x_{13}=2\ 300 \\ x_{21}+x_{22}+x_{23}=2\ 700 \\ x_{11}+x_{21}=1\ 700 \\ x_{11}+x_{22}=1\ 800 \\ x_{13}+x_{23}=1\ 500 \\ x_{ij}\geqslant 0 \quad (i=1,2;j=1,2,3) \end{cases}$$

并使目标函数（总运输量）$f=50x_{11}+60x_{12}+70x_{13}+60x_{21}+110x_{22}+160x_{23}$ 取最小值。其中 $x_{ij}\geqslant 0$ 表示运输量为非负的限制。

6.1.1.4　农业结构调整问题

对农业系统的研究，常常要考虑到农业区划、农业结构以及各种作物的合理布局等问题。在不同的自然环境条件下或生产中对生物体采取不同的技术和管理措施，可以使整个农业系统取得不同的经济、社会与生态效益。因此，需要研究有关农业结构的优化问题。

例 6.4　某农场有耕地 1 400 亩[①]，有机肥 11 406 t，化肥 2 250 kg，劳力 15 000 个工日。现计划种植玉米、小麦、大豆、谷子、高粱等五种作物。已知各种作物的单产和每亩作物对资源的消耗量如表 6.6 所示。问：应该如何安排作物的种植计划，

① 1 亩≈667 m^2。

才能取得最高总产量？

表 6.6　作物消耗资源

项目	作物					资源限制量
	玉米	小麦	大豆	谷子	高粱	
土地/亩	x_1	x_2	x_3	x_4	x_5	1 400
有机肥/t	8	10	7	9	8	11 406
化肥/kg	6	4	4.5	7	5.5	2 250
劳力/工日	16	4	4	20	16	15 000
每亩产量/kg	250	200	125	100	125	

解　设五种作物的种植面积分别为 $x_j(j=1,2,\cdots,5)$亩，为了充分利用土地资源，五种作物的种植面积之和应该等于农场的总耕地面积 1 400 亩，可以列出耕地面积约束条件：

$$x_1 + x_2 + x_3 + x_4 + x_5 = 1\,400 \qquad \text{(土地约束)}$$

根据每亩作物对有机肥的需要量，可求出五种作物对有机肥的总需要量，但又不能超过本单位能提供有机肥的最大限制量 11 406 t，所以得到作物对有机肥需要的约束条件：

$$8x_1 + 10x_2 + 7x_3 + 9x_4 + 8x_5 \leqslant 11\,406 \qquad \text{(粪肥约束)}$$

同理，可以得到作物对化肥的约束条件：

$$6x_1 + 4x_2 + 4.5x_3 + 7x_4 + 5.5x_5 \leqslant 2\,250 \qquad \text{(化肥约束)}$$

作物对劳力需要的约束条件：

$$16x_1 + 4x_2 + 4x_3 + 20x_4 + 16x_5 \leqslant 15\,000 \qquad \text{(劳力约束)}$$

已知每种作物的单产，故五种作物的总产量为：

$$f = 250x_1 + 200x_2 + 125x_3 + 100x_4 + 125x_5$$

这个实际问题抽象成数学模型即为确定一组决策变量 $x_j(j=1,2,\cdots,5)$，满足约束条件：

$$\begin{cases} x_1 + x_2 + x_3 + x_4 + x_5 = 1\,400 \\ 8x_1 + 10x_2 + 7x_3 + 9x_4 + 8x_5 \leqslant 11\,406 \\ 6x_1 + 4x_2 + 4.5x_3 + 7x_4 + 5.5x_5 \leqslant 2\,250 \\ 16x_1 + 4x_2 + 4x_3 + 20x_4 + 16x_5 \leqslant 15\,000 \\ x_j \geqslant 0 \quad (j = 1,2,\cdots,5) \end{cases}$$

并使目标函数(总产量)$f=250x_1+200x_2+125x_3+100x_4+125x_5$ 取最大值。

从上面介绍的例子可以看出,虽然这些实际问题的含义各不相同,但反映这些系统的数学模型却有相同的数学形式:即表示约束条件的数学式都是线性等式或线性不等式,表示问题优化指标的目标函数也都是线性关系式(即对变量都是一次的),所讨论问题最后都归结为求某种限制条件下的优化方案,也就是确定一组满足约束条件的非负变量,使目标函数取得最大值(或最小值)。

因为被研究问题的约束条件和目标函数都是线性的,所以把这一类问题叫作线性规划问题。

6.1.2　线性规划模型

描述线性规划问题的数学式叫做线性规划模型。

线性规划所研究的问题主要有两类:一类是给定了人力、物力资源,研究如何合理地利用这些资源,使其取得最大效益;另一类是研究如何统筹安排,尽可能以最少的人力、物力资源完成一定的任务,即成本最低。这两类问题是一个问题的两个方面,都是寻求系统的某个整体指标的最优化问题。

线性规划的一般形式可以表示如下:

求一组变量 $x_1,x_2,\cdots,x_n$,满足条件

$$\begin{cases} a_{11}x_1+a_{12}x_2+\cdots+a_{1n}x_n\leqslant b_1 \\ a_{21}x_1+a_{22}x_2+\cdots+a_{2n}x_n\leqslant b_2 \\ \vdots \\ a_{m1}x_1+a_{m2}x_2+\cdots+a_{mn}x_n\leqslant b_m \\ x_j\geqslant 0\quad (j=1,2,\cdots,n) \end{cases} \tag{6.1}$$

使得

$$z=c_1x_1+c_2x_2+\cdots+c_nx_n \tag{6.2}$$

取最大值或最小值。

建立一个线性规划模型必须明确以下三部分的内容。

6.1.2.1　决策变量

线性规划模型中的 x_j 代表一组未知的决策变量,它们表示各种产品的产出量,或为了达到一定目的而采取的措施。

例 6.4 的目标函数为:

$$f=250x_1+200x_2+125x_3+100x_4+125x_5$$

式中:决策变量 $x_j(j=1,2,\cdots,5)$ 表示为了获得作物的最高产量,而安排玉米、小麦、大豆、谷子、高粱等作物的播种面积。由于这些决策变量是根据需要而可变化的量,故又叫作可控变量。

6.1.2.2 约束条件

(1) 约束条件的意义:约束条件是线性规划模型的重要组成部分,它反映规划问题在实现目标时的各种限制条件。如例 6.1 中,有 11 kg 原材料,用来生产产品Ⅰ和产品Ⅱ,那么两种原材料之和应该不超过 11 kg,可得原材料限制的约束条件:

$$2x_1 + x_2 \leqslant 11$$

上式还表明,约束条件也可以反映模型中决策变量之间的依存和制约关系。

(2) 约束条件的分类:

• 下限约束:一般用于对某种因素有最低要求,作下限限制,如营养约束。如果配制的营养品能超过标准,则效果更好。在约束方程中常用符号"≥"来描述。

• 上限约束:一般用于对某种因素作上限限制,如资源限制约束。编制一个生产部门的生产方案,对某些资源的需要量不能超过本系统能提供资源的最大限制量。在约束方程中常用符号"≤"来描述。

• 相等约束:一般用于反映系统的物质平衡或产销平衡等约束,如耕地约束。在约束方程中常用符号"="来描述。

6.1.2.3 目标函数

(1) 目标的确立:线性规划模型的另一个重要组成部分是目标函数,它反映决策者的目的。要建立一个系统的目标函数,首先要确定目标是什么。例如,建立一个系统的线性规划模型,要追求的目标可以是通过使用有限资源,使系统的整体功能最大,或是使用有限资源所形成的成本最低;也可以是在一定时间期限内确定各种生产要素的最优分配。

(2) 目标函数的内容:

• 产品的产量、利润、纯收入、成本,或者其他的经济效益、社会效益、生态效益以及产品质量等有关指标。

• 生产某种产品所需要的时间和原材料。

• 达到某个目的地的距离。

• 通过某一运输网的货运流量。

6.1.3 线性规划模型的标准化

线性规划问题对目标函数可以有不同要求。有的要求目标函数取最大值，有的要求目标函数取最小值。在问题的约束条件中，也存在"≤"、"="和"≥"三种约束类型。如果线性规划模型存在多样性，会给讨论问题带来不方便。为了便于以后讨论，把线性规划模型的标准形式规定如下。

求一组变量$(x_1,x_2,\cdots,x_n)^{\mathrm{T}}$，满足下列约束条件：

$$\begin{cases}\sum_{j=1}^{n} a_{ij}x_j = b_i \\ x_j \geqslant 0\end{cases} \quad (i=1,2,\cdots,m;j=1,2,\cdots,n) \tag{6.3}$$

并使目标函数取得最小(大)值，即：

$$\min(\max) f = \sum_{j=1}^{n} c_j x_j \tag{6.4}$$

把线性规划问题从一般形式转化为标准形式叫作线性规划问题的标准化。式(6.4)中符号"min f"表示目标函数取最小值，$(x_1,x_2,\cdots,x_n)^{\mathrm{T}}$ 中的上标 T 表示向量的转置。

以下介绍如何将线性规划问题标准化。

6.1.3.1 不等式约束的标准化

(1) 如果约束条件取上限约束，即约束方程呈下列不等式形式：

$$\begin{cases}a_{11}x_1 + a_{12}x_2 + \cdots + a_{1n}x_n \leqslant b_1 \\ a_{21}x_1 + a_{22}x_2 + \cdots + a_{2n}x_n \leqslant b_2 \\ \vdots \\ a_{m1}x_1 + a_{m2}x_2 + \cdots + a_{mn}x_n \leqslant b_m \\ x_j \geqslant 0 \qquad (j=1,2,\cdots,n)\end{cases} \tag{6.5}$$

为了使这些线性不等式转化为线性等式，引进一组非负的新变量 $x_{n+1},x_{n+2},\cdots,x_{n+m}$，并把这些变量代入原不等式，在每一个不等式中加一个新变量，可得等式约束：

$$\begin{cases}a_{11}x_1 + a_{12}x_2 + \cdots + a_{1n}x_n + x_{n+1} = b_1 \\ a_{21}x_1 + a_{22}x_2 + \cdots + a_{2n}x_n + x_{n+2} = b_2 \\ \vdots \\ a_{m1}x_1 + a_{m2}x_2 + \cdots + a_{mn}x_n + x_{n+m} = b_m \\ x_j \geqslant 0 \qquad (j=1,2,\cdots,n+m)\end{cases} \tag{6.6}$$

从式(6.6)可见,被引进新变量的系数可以组成一个 m 阶单位矩阵。这一特性对以后解线性规划问题十分重要。这组新引入的变量叫作松弛变量,它们具有明确的经济意义,表示可以提供给系统使用但还没有使用的资源。因此,松弛变量代表资源的剩余量。由于这些资源尚未投入生产,不能产生经济效益,故在目标函数中的效益系数均为零。

(2) 如果约束条件取下限约束,即约束方程呈下列不等式形式:

$$\begin{cases} a_{11}x_1 + a_{12}x_2 + \cdots + a_{1n}x_n \geqslant b_1 \\ a_{21}x_1 + a_{22}x_2 + \cdots + a_{2n}x_n \geqslant b_2 \\ \vdots \\ a_{m1}x_1 + a_{m2}x_2 + \cdots + a_{mn}x_n \geqslant b_m \\ x_j \geqslant 0 \qquad (j = 1,2,\cdots,n) \end{cases} \tag{6.7}$$

为了把约束条件化为标准形式,引进一组非负的新变量 $x_{n+1}, x_{n+2}\cdots, x_{n+m}$,并代入式(6.7),在每一个不等式中减去一个新变量,使不等式的约束转化为等式约束:

$$\begin{cases} a_{11}x_1 + a_{12}x_2 + \cdots + a_{1n}x_n - x_{n+1} = b_1 \\ a_{21}x_1 + a_{22}x_2 + \cdots + a_{2n}x_n - x_{n+2} = b_2 \\ \vdots \\ a_{m1}x_1 + a_{m2}x_2 + \cdots + a_{mn}x_n - x_{n+m} = b_m \\ x_j \geqslant 0 \qquad (j = 1,2,\cdots,n+m) \end{cases} \tag{6.8}$$

被引入的一组新变量也是松弛变量,它们的经济意义是代表超产量,在目标函数中的效益系数均为零。

用线性规划模型解决实际问题时,有些约束条件组中会同时含有下限约束与上限约束,只要按照上述原则处理,对于上限约束"≤",加一个松弛变量,便可转化为等式约束;对于下限约束"≥",减去一个松弛变量,便可转化为等式约束。

6.1.3.2 最小值与最大值

线性规划问题对目标值的要求有两类:一类是求目标函数的最大值,另一类是求目标函数的最小值,分别记作:

$$\max f = \sum_{j=1}^{n} c_j x_j \tag{6.9}$$

$$\min f = \sum_{j=1}^{n} c_j x_j \tag{6.10}$$

两个正数 a 与 b，若满足 $a<b$，两边同时乘 -1 后；大数变为小数，而小数则变为大数，即满足 $-a>-b$。

由此可见，一个求最大值的目标函数，乘 -1 后就成为求目标函数的最小值。假设求函数 f 的最大值，即

$$\max f=\sum_{j=1}^{n}c_j x_j \tag{6.11}$$

用 -1 去乘 f，得 $f_1=-f$，便转化为求函数 f_1 的最小值，即

$$\min f_1=-\max f=-\sum_{j=1}^{n}c_j x_j \tag{6.12}$$

6.2　线性规划问题的解法

一般来讲，线性规划问题可用数学语言描述如下。

求 $x_1,x_2,\cdots,x_n$，满足约束条件：

$$\begin{cases}a_{11}x_1+a_{12}x_2+\cdots+a_{1n}x_n\leqslant b_1\\a_{21}x_1+a_{22}x_2+\cdots+a_{2n}x_n\leqslant b_2\\\vdots\\a_{m1}x_1+a_{m2}x_2+\cdots+a_{mn}x_n\leqslant b_m & (6.13)\\x_1\geqslant 0,x_2\geqslant 0,\cdots,x_n\geqslant 0 & (6.14)\end{cases}$$

并使目标函数最大(小)：

$$\max(\min)z=c_1x_1+c_2x_2+\cdots+c_nx_n \tag{6.15}$$

式(6.13)、式(6.14)被称为约束条件，式(6.14)也称为非负条件，式(6.15)被称为目标函数。

6.2.1　线性规划问题的标准型

为便于以后讨论，本节规定线性规划的标准型如下。

在约束条件

$$\begin{cases}a_{11}x_1+a_{12}x_2+\cdots+a_{1n}x_n=b_1\\a_{21}x_1+a_{22}x_2+\cdots+a_{2n}x_n=b_2\\\vdots\\a_{m1}x_1+a_{m2}x_2+\cdots+a_{mn}x_n=b_m & (6.16)\\x_i\geqslant 0\quad(i=1,2,\cdots,n) & (6.17)\end{cases}$$

下，求 $x_1, x_2, \cdots, x_n$，使

$$z = c_1x_1 + c_2x_2 + \cdots + c_nx_n \tag{6.18}$$

达到最大。

也可以写成：在条件

$$\begin{cases} \sum_{j=1}^{n} a_{ij}x_j = b_i \\ x_j \geqslant 0 \end{cases} \quad (i = 1,2,\cdots,m; j = 1,2,\cdots,n) \tag{6.19}$$

下，求 $x_1, x_2, \cdots, x_n$，使

$$\max z = \sum_{j=1}^{n} c_jx_j \tag{6.20}$$

这里规定 $b_i \geqslant 0$，(否则等式两端同乘以-1)。

用矩阵表示为：在条件

$$\begin{cases} \boldsymbol{AX} = \boldsymbol{b} \\ \boldsymbol{X} \geqslant \boldsymbol{0} \end{cases} \tag{6.21}$$

下，求 $\boldsymbol{X}$ 使

$$\max z = \boldsymbol{c}^{\mathrm{T}}\boldsymbol{X} \tag{6.22}$$

这里

$$\boldsymbol{A} = \begin{pmatrix} a_{11} & a_{12} & \cdots & a_{1n} \\ a_{21} & a_{22} & \cdots & a_{2n} \\ \vdots & \vdots & & \vdots \\ a_{m1} & a_{m2} & \cdots & a_{mn} \end{pmatrix}$$

$$\boldsymbol{b} = (b_1, b_2, \cdots, b_m)^{\mathrm{T}} \quad \boldsymbol{0} = (0,0,\cdots,0)^{\mathrm{T}}$$

$$\boldsymbol{c} = (c_1, c_2, \cdots, c_n)^{\mathrm{T}} \quad \boldsymbol{X} = (x_1, x_2, \cdots, x_n)^{\mathrm{T}}$$

$\boldsymbol{A}$ 为约束方程的系数矩阵，$m \times n$ 阶；m, n 均为正整数；$\boldsymbol{b}$ 为限制向量；$\boldsymbol{c}$ 是效益向量；$\boldsymbol{X}$ 为未知数向量。

一般的线性规划问题可按照本章 6.1 节介绍的方法化成标准型。

6.2.2 图解法

对模型中只含有 2 个变量的线性规划问题，可以通过在平面上作图的方法求

解。线性规划求解的目的,一是判别问题是否有解;二是在存在最优解的条件下,把问题的最优解找出来。图解法简单直观,有助于了解线性规划求解的基本原理。

例 6.5　就例 6.1 来介绍解线性规划的图解法。

在约束条件

$$\begin{cases}2x_1+x_2\leqslant 11\\ x_1+2x_2\leqslant 10\\ x_1\geqslant 0,x_2\geqslant 0\end{cases}\tag{6.23}$$

下,求 x_1,x_2 使

$$\max z=8x_1+10x_2\tag{6.24}$$

解　(1) 分别做出不等式 $2x_1+x_2\leqslant 11$ 和 $x_1+2x_2\leqslant 10$ 和 $x_1\geqslant 0,x_2\geqslant 0$ 所表示的区域,画出它们的交集就得到了全部可行解所构成的图形(图 6.1)。

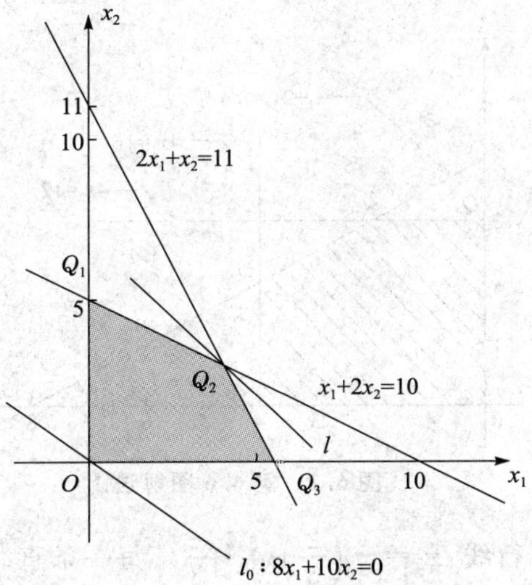

图 6.1　例 6.1 的图解法

阴影区域中的每一个点(包括边界点)都是这个线性规划问题的解(即可行解),因而此区域是例 6.1 的线性规划问题的解集合,称它为可行域。

式(6.23)和式(6.24)所表示的线性规划问题又可以转化为在图 6.1 所表示的平面区域内找一点,把它的坐标代入目标函数 $z=8x_1+10x_2$ 时,使 z 取最大值。

(2) 分析目标函数 $z=8x_1+10x_2$,令 $8x_1+10x_2=0$,此方程表示通过原点的一条直线,记为 l_0,从图 6.1 中可以看出,显然存在着可行域内的点(x_1,x_2),使 $8x_1+10x_2\geqslant 0$。考虑图 6.1 阴影部分的区域内任意一点 $P(x,y)$到 l_0 的距离:

$$d=\frac{|8x_1+10x_2|}{\sqrt{8^2+10^2}}=\frac{8x_1+10x_2}{\sqrt{8^2+10^2}}$$

于是

$$8x_1+10x_2=\sqrt{8^2+10^2}\times d$$

也就是说,点 $P(x_1,x_2)$到直线 l_0 的距离 d 越大,目标函数 $z=8x_1+10x_2$ 的值就越大。因此,问题转化为:在不等式组(6.23)表示的平面区域内,找与直线 l_0 距离最大的点。

平移直线 l_0，我们发现将 l_0 移到图中 Q_2 的位置时，该点到 l_0 的距离最大，所以 Q_2 即为所求。

例 6.6 在条件

$$\begin{cases} x_1 + 2x_2 \leqslant 8 \\ 4x_1 \leqslant 16 \\ 4x_2 \leqslant 12 \\ x_1 \geqslant 0, x_2 \geqslant 0 \end{cases}$$

下，求 x_1，x_2，使

$$\max z = 2x_1 + 3x_2$$

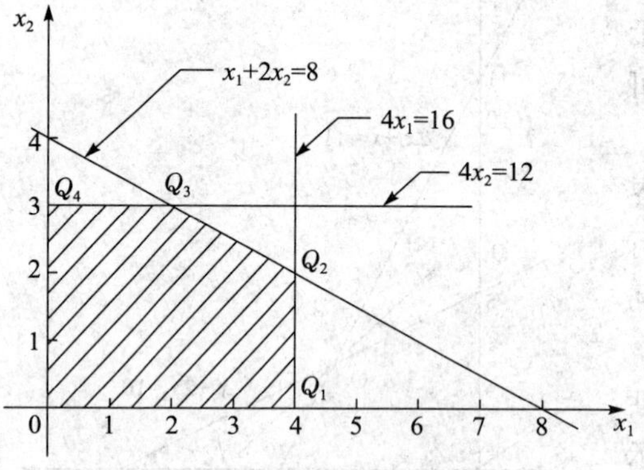

图 6.2　例 6.6 图解法 1

解　在以 x_1、x_2 为坐标轴的直角坐标系中，由所有约束条件所表示的区域相交的区域见图 6.2 中的阴影部分。阴影区域中的每一个点(包括边界点)都是这个线性规划问题的解，因而此区域是这个线性规划问题的可行域。

再分析目标函数 $z=2x_1+3x_2$，在这个直角坐标平面上，它可表示为以 z 为参数、$-2/3$ 为斜率的一族平行线：$x_2=-\left(\frac{2}{3}\right)x_1+\frac{z}{3}$。每一条直线上的点，都有相同的目标函数值。因而称它为“等值线”。当 z 值由小变大时，直线 $x_2=-\left(\frac{2}{3}\right)x_1+\frac{z}{3}$ 沿其法线方向向右上方移动。当移动到 Q_2 点时，使 z 值在可行域边界上实现最大化(图 6.3)，这就得到了最优解 Q_2，点 Q_2 的坐标为(4,2)。于是可计算出 $z=14$。

上例中求解得到问题的最优解是唯一的，但对一般线性规划问题，求解结果还可能出现以下几种情况：

(1) 无穷多最优解(多重解)。若将例 6.6 中的目标函数变为求 $\max z=2x_1+4x_2$，则表示目标函数中以参数 z 的这族平行直线与约束条件 $x_1+2x_2\leqslant 8$ 的边界线平行。当 z 值由小变大时，将与线段 Q_2Q_3 重合(图 6.4)。线段 Q_2Q_3 上任意一点都使 z 取得相同的最大值，这个线性规划问题有无穷多最优解(多重解)。

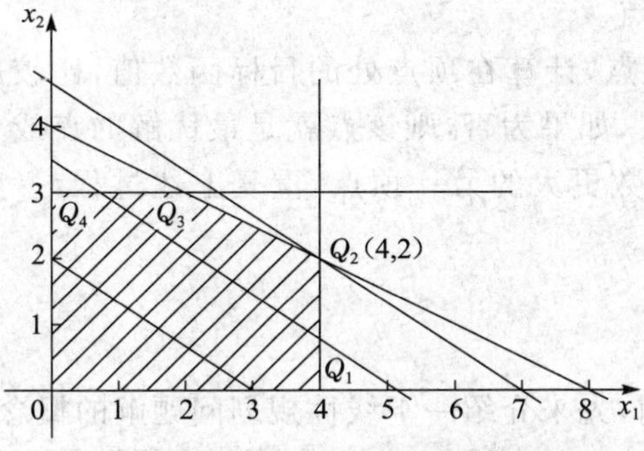

图 6.3　例 6.6 图解法 2

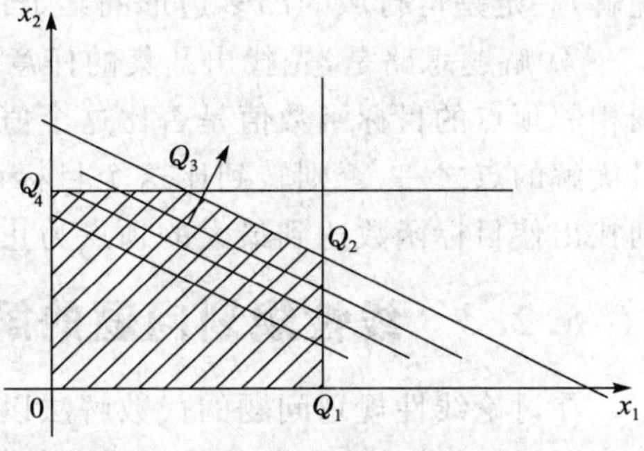

图 6.4　例 6.6 图解法 3

(2) 无界解。如线性规划问题在条件

$$\begin{cases} -2x_1 + x_2 \leqslant 4 \\ x_1 - x_2 \leqslant 2 \\ x_1 \geqslant 0, x_2 \geqslant 0 \end{cases}$$

下,求　$\max z = x_1 + x_2$

用图解法求解结果见图 6.5。从图中可以看到,该问题可行域无界,目标函数值可以增大到无穷大。称这种情况为无界解或无最优解。

(3) 无可行解。如果在例 6.6 的数学模型中增加一个约束条件 $-2x_1 + x_2 \geqslant 4$,该问题的可行域为空集,即无可行解,也不存在最优解。

当求解结果出现无界解或无可行解两种情况时,一般说明线性规划问题的数学模型有错误。前者缺乏必要的约束条件,后者是存在有矛盾的约束条件,建模时应注意。

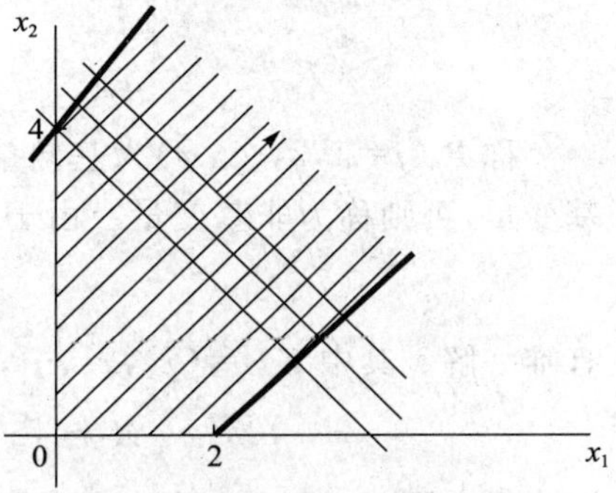

图 6.5　无界解

图解法虽然直观、简便,但当变量数多于三个以上时,它就无能为力了。但它的解题思路和几何上直观得到的一些概念判断,对下面要讲的求解一般线性规划问题的单纯形法有很大启示:

① 求解线性规划问题时,解的情况有:唯一最优解;无穷多最优解;无界解;无可行解。

② 若线性规划问题的可行域存在,则可行域是一个凸多边形。

③ 若线性规划问题的最优解存在,则最优解或最优解之一(如果有无穷多最

优解)一定是可行域的凸多边形的某个顶点。

④ 解题思路是,先找出凸集的任意顶点,计算在顶点处的目标函数值,比较周围相邻顶点的目标函数值是否比这个值大,如果为否,则该点就是最优解的点或是最优解的点之一,否则转到比这个目标函数更大的另一顶点,重复上述过程,一直到找出使目标函数达到最大的顶点为止。

6.2.3 线性规划问题的解

在讨论线性规划问题的代数解法以前,先来介绍一下线性规划问题解的概念。

可行解:满足约束条件式(6.19)的解 $\boldsymbol{X}=(x_1,x_2,\cdots,x_n)^{\mathrm{T}}$ 被称为线性规划问题的可行解。

最优解:满足式(6.20)的可行解被称为线性规划问题的最优解。

基:设 $\boldsymbol{A}$ 是约束方程组的 $m\times n$ 阶系数矩阵,其秩为 m,$\boldsymbol{B}$ 是矩阵 $\boldsymbol{A}$ 中 $m\times m$ 阶非奇异子矩阵($|\boldsymbol{B}|\neq 0$),则称 $\boldsymbol{B}$ 是线性规划问题的一个基。

不失一般性,可设 $\boldsymbol{B}$ 由 $\boldsymbol{A}$ 的前 m 列组成:

$$\boldsymbol{B}=\begin{pmatrix} a_{11} & a_{12}\cdots & a_{1m} \\ a_{21} & a_{22} & a_{2m} \\ \vdots & & \vdots \\ a_{m1} & a_{m2}\cdots & a_{mm} \end{pmatrix}=(\boldsymbol{P}_1,\boldsymbol{P}_2,\cdots,\boldsymbol{P}_m) \tag{6.25}$$

称 $\boldsymbol{P}_j(j=1,2,\cdots,m)$ 为基向量,与基向量 $\boldsymbol{P}_j$ 对应的变量 $x_j(j=1,2,\cdots,m)$ 为基变量,否则称为非基变量。由于 $\boldsymbol{B}$ 是非奇异矩阵,所以方程组

$$\boldsymbol{BX}^*=\boldsymbol{b} \tag{6.26}$$

有唯一解。其中 $\boldsymbol{X}^*=(x_1,x_2,\cdots,x_m)^{\mathrm{T}}$ 是 m 维列向量,于是

$$\boldsymbol{X}=(x_1,x_2,\cdots,x_m,0,\cdots,0)^{\mathrm{T}}$$

即为原方程(6.19)的一组解,被称为基本解。

如果一个可行解,又是某个基本解,则称此解为基本可行解。

可见约束方程组(6.19)具有基本可行解的数目最多为:

$$\mathrm{C}_n^m=\frac{n!}{m!(n-m)!}$$

一般地讲,基本可行解的数目要小于基本解的数目,最多是相等的。

以上提到的几种解的概念,它们之间的关系可用图 6.6 表明。

定理 6.1 如果一个线性规划的最大(小)值存在,则其最优解必可在某基本可行解上找到。

在理论上，基本可行解最多有 C_n^m 个，可用穷举法挑出所有的基本可行解，一一代入目标函数相比较，一定可以找出最优解。但这样做计算量太大，下面将要介绍的单纯形法能够尽快地求到最优解。

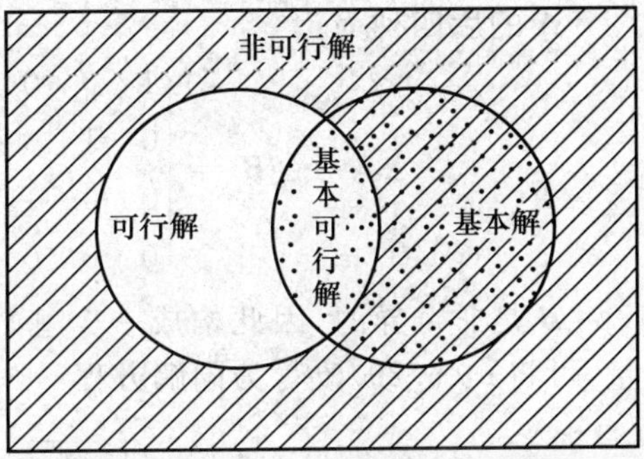

图 6.6　几种解的概念及其它们的关系

6.2.4　单纯形法

单纯形法的基本思路是：根据问题的标准型，从可行解中的一个基本可行解开始，转换到另一个基本可行解，并且使目标函数值增大；当目标函数达到最大值时，问题就得到了最优解。

6.2.4.1　代入法

例 6.7　在条件

$$\begin{cases} 2x_1 + 2x_2 \leqslant 12 \\ x_1 + 2x_2 \leqslant 8 \\ 4x_1 \leqslant 16 \\ 4x_2 \leqslant 12 \\ x_1 \geqslant 0, \quad x_2 \geqslant 0 \end{cases} \tag{6.27}$$

下，求 x_1, x_2，使

$$\max z = 2x_1 + 3x_2 \tag{6.28}$$

解　首先将上述问题化为标准型。约束条件为：

$$\begin{cases} 2x_1 + 2x_2 + x_3 = 12 \\ x_1 + 2x_2 + x_4 = 8 \\ 4x_1 + x_5 = 16 \\ +4x_2 + x_6 = 12 \end{cases} \tag{6.29}$$

$$x_i \geqslant 0 \qquad (i = 1, 2, \cdots, 6) \tag{6.30}$$

此时，约束方程的系数矩阵为：

$$\boldsymbol{A} = \begin{pmatrix} 2 & 2 & 1 & 0 & 0 & 0 \\ 1 & 2 & 0 & 1 & 0 & 0 \\ 4 & 0 & 0 & 0 & 1 & 0 \\ 0 & 4 & 0 & 0 & 0 & 1 \end{pmatrix} = (\boldsymbol{P}_1, \boldsymbol{P}_2, \boldsymbol{P}_3, \boldsymbol{P}_4, \boldsymbol{P}_5, \boldsymbol{P}_6)$$

A 的后四列为：

$$\boldsymbol{B}=\begin{pmatrix}1&0&0&0\\0&1&0&0\\0&0&1&0\\0&0&0&1\end{pmatrix}=(\boldsymbol{P}_3,\boldsymbol{P}_4,\boldsymbol{P}_5,\boldsymbol{P}_6)$$

B 是非奇异的，因此构成一个基，所以对应于 **B** 的变量 x_3,x_4,x_5,x_6 为基变量，可将式(6.29)改写为同解方程

$$\begin{cases}x_3=12-2x_1-2x_2\\x_4=8-x_1-2x_2\\x_5=16-4x_1\\x_6=12-4x_2\end{cases}\tag{6.31}$$

将式(6.31)代入目标函数，得到：

$$z=0+2x_1+3x_2+\sum_{i=3}^{6}0\cdot x_i\tag{6.32}$$

当非基变量 $x_1=x_2=0$ 时，有 $z=0$。

这时，得到一个基本可行解：

$$X^{(0)}=\begin{pmatrix}x_1^{(0)}\\x_2^{(0)}\\x_3^{(0)}\\x_4^{(0)}\\x_5^{(0)}\\x_6^{(0)}\end{pmatrix}=\begin{pmatrix}0\\0\\12\\8\\16\\12\end{pmatrix}$$

从式(6.32)中可以看出，非基变量 x_1,x_2 的系数都是正的，那么，把 x_1 或 x_2 换成基变量，解出后代入目标函数，值就可能增大，一般选择正系数最大的那个非负变量为换入变量，本例选 x_2，将 x_2 换入到基变量中去，同时，还要在基变量中确定一个变量要换出来成为非基变量，可按以下的方法来确定换出变量。

分析式(6.31)，当 x_2 定为换入变量后，要在 x_3,x_4,x_5,x_6 中换出一个，并要保证 $x_i\geqslant 0(i=3,4,5,6)$，当 $x_1=0$ 时，由式(6.31)得：

$$\begin{cases}x_3=12-2x_2\geqslant 0\\x_4=8-2x_2\geqslant 0\\x_5=16\geqslant 0\\x_6=12-4x_2\geqslant 0\end{cases}\tag{6.33}$$

要想使式(6.33)成立，只有选

$$x_2 = \min\left\{\frac{12}{2}, \frac{8}{2}, -, \frac{12}{4}\right\} = 3$$

因为当 $x_2=3$ 时，基变量 $x_6=0$，于是可决定用 x_2 去替换 x_6，将式(6.31)中 x_2 与 x_6 的位置对换，得：

$$\begin{cases} x_3 + 2x_2 = 12 - 2x_1 \\ x_4 + 2x_2 = 8 - x_1 \\ x_5 = 16 - 4x_1 \\ 4x_2 = 12 - x_6 \end{cases} \tag{6.34}$$

再将式(6.34)中前两个方程中的 x_2 消去，得：

$$\begin{cases} x_3 = 6 - 2x_1 + \dfrac{1}{2}x_6 \\ x_4 = 2 - x_1 + \dfrac{1}{2}x_6 \\ x_5 = 16 - 4x_1 \\ x_2 = 3 - \dfrac{1}{4}x_6 \end{cases} \tag{6.35}$$

将式(6.35)代入目标函数式(6.30)，得：

$$z = 9 + 2x_1 - \frac{3}{4}x_6 \tag{6.36}$$

当非基变量 $x_1=x_6=0$ 时，得到 $z=9$，并得到另一个基本可行解

$$\boldsymbol{X}^{(1)} = (0,3,6,2,16,0)^{\mathrm{T}}$$

从目标函数表达式(6.36)中可以看到，非基变量 x_1 的系数是正的，说明目标函数的值还有可能增大，$\boldsymbol{X}^{(1)}$ 不一定是最优解，于是再用上述方法，确定换入、换出变量，继续计算，再得到另一个基本可行解 $\boldsymbol{X}^{(2)}$。

$$\boldsymbol{X}^{(2)} = (2,3,2,0,8,0)^{\mathrm{T}}$$

再经过一次计算，又得到一个基本可行解：

$$\boldsymbol{X}^{(3)} = (4,2,0,0,0,4)^{\mathrm{T}}$$

而这时得目标函数的表达式是：

$$z = 14 - 1.5x_4 - 0.125x_5 \tag{6.37}$$

当非基变量 $x_4=x_5=0$ 时，得到

$$z = 14$$

而在式(6.37)中，x_4，x_5 的系数都是负的，所以这时目标函数就达到了最大值。

6.2.4.2 单纯形法

从以上的求解过程看，每一次求新的可行解的过程，都是对约束方程的系数矩阵按照消元法进行变换，下面分析一般的线性规划问题的求解过程和约束方程系数矩阵的变化规律，并从中整理出求解步骤。

对于一般的线性规划问题，即在满足约束条件

$$\begin{cases}\sum_{j=1}^{n} a_{ij}x_j = b_i \\ x_j \geqslant 0\end{cases} \quad (i = 1,2,\cdots,m; j = 1,2,\cdots,n) \tag{6.38}$$

下，求 $\boldsymbol{X}=(x_1,x_2,\cdots,x_n)^{\mathrm{T}}$ 使

$$\max z = \sum_{j=1}^{n} c_j x_j \tag{6.39}$$

设系数矩阵 $\boldsymbol{A}=(a_{ij})_{m\times n}$ 的秩为 m，本节只讨论约束方程系数矩阵中含有 m 阶单位矩阵的情形。设 m 阶单位矩阵位于系数矩阵的前 m 列，此时，可将约束方程写成如下形式：

$$\begin{cases} x_1 + a_{1,m+1}x_{m+1} + \cdots + a_{1n}x_n = b_1 \\ x_2 + a_{2,m+1}x_{m+1} + \cdots + a_{2n}x_n = b_2 \\ \vdots \\ x_m + a_{m,m+1}x_{m+1} + \cdots + a_{mn}x_n = b_m \end{cases} \tag{6.40}$$

$$x_j \geqslant 0 \quad (j = 1,2,\cdots,n) \tag{6.41}$$

这时

$$\boldsymbol{B} = \begin{pmatrix} 1 & 0 & \cdots & 0 \\ 0 & 1 & \cdots & 0 \\ 0 & 0 & \cdots & 0 \\ \vdots & \vdots & & \vdots \\ 0 & 0 & \cdots & 1 \end{pmatrix}$$

非奇异。所以 $x_j(j=1,2,\cdots,m)$ 为基变量，其他变量 $x_{m+i}(i=1,2,\cdots,n-m)$ 为非基变量，将式(6.40)移项，可得：

$$x_i = b_i - \sum_{j=m+1}^{n} a_{ij} x_j \tag{6.42}$$

将其代入目标函数得：

$$z = \sum_{j=1}^{n} c_j x_j = \sum_{i=1}^{m} c_i x_i + \sum_{j=m+1}^{n} c_j x_j \tag{6.43}$$

如果将前 m 个基变量用非基变量表示，即用式(6.42)代入式(6.43)得：

$$\begin{aligned} z &= \sum_{i=1}^{m}\left[c_i\left(b_i - \sum_{j=m+1}^{n} a_{ij} x_j\right)\right] + \sum_{j=m+1}^{n} c_j x_j \\ &= \sum_{i=1}^{m} c_i b_i + \sum_{j=m+1}^{n}\left[c_j - \sum_{i=1}^{m} c_i a_{ij}\right] x_j \end{aligned} \tag{6.44}$$

如果取 $\boldsymbol{X}^* = (x_1, \cdots, x_m, 0, \cdots, 0)^{\mathrm{T}}$ 为基本可行解代入目标函数，则有

$$z^* = \sum_{i=1}^{m} c_i b_i \tag{6.45}$$

又记
$$\lambda_j = c_j - \sum_{i=1}^{m} c_i a_{ij} \tag{6.46}$$

则式(6.43)又可以写为：

$$z = z^* + \sum_{j=m+1}^{n} \lambda_j x_j \tag{6.47}$$

如果当所有 $\lambda_j \leqslant 0 (j = m+1, \cdots, n)$ 时，显然对于一切可行解 $\boldsymbol{X}$，均有

$$z \leqslant z^* \tag{6.48}$$

成立，这说明基本可行解就是最优解，于是我们找到了一个判定最优解的条件，如下。

定理 6.2(最优解判别定理)　若 $\boldsymbol{X} = (x_1, x_2, \cdots, x_m, 0, \cdots, 0)^{\mathrm{T}}$ 为对应于基 $\boldsymbol{B}$ 的基可行解，且对一切 $j = m+1, \cdots, n$，有 $\lambda_j \leqslant 0$，则 $\boldsymbol{X}$ 为最优解。称 λ_j 称为检验数。

定理 6.3(无最优解的判别定理)　若 $\boldsymbol{X}^{(0)} = (x_1^{(0)}, x_2^{(0)}, \cdots, x_m^{(0)}, 0, \cdots, 0)^{\mathrm{T}}$ 为一基本可行解，存在 $\lambda_{m+K} > 0$，且对一切 $i = 1, 2, \cdots, m$，有 $a_{i,m+K} \leqslant 0$，那么该线性规划问题无最优解。

证明　构造一个新的解 $\boldsymbol{X}^{(1)}$，它的分量为：

$$\begin{cases} x_i^{(1)} = x_i^{(0)} - Q a_{i,m+K} & (Q > 0; i = 1, 2, \cdots, m) \\ x_{m+K}^{(1)} = Q & \\ x_j^{(1)} = 0 & (j = m+1, \cdots, n; j \neq m+K) \end{cases} \tag{6.49}$$

因 $a_{i,m+K}\leqslant 0, i=1,2,\cdots,m$，所以对任意 $Q>0$，都是可行解，把 $x^{(1)}$ 代入目标函数，得

$$z = z^{*} + Q\lambda_{m+k} \tag{6.50}$$

因为 $\lambda_{m+K}>0$，故当 $Q\to\infty$ 时，$z\to\infty$，即可行解集无上界，所以此规划问题没有最优解。

如果规划问题不是上述两个定理的情况，那么由

$$z = z^{*} + \sum_{j=m+1}^{n}\lambda_j x_j \tag{6.51}$$

可以看出，当某些 $\lambda_j>0$ 时，x_j 的增加，目标函数值还可能增加，这时要将 λ_j 对应的非基变量 x_j 换到基变量中，此 x_j 称为换入变量。若有两个以上的 $\lambda_j>0$，为使目标函数值增加得快，一般取与最大的 $\lambda_j>0$ 对应的 x_k 为换入变量。

$$\max_j(\lambda_j > 0) = \lambda_K \tag{6.52}$$

- 换出变量的选定

定理 6.3 告诉我们，若存在 $\lambda_s>0$，而问题又有最优解存在的话，则在系数 a_{1s}，$a_{2s},\cdots,a_{ms}$ 中，必有取正值的，在这种情况下，可以构造一个改进的基本可行解 $\boldsymbol{X}_\theta$。

$$\boldsymbol{X}_\theta = (b_1-\theta a_{1s}, b_2-\theta a_{2s},\cdots,b_m-\theta a_{ms},0,\cdots,0,\theta,0,\cdots)^{\mathrm{T}}$$

记 $\boldsymbol{y}_s=(a_{1s},a_{2s},\cdots,a_{ms},0,\cdots,0)^{\mathrm{T}}$。若使 $\boldsymbol{X}_\theta=\boldsymbol{X}^{(0)}-\theta\boldsymbol{y}_s$ 成为可行解，必须 $b_i-\theta a_{is}\geqslant 0$，且其中某一个为 0。即：

$$\theta \leqslant \frac{b_i}{a_{is}} \quad (b_i>0, a_{is}>0 \quad 1\leqslant i\leqslant m)$$

因此，只要取

$$\theta_0 = \min\left\{\frac{b_i}{a_{is}} \mid a_{is}>0\right\} = \frac{b_L}{a_{LS}} \tag{6.53}$$

那么，当 $0\leqslant\theta\leqslant\theta_0$ 时，就有 $\boldsymbol{X}_\theta=\boldsymbol{X}^{(0)}-\theta\boldsymbol{y}_s\geqslant 0$。

- θ 的选取

取

$$\boldsymbol{X}^{\Delta} = \boldsymbol{X}^{(0)} - \theta_0\boldsymbol{y}_s \tag{6.54}$$

也就是取 θ 的上限 θ_0，可以尽快求得最大值。于是 $\boldsymbol{X}^{\Delta}$ 即为可行解。

分量为：

$$\begin{cases} x_i^{\Delta} = b_i - \dfrac{b_L}{a_{LS}}a_{is} & (i=1,2,\cdots,m) \\ x_S^{\Delta} = \dfrac{b_L}{a_{LS}} & \\ x_j^{\Delta} = 0 & (j=m+1,m+2,\cdots,n;j\neq S) \end{cases} \tag{6.55}$$

这时 $\boldsymbol{x}_L$ 为换出变量(把等于零的变量换出)。

当确定了换入变量 x_K 与换出变量 x_L 后，x_K 与 x_L 的系数列向量分别是：

$$\boldsymbol{P_K} = \begin{pmatrix} a_{1K} \\ a_{2K} \\ \vdots \\ a_{mK} \end{pmatrix} \qquad \boldsymbol{P_L} = \begin{pmatrix} 0 \\ \vdots \\ 0 \\ 1 \\ 0 \\ \vdots \\ 0 \end{pmatrix} \text{（第 } L \text{ 个）}$$

将约束方程的系数矩阵写成增广矩阵的形式：

$$\begin{pmatrix} 1 & 0 & \cdots & 0 & a_{1,m+1} & \cdots & a_{1K} & \cdots & a_{1n} & b_1 \\ 0 & 1 & \cdots & 0 & a_{2,m+1} & \cdots & a_{2K} & \cdots & a_{2n} & b_2 \\ \vdots & \vdots & & \vdots & \vdots & & \vdots & & \vdots & \vdots \\ 0 & 0 & \cdots & 1 & a_{m,m+1} & \cdots & a_{mK} & \cdots & a_{mn} & b_m \end{pmatrix}$$

则变换公式为：

$$a'_{ij} = \begin{cases} a_{ij} - \dfrac{a_{Lj}}{a_{LK}} a_{iK} & (i \neq L) \\ \dfrac{a_{ij}}{a_{LK}} & (i = L) \end{cases} \tag{6.56}$$

$$b'_i = \begin{cases} b_i - \dfrac{a_{iK}}{a_{LK}} b_L & (i \neq L) \\ \dfrac{b_L}{a_{LK}} & (i = L) \end{cases} \tag{6.57}$$

6.2.5　单纯形法的计算步骤

6.2.5.1　列单纯形表

将 $\boldsymbol{AX}=\boldsymbol{b}$ 和 $z = \sum_{j=1}^{n} c_j x_j$ 组成一个 $n+1$ 个变量 $m+1$ 个方程的方程组：

$$\begin{cases} x_1 + a_{1,m+1} x_{m+1} + \cdots + a_{1n} x_n = b_1 \\ x_2 + a_{2,m+1} x_{m+1} + \cdots + a_{2n} x_n = b_2 \\ \vdots \\ x_m + a_{m,m+1} x_{m+1} + \cdots + a_{mn} x_n = b_m \\ -z + c_1 x_1 + \cdots + c_m x_m + \cdots + c_n x_n = 0 \end{cases} \tag{6.58}$$

为了便于计算，可将上述方程组写成增广矩阵的形式：

$$
\begin{pmatrix}
-z & x_1 & \cdots & x_m & x_{m+1} & \cdots & x_n & \\
0 & 1 & \cdots & 0 & a_{1,m+1} & \cdots & a_{1n} & b_1 \\
0 & 0 & \cdots & 0 & a_{2,m+1} & \cdots & a_{2n} & \vdots \\
\vdots & \vdots & & \vdots & \vdots & & \vdots & \\
0 & 0 & \cdots & 0 & a_{m-1,m+1} & \cdots & a_{m-1,n} & b_{m-1} \\
0 & 0 & \cdots & 1 & a_{m,m+1} & \cdots & a_{mn} & b_m \\
1 & c_1 & \cdots & c_m & c_{m+1} & \cdots & c_n &
\end{pmatrix} \tag{6.59}
$$

将目标函数中基变量由非基变量表示，有

$$
z = \sum_{i=1}^{m} c_i b_i + \sum_{j=m+1}^{n} \left[c_j - \sum_{i=1}^{m} c_i a_{ij} \right] x_j \tag{6.60}
$$

即将 $c_1, c_2, \cdots, c_m$ 变成零，此时，可采用行的初等变换得到：

$$
\begin{pmatrix}
-z & x_1 & x_2 & \cdots & x_m & x_{m+1} & \cdots & x_n & \\
0 & 1 & 0 & \cdots & 0 & a_{1,m+1} & \cdots & a_{1n} & b_1 \\
0 & 0 & 1 & \cdots & 0 & a_{2,m+1} & \cdots & a_{2n} & b_2 \\
\vdots & \vdots & \vdots & & \vdots & \vdots & & \vdots & \vdots \\
0 & 0 & 0 & \cdots & 1 & a_{m,m+1} & \cdots & a_{mn} & b_m \\
1 & 0 & 0 & \cdots & 0 & c_{m+1} - \sum_{i=1}^{m} c_i a_{i,m+1} & \cdots & c_n - \sum_{i=1}^{m} c_i a_{in} & -\sum_{i=1}^{m} c_i b_i
\end{pmatrix} \tag{6.61}
$$

根据上述增广矩阵，设计成一种计算表（表 6.7）。

表 6.7　初始单纯形表

$c_j \to$			c_1	$\cdots$	c_m	c_{m+1}	$\cdots$	c_n	θ_i
$\boldsymbol{c_B}$	$\boldsymbol{x_B}$	$\boldsymbol{b}$	x_1	$\cdots$	x_m	x_{m+1}	$\cdots$	x_n	
c_1	x_1	b_1	1	$\cdots$	0	$a_{1,m+1}$	$\cdots$	a_{1n}	θ_1
c_2	x_2	b_2	0		$\vdots$	$a_{2,m+1}$	$\cdots$	a_{2n}	θ_2
$\vdots$	$\vdots$	$\vdots$	$\vdots$	$\cdots$	0	$\vdots$		$\vdots$	$\vdots$
c_m	x_m	b_m	0	$\cdots$	1	$a_{m,m+1}$	$\cdots$	a_{mn}	θ_m
$-z$	$-\sum_{i=1}^{m} c_i b_i$		0	$\cdots$	0	$c_{m+1} - \sum_{i=1}^{m} c_i a_{i,m+1}$	$\cdots$		$c_n - \sum_{i=1}^{m} c_i a_{in}$

表 6.7 中，$\boldsymbol{x_B}$ 列填入基变量，这里是 $x_1,x_2,\cdots,x_m$；$\boldsymbol{c_B}$ 列填入基变量的价值系数，这里是 $c_1,c_2\cdots,c_m$，它们是随基变量改变而改变，并与基变量相对应；$\boldsymbol{b}$ 列中填入约束方程组右端的常数；c_j 行的这行数字是各变量的价值系数。

设

$$z_0 = \sum_{i=1}^{m} c_i b_i \tag{6.62}$$

最后一行为检验行，对应各非基变量 x_j 的检验数 $c_j - \sum_{i=1}^{m} c_i a_{ij}$，即：

$$c_j - z_j = \lambda_j \quad (j = m+1,\cdots,n) \tag{6.63}$$

θ_i 的这列数字是在确定换入变量后，按 θ 规则 $\theta_i = \dfrac{b_i}{a_{iK}}$ 计算出来的。

6.2.5.2　计算步骤

第一步：找出初始可行基，确定基本可行解，建立初始单纯形表。在 $(I_m,B)\boldsymbol{X}=\boldsymbol{b}$ 中令 $x_{m+1}=0,\cdots,x_n=0$，则得初始可行解：

$$\boldsymbol{X} = (b_1,b_2,\cdots,b_m,0,\cdots,0)^{\mathrm{T}}$$

第二步：检查对应于非基变量的检验数 λ_j，若所有 $\lambda_j \leqslant 0(j=m+1,\cdots,n)$，则已得最优解，停止计算；否则转入下一步。

第三步：在所有 $\lambda_j>0$ 中，若有一个 λ_K 对应的 x_K 的系数 $a_{iK}\leqslant 0(i=1,2,\cdots,m)$。则此问题无最优解，停止计算；否则，转入下一步。

第四步：根据 $\max\limits_j(\lambda_j>0)=\lambda_K$，确定 x_K 为换入变量，根据 θ 规则：

$$\theta = \min\left(\frac{b_i}{a_{iK}} \mid a_{iK} > 0\right) = \frac{b_L}{a_{LK}}$$

确定 x_L 为换出变量，于是得主元素 a_{LK}，转入下一步。

第五步：在表中以 a_{LK} 为主元素进行消元计算，把 x_K 所对应的列向量进行变换。将 x_K 与 x_L 对换位置，则得新的单纯形表，再以它为起点，重复第二步、第三步……直到得到最优解为止。

$$\begin{pmatrix} a_{1K} \\ \vdots \\ a_{LK} \\ \vdots \\ a_{mK} \end{pmatrix} \xrightarrow{\text{变换为}} \begin{pmatrix} 0 \\ \vdots \\ 1 \\ \vdots \\ 0 \end{pmatrix} \text{(第 } L \text{ 行)}$$

例 6.8 用单纯形表计算线性规划问题。

在条件

$$\begin{cases}2x_1+2x_2\leqslant 12\\ x_1+2x_2\leqslant 8\\ 4x_1\leqslant 16\\ 4x_2\leqslant 12\\ x_1\geqslant 0,\\ x_2\geqslant 0\end{cases}$$

下，求 x_1, x_2，使 $\max z=2x_1+3x_2$。

解 (1) 首先引入松弛变量，将约束方程变为等式：

$$\begin{cases}2x_1+2x_2+x_3=12\\ x_1+2x_2+x_4=8\\ 4x_1+x_5=16\\ 4x_2+x_6=12\\ x_i\geqslant 0 \quad (i=1,2,\cdots,6)\end{cases}$$

x_3, x_4, x_5, x_6 为基变量，得初始基本可行解 $\boldsymbol{X}^{(0)}=(0,0,12,8,16,12)^{\mathrm{T}}$，将有关数字填入，得初始单纯形表(表 6.8)。

表 6.8 例 6.8 的初始单纯形表

	$c_j\rightarrow$		2	3	0	0	0	0	
c_B	X_B	b	x_1	x_2	x_3	x_4	x_5	x_6	θ_i
0	x_3	12	2	2	1	0	0	0	6
0	x_4	8	1	2	0	1	0	0	4
0	x_5	16	4	0	0	0	1	0	—
0	x_6	12	0	4^*	0	0	0	1	3
	$-z$	0	2	3	0	0	0	0	

(2) 因 $\lambda_1=2, \lambda_2=3$ 都大于 0，且 $a_{i1}, a_{i2}, i=1,2,3,4$ 不全为负，转入下一步。

(3) 选换入变量 $\max(\lambda_1,\lambda_2)=\max(2,3)=3$。因 $\lambda_2=3$，所以 x_2 为换入变量。

$$\theta=\min\left(\frac{b_i}{a_{i2}}\middle| a_{i2}>0\right)=\min\left(\frac{12}{2},\frac{8}{2},\frac{12}{4}\right)=3$$

而$\frac{12}{4}$对应 x_6 那一行，所以 x_6 为换出变量，得主元 $a_{26}=4$。

(4) 以 4 为主元进行消元变换，将 $\boldsymbol{P}_2$ 变为$(0,0,0,1)^{\mathrm{T}}$，将 x_2 换到原基变量 x_6 的位置，得表 6.9。

表 6.9　例 6.8 的单纯形表 2

	$c_j\rightarrow$		2	3	0	0	0	0	θ_i
$\boldsymbol{c_B}$	$\boldsymbol{X_B}$	$\boldsymbol{b}$	x_1	x_2	x_3	x_4	x_5	x_6	
0	x_3	6	2	0	1	0	0	$-1/2$	3
0	x_4	2	1^*	0	0	1	0	$-1/2$	2
0	x_5	16	4	0	0	0	1	0	4
3	x_2	3	0	1	0	0	0	1/4	—
	$-z$	-9	2	0	0	0	0	$-3/4$	

$\lambda_1=2>0$，故 x_1 为换入变量，$\min\theta_i=\theta_2=2$，对应的 x_4 为换出变量，得主元 $a_{14}=1$，迭代后得表 6.10。

表 6.10　例 6.8 的单纯形表 3

	$c_j\rightarrow$		2	3	0	0	0	0	θ_i
$\boldsymbol{c_B}$	$\boldsymbol{X_B}$	$\boldsymbol{b}$	x_1	x_2	x_3	x_4	x_5	x_6	
0	x_3	2	0	0	1	-2	0	1/2	4
2	x_1	2	1	0	0	1	0	$-1/2$	—
0	x_5	8	0	0	0	-4	1	2^*	4
3	x_2	3	0	1	0	0	0	1/4	12
	$-z$	-13	0	0	0	-2	0	1/4	

$\lambda_6=\frac{1}{4}>0$，x_6 为换入变量，$\min\theta_i=\theta_3=\theta_5=4$，取 x_5 为换出变量，得主元 $a_{56}=2$，迭代后，得表 6.11。

表 6.11　例 6.8 的单纯形表 4

	$c_j\rightarrow$		2	3	0	0	0	0
$\boldsymbol{c_B}$	$\boldsymbol{X_B}$	$\boldsymbol{b}$	x_1	x_2	x_3	x_4	x_5	x_6
0	x_5	0	0	0	1	-1	$-1/4$	0
2	x_1	4	1	0	0	0	1/4	0
0	x_6	4	0	0	0	-2	1/2	1
3	x_2	2	0	1	0	1/2	$-1/8$	0
	$-z$	-14	0	0	0	$-3/2$	$-1/8$	0

因 $\lambda_j \leqslant 0 \quad (j=1,2,\cdots,6)$，得最优解：

$$\boldsymbol{X}^{(3)}=(4,2,0,0,0,4)^{\mathrm{T}}$$

目标函数的最大值 $z=14$。

6.2.6 人工变量法

当约束方程的系数矩阵中不含有 m 阶单位矩阵时，用单纯形法进行迭代，初始基本可行解难以确定，于是引入人工变量，将原问题加以扩充，本节讨论这样的线性规划问题的求解。

例如有线性规划问题原约束条件为：

$$\begin{cases}\sum_{j=1}^{n} a_{ij} x_j = b_i \\ x_j \geqslant 0\end{cases} \quad (i=1,2,\cdots,m;j=1,2,\cdots,n) \tag{6.64}$$

该约束方程的系数矩阵中不含有 m 阶单位矩阵，故增加 m 个人工变量，$x_{n+i}(i=1,2,\cdots,m)$，将上述问题扩充为如下的约束条件：

$$\begin{cases}\sum_{j=1}^{n} a_{ij} x_j + x_{n+i} = b_i \\ x_j \geqslant 0\end{cases} \quad (i=1,2,\cdots,m;j=1,2,\cdots,n+m) \tag{6.65}$$

并得到一个 m 阶单位矩阵，以 $x_{n+1},\cdots,x_{n+m}$ 为基变量，令非基变量 $x_1,x_2,\cdots,x_n$ 为零，便可以得到一个初始基本可行解 $\boldsymbol{X}^{(0)}$。

$$\boldsymbol{X}^{(0)}=(0,\cdots,0,b_1,b_2,\cdots,b_m)^{\mathrm{T}}$$

因为人工变量是后加入原约束方程组中的虚拟变量，可将它们从基变量中逐渐替换掉。若经基的变换，基变量中不再包含有人工变量，这表示原问题有解。若经过基的变换，最后在基中还有一个或几个人工变量，这意味着原问题无可行解。常用的处理人工变量的方法有两种：大 M 法和二阶段法。本节只介绍二阶段法，读者可以在相应的参考书中了解大 M 法。

设有线性规划问题，在条件

$$\begin{cases}\sum_{j=1}^{n} a_{ij} x_j = b_i \\ x_j \geqslant 0\end{cases} \quad (i=1,2,\cdots,m;j=1,2,\cdots,n) \tag{6.66}$$

下，求 $x_1,x_2,\cdots,x_n$，使

$$\max z = \sum_{j=1}^{n} c_j x_j \tag{6.67}$$

该约束方程的系数中不含有 m 阶单位矩阵，故增加 m 个人工变量 $x_{n+i}(i=1,2,\cdots,m)$，把它们进行扩充后变成为：在条件

$$\begin{cases} \sum_{j=1}^{n} a_{ij} x_j + x_{n+i} = b_i \\ x_j \geqslant 0 \qquad (j=1,2,\cdots,n,\cdots,n+m) \end{cases} \tag{6.68}$$

下，求 $x_1,x_2,\cdots,x_n$，使

$$\min W = \sum_{i=1}^{m} x_{n+i} \tag{6.69}$$

称式(6.66)为原问题，式(6.68)为原问题的第一阶段问题，式(6.68)中的约束条件称为第一阶段约束，W 被称为第一阶段的目标函数。用单纯形法对式(6.68)求解时，若得到 $W=0$，即所有的人工变量都变换为非基变量，这表示原问题已得到了一个基本可行解。于是只需要将第一阶段最终计算表中的目标函数行的数字，换成原问题目标函数的数字。这就得到了求解原问题的初始计算表，再进行第二阶段求解。

若第一阶段的最终计算出现 $W>0$，这表示原问题无可行解，应停止计算。

各阶段的方法及步骤与前面讲的单纯形法完全相同。下面举例说明。

例 6.9 设有线性规划问题：在条件

$$\begin{cases} x_1 - 2x_2 + x_3 \leqslant 11 \\ -4x_1 + x_2 + 2x_3 \geqslant 3 \\ -2x_1 + x_3 = 1 \\ x_1 \geqslant 0, x_2 \geqslant 0, x_3 \geqslant 0 \end{cases}$$

下，求 x_1,x_2,x_3，使 $\min z=-3x_1+x_2+x_3$，试用二阶段法求解。

解 先在上述问题中加入松弛变量，人工变量，给出第一阶段问题(表 6.12)。

$$\begin{cases} x_1 - 2x_2 + x_3 + x_4 = 11 \\ -4x_1 + x_2 + 2x_3 - x_5 + x_6 = 3 \\ -2x_1 + x_3 + x_7 = 1 \\ x_1 \geqslant 0, \cdots, x_7 \geqslant 0 \\ \min W = x_6 + x_7 \end{cases}$$

表 6.12　例 6.9 第一阶段的单纯形表

	c_j		0	0	0	0	0	1	1	θ_i
c_B	x_B	b	x_1	x_2	x_3	x_4	x_5	x_6	x_7	
0	x_4	11	1	−2	1	1	0	0	0	11
1	x_6	3	−4	1	2	0	−1	1	0	3/2
1	x_7	1	−2	0	1*	0	0	0	1	1
		$W=4$	6	−1	−3	0	1	0	0	
0	x_4	10	3	−2	0	1	0	0	−1	
1	x_6	1	0	1*	0	0	−1	1	−2	1
0	x_3	1	−2	0	1	0	0	0	1	
		$W=1$	0	−1	0	0	1	0	3	
0	x_4	12	3	0	0	1	−2	2	−5	
0	x_2	1	0	1	0	0	−1	1	−2	
0	x_3	1	−2	0	1	0	0	0	0	
		$W=0$	0	0	0	0	0	1	1	

这里 x_6,x_7 是人工变量。

用单纯形法求解，因是求目标函数最小化，所以当所有的检验数 $\lambda_j \geqslant 0$ 时，表示目标函数达到了最小值。

第一阶段求得的结果是 $W=0$，最优解是 $x_1=0,x_2=1,x_3=1,x_4=12,x_5=x_6=x_7=0$。

因人工变量 $x_6=x_7=0$，所以 $(0,1,1,12,0)^{\mathrm{T}}$ 是原问题的基本可行解。于是可以开始第二阶段的计算。将第一阶段的最终计算表中的人工变量取消，并将目标函数系数换成原问题的目标函数，进行第二阶段计算（表 6.13）。

表 6.13　例 6.9 第二阶段的单纯形表

	c_j		−3	1	1	0	0	θ_i
c_B	x_B	b	x_1	x_2	x_3	x_4	x_5	
0	x_4	12	3*	0	0	1	−2	4
1	x_2	1	0	1	0	0	−1	
1	x_3	1	−2	0	1	0	0	
	λ_j	−2	−1	0	0	0	1	
−3	x_1	4	1	0	0	1/3	−2/3	
1	x_2	1	0	1	0	0	−1	
1	x_3	9	0	0	1	2/3	−4/3	
	λ_j	2	0	0	0	1/3	1/3	

得最优解 $x_1=4, x_2=1, x_3=9$，这时目标函数 $z=-2$。

计算过程的框图如图 6.7 所示。

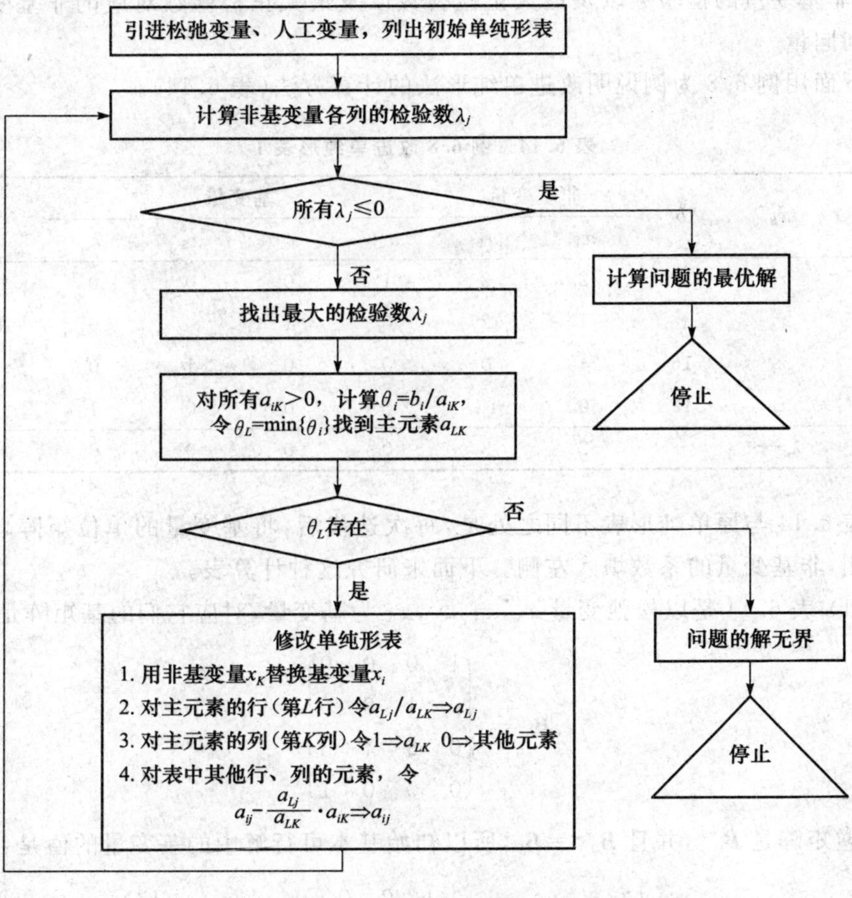

图 6.7　单纯形法计算框图

6.2.7　改进单纯形法

我们已经熟悉了单纯形法的表格计算方法，这是求解线性规划问题一般的通用方法。但用这种方法求解具体问题时，发现在每次迭代过程中不必要地计算了很多与迭代过程无关的数字，影响计算效率。单纯形法的迭代过程实质上是从一组基到另一组基的变换，每当基变量确定后，只要把这个基在初始单纯形表中相应列的系数矩阵的逆矩阵求出来，则单纯形表上的其他列的数字也随着确定。而为了确定一组新的基，关键是要找出换入变量和换出变量。找换入变量通过求所有非基变量列的检验数，从中找出最大的正检验数来确定。在找出换入变量后，根据 θ 规则确定换出变量。而每次迭代中真正有用的数字是基变量列数字、基变量的逆矩阵、非基变量的检验数以及最大正检验数以及最大正检验数对应的非基变量的系数列向量。

下面用例 6.8 为例说明改进单纯形法的计算方法(表 6.14)。

表 6.14　例 6.8 改进单纯形表 1

c_B	x_B	b	非基变量		基变量				θ_i
			x_1	x_2	x_3	x_4	x_5	x_6	
0	x_3	12	2	2	1	0	0	0	12/2
0	x_4	8	1	2	0	1	0	0	8/2
0	x_5	16	4	0	0	0	1	0	—
0	x_6	12	0	4^*	0	0	0	1	12/4
	$\lambda_z \rightarrow$		2	3	0	0	0	0	

表 6.14 与原单纯形表不同之处是，每次迭代后，将基变量的单位矩阵填入表的右侧，非基变量的系数填入左侧。下面来研究这种计算表。

(1) 表 6.14 是以松弛变量 x_3, x_4, x_5, x_6 为基变量，对应它们的基矩阵是：

$$\boldsymbol{B}_0 = \begin{pmatrix} 1 & 0 & 0 & 0 \\ 0 & 1 & 0 & 0 \\ 0 & 0 & 1 & 0 \\ 0 & 0 & 0 & 1 \end{pmatrix}$$

$\boldsymbol{B}_0$ 的逆矩阵是 $\boldsymbol{B}_0^{-1}$，并且 $\boldsymbol{B}_0^{-1}=\boldsymbol{B}_0$，所以初始基本可行解中的基变量的值是：

$$\boldsymbol{X}_{\boldsymbol{B}_0} = \begin{pmatrix} x_3 \\ x_4 \\ x_5 \\ x_6 \end{pmatrix} = \boldsymbol{B}_0^{-1}\boldsymbol{b} = \begin{pmatrix} 1 & 0 & 0 & 0 \\ 0 & 1 & 0 & 0 \\ 0 & 0 & 1 & 0 \\ 0 & 0 & 0 & 1 \end{pmatrix}\begin{pmatrix} 12 \\ 8 \\ 16 \\ 12 \end{pmatrix} = \begin{pmatrix} 12 \\ 8 \\ 16 \\ 12 \end{pmatrix}$$

相应地 $\boldsymbol{c}_{\boldsymbol{B}_0}=(0,0,0,0)^{\mathrm{T}}$。可以计算出目标函数的值：

$$z_0 = \boldsymbol{c}_{\boldsymbol{B}_0}\boldsymbol{B}_0^{-1}\boldsymbol{b} = (0,0,0,0)\begin{pmatrix} 12 \\ 8 \\ 16 \\ 12 \end{pmatrix} = 0$$

(2) 根据表 6.14 的检验数确定 x_2 为换入变量，计算 θ_i 后，x_6 为换出变量，于是得到一组新的基变量 $\boldsymbol{X}_{\boldsymbol{B}_1}=(x_3,x_4,x_5,x_2)^{\mathrm{T}}$。

它的系数矩阵为：

$$\boldsymbol{B}_1=\begin{pmatrix}1&0&0&2\\0&1&0&2\\0&0&1&0\\0&0&0&4\end{pmatrix}$$

计算 $\boldsymbol{B}_1$ 的逆矩阵为：

$$\boldsymbol{B}_1^{-1}=\begin{pmatrix}1&0&0&-1/2\\0&1&0&-1/2\\0&0&1&0\\0&0&0&1/4\end{pmatrix}$$

设 $\boldsymbol{E}_1^{(4)}=\boldsymbol{B}_1^{-1}$；$\boldsymbol{E}_1^{(4)}$ 的上角标(4)是表示除第四列以外，其他各列都为单位向量，下标 1 表示第一步迭代。于是可求出：

$$\boldsymbol{X}_{\boldsymbol{B}_1}=(x_3,x_4,x_5,x_2)^{\mathrm{T}}=\boldsymbol{B}_1^{-1}\boldsymbol{b}=\boldsymbol{E}_1^{(4)}\boldsymbol{b}$$

$$=\begin{pmatrix}1&0&0&-1/2\\0&1&0&-1/2\\0&0&1&0\\0&0&0&1/4\end{pmatrix}\begin{pmatrix}12\\8\\16\\12\end{pmatrix}=\begin{pmatrix}6\\2\\16\\3\end{pmatrix}$$

得计算表 6.15。

表 6.15　例 6.8 改进单纯形表 2

$\boldsymbol{c}_{\boldsymbol{B}_1}$	$\boldsymbol{X}_{\boldsymbol{B}_1}$	$\boldsymbol{b}$	非基变量			基变量			θ_i
			x_1	x_6	x_3	x_4	x_5	x_2	
0	x_3	6	2	$-1/2$	1	0	0	0	6/2
0	x_4	2	1	$-1/2$	0	1	0	0	2/1
0	x_5	16	4	0	0	0	1	0	16/4
3	x_2	3	0	1/4	0	0	0	1	—
	$\lambda_j \rightarrow$		2	$-3/4$	0	0	0	0	

可算得目标函数

$$z_1=\boldsymbol{c}_{\boldsymbol{B}_1}\boldsymbol{E}_1^{(4)}\boldsymbol{b}=(0,0,0,3)\begin{pmatrix}6\\2\\16\\3\end{pmatrix}=9$$

可以看出表 6.15 与表 6.14 的结构相同。于是可以把表 6.15 看作是以 x_3，x_4，x_5，x_2 为基变量，x_1，x_6 为非基变量，$\boldsymbol{b}_1=(6,2,16,3)^{\mathrm{T}}$ 为常数项，目标函数为 $z_1=2x_1-\frac{3}{4}x_6+9$ 的一个线性规划问题。所以可将表 6.15 看作是上述线性规划问题的初始计算表，把 $\boldsymbol{b}$ 列中的数字看作上述线性规划问题的初始解中基变量的取值。

(3) 根据表 6.15 的正检验数及计算得到的 θ 确定 x_1 为换入变量，x_4 为换出变量，又得到一组新的变量。

$$\boldsymbol{X}_{\boldsymbol{B}_2}=(x_3,x_1,x_5,x_2)^{\mathrm{T}}$$

这时 $\boldsymbol{X}_{\boldsymbol{B}_2}$ 的系数矩阵就是在表 6.15 中的单位矩阵中，将换出变量 x_4 所在的第 2 列换成换入变量 x_1 在表 6.15 中的列向量，即：

$$\boldsymbol{B}_2=\begin{pmatrix}1 & 2 & 0 & 0\\ 0 & 1 & 0 & 0\\ 0 & 4 & 1 & 0\\ 0 & 0 & 0 & 1\end{pmatrix}$$

$\boldsymbol{B}_2$ 的逆矩阵为：

$$\boldsymbol{B}_2^{-1}=\begin{pmatrix}1 & -2 & 0 & 0\\ 0 & 1 & 0 & 0\\ 0 & -4 & 1 & 0\\ 0 & 0 & 0 & 1\end{pmatrix}$$

于是可以求得：

$$\boldsymbol{X}_{\boldsymbol{B}_2}=\boldsymbol{B}_2^{-1}\boldsymbol{b}_1=\begin{pmatrix}1 & -2 & 0 & 0\\ 0 & 1 & 0 & 0\\ 0 & -4 & 1 & 0\\ 0 & 0 & 0 & 1\end{pmatrix}\begin{pmatrix}6\\ 2\\ 16\\ 3\end{pmatrix}=\begin{pmatrix}2\\ 2\\ 8\\ 3\end{pmatrix}$$

因为 $\boldsymbol{b}_1=\boldsymbol{B}_1^{-1}\boldsymbol{b}$，所以 $\boldsymbol{X}_{\boldsymbol{B}_2}=\boldsymbol{B}_2^{-1}\boldsymbol{b}_1=\boldsymbol{B}^{-1}\boldsymbol{B}_1^{-1}\boldsymbol{b}$。

设 $\boldsymbol{E}_2^{(2)}=\boldsymbol{B}_2^{-1}$，$\boldsymbol{E}_2^{(2)}$ 表示除第二列以外，其他各列都是单位列向量的矩阵。下标 2 表示第二步迭代。所以 $\boldsymbol{X}_{\boldsymbol{B}_2}=\boldsymbol{E}_2^{(2)}\boldsymbol{b}_1$，得表 6.16。

由表 6.16 计算得：

$$z_2=\boldsymbol{c}_{\boldsymbol{B}_2}\boldsymbol{E}_2^{(2)}\boldsymbol{b}_1=(0,2,0,3)\begin{pmatrix}2\\ 2\\ 3\\ 3\end{pmatrix}=4+9=13$$

表 6.16　例 6.8 改进单纯形表 3

c_{B_2}	X_{B_2}	b	非基变量			基变量			θ_i
			x_4	x_6	x_3	x_1	x_5	x_2	
0	x_3	2	−2	1/2	1	0	0	0	2/0.5
2	x_1	2	1	−1/2	0	1	0	0	—
0	x_5	8	−4	2	0	0	1	0	8/2
3	x_2	3	0	1/4	0	0	0	1	3/0.25
	λ_j		−2	−1/2	0	0	0	0	

(4) 进行第三次迭代时，是以非基变量 x_6 替换 x_5 构成新的一组基变量：

$$X_{B_3} = (x_3, x_1, x_6, x_2)^{\mathrm{T}}$$

同理可得到：

$$B_3 = \begin{pmatrix} 1 & 0 & 1/2 & 0 \\ 0 & 1 & -1/2 & 0 \\ 0 & 0 & 2 & 0 \\ 0 & 0 & 1/4 & 1 \end{pmatrix}$$

B_3 的逆矩阵为：

$$B_3^{-1} = E_3^{(3)} = \begin{pmatrix} 1 & 0 & -1/4 & 0 \\ 0 & 1 & 1/4 & 0 \\ 0 & 0 & 1/2 & 0 \\ 0 & 0 & -1/8 & 1 \end{pmatrix}$$

于是可求得的解是(表 6.17)：

$$X_{B_3} = E_3^{(3)} b_2 = \begin{pmatrix} 1 & 0 & -1/4 & 0 \\ 0 & 1 & 1/4 & 0 \\ 0 & 0 & 1/2 & 0 \\ 0 & 0 & -1/8 & 1 \end{pmatrix} \begin{pmatrix} 2 \\ 2 \\ 8 \\ 3 \end{pmatrix} = \begin{pmatrix} 0 \\ 4 \\ 4 \\ 2 \end{pmatrix}$$

表 6.17　例 6.8 改进单纯形表 4

c_{B_3}	X_{B_2}	b	非基变量		基变量			
			x_4	x_5	x_3	x_1	x_6	x_2
0	x_3	0	−1	−1/4	1	0	0	0
2	x_1	4	0	1/4	0	1	0	0
0	x_6	4	−2	1/2	0	0	1	0
3	x_2	2	1/2	−1/3	0	0	0	1
	λ_j		−1.5	−1/8	0	0	0	0

由表 6.17 求得：

$$z_3 = \boldsymbol{c}_{\boldsymbol{B}_3}\boldsymbol{E}_3^{(3)}\boldsymbol{b}_2 = (0,2,0,3)\begin{pmatrix}0\\4\\4\\2\end{pmatrix} = 14$$

这时，$\boldsymbol{x}_{\boldsymbol{B}_3}$ 可以表示为 $\boldsymbol{x}_{\boldsymbol{B}_3}=\boldsymbol{E}_3^{(3)}\boldsymbol{E}_2^{(2)}\boldsymbol{E}_1^{(4)}\boldsymbol{b}$。

从上述表达式中可以看出，每次迭代只需要计算 $\boldsymbol{E}_j^{(l)}$ 矩阵中的一列数字就可以。因此，可以减少求 $\boldsymbol{B}$ 的逆矩阵的工作量。

下面来分析 $\boldsymbol{E}_j^{(t)}$ 的计算。$\boldsymbol{E}_j^{(l)}$ 是表示除第 l 列外，其他列都是单位列向量的矩阵。下标 j 是表示第 j 次迭代。

设可行基 $\boldsymbol{B}=(\boldsymbol{P}_1,\boldsymbol{P}_2,\cdots,\boldsymbol{P}_l,\cdots,\boldsymbol{P}_m)$，当确定 x_K 为换入变量，x_l 为换出变量后，将 x_K 的系数列向量 $\boldsymbol{P}_K$ 与 x_l 的系数列向量 $\boldsymbol{P}_l$ 对换，构成一个新的可行基 $\overline{\boldsymbol{B}}=(\boldsymbol{P}_1,\boldsymbol{P}_2,\cdots,\boldsymbol{P}_K,\cdots,\boldsymbol{P}_m)$。

因为 $\boldsymbol{B}^{-1}\boldsymbol{B}=\boldsymbol{B}^{-1}(\boldsymbol{P}_1,\boldsymbol{P}_2,\cdots,\boldsymbol{P}_l,\cdots,\boldsymbol{P}_m)=\boldsymbol{I}_m$，所以

$$\boldsymbol{B}^{-1}\overline{\boldsymbol{B}} = \boldsymbol{B}^{-1}(\boldsymbol{P}_1,\boldsymbol{P}_2,\cdots,\boldsymbol{P}_K,\cdots,\boldsymbol{P}_m) = \begin{pmatrix}1 & 0 & \cdots & a'_{1K} & \cdots & 0\\ 0 & 1 & \cdots & a'_{2K} & \cdots & 0\\ \vdots & \vdots & & \vdots & & \vdots\\ 0 & 0 & \cdots & a'_{lK} & \cdots & 0\\ \vdots & \vdots & & \vdots & & \vdots\\ 0 & 0 & \cdots & a'_{mK} & \cdots & 1\end{pmatrix}$$

这里
$$\boldsymbol{B}^{-1}\boldsymbol{P}_K=\boldsymbol{B}^{-1}\begin{pmatrix}a_{1K}\\a_{2K}\\ \vdots\\a_{lK}\\ \vdots\\a_{mK}\end{pmatrix}=\begin{pmatrix}a'_{1K}\\a'_{2K}\\ \vdots\\a'_{lK}\\ \vdots\\a'_{mK}\end{pmatrix}$$

$B^{-1}\overline{B}$ 的矩阵中除 l 列以外，其他各列都是单位列向量。现令 $E^{(l)}=(B^{-1}\overline{B})^{-1}$，其中 a'_{lK} 是主元素，$E^{(l)}$ 中除第 l 列以外，其他各列也都是单位列向量。第 l 列的各元素可按以下规则计算得到。

(1) 在 $E^{(l)}$ 中第 l 列的第 l 个元素是主元素的倒数，即$\frac{1}{a'_{lK}}$；

(2) 在 $E^{(l)}$ 中的第 l 列的其他各元素是$\frac{-a'_{iK}}{a'_{lK}}$，于是得到：

$$E^{(l)}=\begin{pmatrix} 1 & 0 & \cdots & -a'_{1K}/a'_{lK} & \cdots & 0 \\ 0 & 1 & \cdots & -a'_{2K}/a'_{lK} & \cdots & 0 \\ 0 & 0 & \cdots & -a'_{3K}/a'_{LK} & \cdots & 0 \\ \vdots & \vdots & & \vdots & & \vdots \\ 0 & 0 & \cdots & 1/a'_{lK} & \cdots & 0 \\ \vdots & \vdots & & \vdots & & \vdots \\ 0 & 0 & \cdots & -a'_{mK}/a'_{lK} & \cdots & 0 \end{pmatrix}$$

用改进单纯形法求解线性规划的计算步骤如下。

第一步：根据给出的线性规划问题，在加入松弛变量或人工变量后得到初始基变量。求初始基矩阵 B 的逆矩阵 B^{-1}。于是可以求出初始解。

$$\begin{pmatrix} X_B \\ X_N \end{pmatrix}=\begin{pmatrix} B^{-1}b \\ \mathbf{0} \end{pmatrix} \tag{6.70}$$

然后计算单纯形乘子：

$$Y=c_B B^{-1}。 \tag{6.71}$$

第二步：计算非基变量 x_j 的检验数 $\lambda_j(j=m+1,\cdots,n)$。若 $\lambda_j\leqslant 0$，已得到最优解，可停止计算。若还存在 $\lambda_j>0$，转下步。

第三步：根据$\max\limits_j(\lambda_j \mid \lambda_j \mid>0)=\lambda_K$ 所对应的非基变量 x_K，确定 x_K 为换入变量。计算 $B^{-1}P_K$，若 $B^{-1}P_K\leqslant 0$，那么问题无解，停止计算。否则转入下一步。

第四步：根据 θ 规则，求出：

$$\theta=\min\left\{\frac{(B^{-1}b)_i}{(B^{-1}P_K)_i} \,\middle|\, (B^{-1}P_K)_i>0\right\}=\frac{(B^{-1}b)_l}{(B^{-1}P_K)_l} \tag{6.72}$$

它对应的基变量为 x_l，确定 x_l 为换出变量。于是可给出一组新的基变量以及新的基矩阵 B_1。

第五步：计算新的基矩阵的逆矩阵 B_1^{-1}，求出 $B_1^{-1}b$ 及 $Y=c_{B_1}B_1^{-1}$。重复第二步到第五步。

6.3 灵敏度分析

在之前讨论的线性规划问题中，假定各系数 a_{ij}，b_i，c_j 都是已知常数。但实际上这些系数往往是一些估计和预测的数字。如市场条件一变，c_j 值就会变化；a_{ij} 往往随工艺技术条件的改变而改变；b_i 值是根据资源投入后的经济效果决定的一种决策选择。因此很自然提出这样一个问题：当这些系数中一个或几个发生变化时，已求得的规划问题的最优解会有什么变化；或者这些系数在一个什么范围变化时，规划问题的最优解不变。如果最优解发生了变化，如何用最简便的方法找到规划问题的最优解，这些就是灵敏度分析所要研究和回答的问题。

显然，当线性规划问题中的某一个或几个系数变化后，原来的最优解可能变化，如果用单纯形法从头计算，可以求出新的最优解，但这样做很麻烦，而且也没有必要。在前面讨论单纯形法的迭代时，已经知道从一组基变量换为另一组基变量，表中每次迭代后所得到的数字只与基变量的系数矩阵 $\boldsymbol{B}$ 有关。因此，可以把发生了变化的个别系数填入已得到最优解的最终计算表中，并进行检查。看表中有哪些数字因某些系数发生变化后，变为不能满足最优解的要求。然后在这个计算表中继续进行迭代，直到求得最优解为止。

设已求得了线性规划问题：

$$\begin{cases} \max z = \boldsymbol{cX}; \\ \boldsymbol{AX} = \boldsymbol{b}; \\ \boldsymbol{X} \geqslant \boldsymbol{0} \end{cases}$$

的最优解。要求保持已求得最优解不变的条件下，确定 a_{ij}，b_i，c_j 这些系数变化的范围。

6.3.1 目标函数中 c_j 变化范围的确定

设 c_j 是变量 x_j 在目标函数中的系数，若在其他参数不变的情况下，c_j 变化了 Δc_j。可以分别就 c_j 是非基变量和基变量的系数这两种情况来讨论。

(1) 若 c_j 是非基变量 x_j 的系数：它在计算表中所对应的检验数是

$$\lambda_j = c_j - \boldsymbol{c_B B^{-1} P}_j \text{ 或 } \lambda_j = c_j - \sum_{i=1}^{m} a_{ij} c_i$$

当 c_j 变化 Δc_j 后，要保证在最终计算表中这个检验数仍然小于或等于零，即

$$\lambda'_j = c_j + \Delta c_j - \sum_{i=1}^{m} a_{ij} c_i \leqslant 0$$

那么

$$\Delta c_j \leqslant \boldsymbol{YP}_j - c_j \tag{6.73}$$

即 c_j 增大Δc_j 后，其值小于或等于 $\boldsymbol{YP}_j$，才可能满足原最优解不变的条件。

(2) 若系数 c_r 是基变量 x_r 在目标函数中的系数：

当 c_r 变化Δc_r，在最终计算表中对应基变量 x_r 的检验数是什么？

首先考虑 c_r 没有变化，这时在最终计算表中 x_r 的检验数 $\lambda_r = c_r - \boldsymbol{c_B B}^{-1} \boldsymbol{P}_r = 0$。

因为 c_r 是属于 $\boldsymbol{c_B}$ 中的一个数。所以当 c_r 变化了Δc_r 时，就引起 $\boldsymbol{c_B}$ 发生变化，这时有：

$$\begin{aligned} \boldsymbol{Y} + \Delta \boldsymbol{Y} &= (\boldsymbol{c_B} + \Delta \boldsymbol{c_B}) \boldsymbol{B}^{-1} \\ &= \boldsymbol{c_B B}^{-1} + (0, \cdots, c_r, 0, \cdots, 0) \boldsymbol{B}^{-1} \\ &= \boldsymbol{c_B B}^{-1} + \Delta c_r (\bar{a}_{r1}, \bar{a}_{r2}, \cdots, \bar{a}_{rm}) \end{aligned} \tag{6.74}$$

由此可见，当发生变化Δc_r后，将引起所有检验数的变化。当发生变化后的检验数是：

$$\begin{cases} \lambda'_j = c_j - \boldsymbol{YP}_j - \Delta c_r \\ \bar{a}_{rj} = \lambda_j - \Delta c_r \bar{a}_{rj} \end{cases} \tag{6.75}$$

这里 $\lambda_j = c_j - \boldsymbol{YP}_j$，$(j = 1, 2, \cdots, n)$。若要求原最优解不变，即必须满足 $\lambda'_j \leqslant 0$，于是可以得到：

$$\begin{cases} \Delta c_r \leqslant \dfrac{\lambda_j}{\bar{a}_{rj}} & (\bar{a}_{rj} < 0) \\ \Delta c_r \geqslant \dfrac{\lambda_j}{\bar{a}_{rj}} & (\bar{a}_{rj} > 0) \end{cases}, \tag{6.76}$$

$\bar{a}_{rj}$ $(j = 1, 2, \cdots, n)$是基变量 x_r 在最终计算表中所在行的各系数值。c_r 可以变化的范围是：

$$\max_j \left\{ \frac{\lambda_j}{\bar{a}_{rj}} \middle| \bar{a}_{rj} > 0 \right\} \leqslant \Delta c_r \leqslant \min_j \left\{ \frac{\lambda_j}{\bar{a}_{rj}} \middle| \bar{a}_{rj} < 0 \right\} \tag{6.77}$$

6.3.2　在约束条件中 b_i 变化范围的确定

若第 r 个约束条件的 b_r 变化了Δb_r，并假设规划问题的其他参数都不变。若在最终计算表中已得到了最优解：

$$\boldsymbol{b}^* = \boldsymbol{B}^{-1}\boldsymbol{b}$$

现在 $\boldsymbol{b}$ 列中有一个 b_r 变化了Δb_r，这必然使已得到的最优解发生变化：

$$\boldsymbol{b}^* = \boldsymbol{B}^{-1}\begin{pmatrix} b_1 \\ \vdots \\ b_r+\Delta b_r \\ \vdots \\ b_m \end{pmatrix} = \boldsymbol{B}^{-1}\boldsymbol{b}+\boldsymbol{B}^{-1}\begin{pmatrix} 0 \\ \vdots \\ \Delta b_r \\ \vdots \\ 0 \end{pmatrix} = \boldsymbol{b}^*+\boldsymbol{B}^{-1}\begin{pmatrix} 0 \\ \vdots \\ \Delta b_r \\ \vdots \\ 0 \end{pmatrix} \tag{6.78}$$

这时如还保持 $\boldsymbol{b}^* \geqslant \boldsymbol{0}$，也就是说，当发生变化$\Delta b_r$ 后，得到的还是基本可行解。因为Δb_r 的变化不影响最终计算表的检验数。所以只要 $\boldsymbol{b}^* \geqslant \boldsymbol{0}$，它必然还是最优解。

因为
$$\boldsymbol{B}^{-1}\begin{pmatrix} 0 \\ \vdots \\ \Delta b_r \\ \vdots \\ 0 \end{pmatrix} = \begin{pmatrix} \bar{a}_{1r}\cdot\Delta b_r \\ \vdots \\ \bar{a}_{ir}\cdot\Delta b_r \\ \vdots \\ \bar{a}_{mr}\cdot\Delta b_r \end{pmatrix} = \Delta b_r\begin{pmatrix} \bar{a}_{1r} \\ \vdots \\ \bar{a}_{ir} \\ \vdots \\ \bar{a}_{mr} \end{pmatrix} \tag{6.79}$$

在最终计算表中要求 $\boldsymbol{b}$ 列所有元素 $\bar{b}_i+\bar{a}_{ir}\cdot\Delta b_r\geqslant 0, (i=1,2,\cdots,m)$，所以可以得到：

$$\bar{a}_{ir}\cdot\Delta b_r \geqslant -\bar{b}_i \quad (i=1,2,\cdots,m) \tag{6.80}$$

$$\begin{cases} \Delta b_r \geqslant -\dfrac{\bar{b}_i}{\bar{a}_{ir}} & (\bar{a}_{ir}>0) \\ \Delta b_r \leqslant -\dfrac{\bar{b}_i}{\bar{a}_{ir}} & (\bar{a}_{ir}<0) \end{cases} \tag{6.81}$$

于是得到：

$$\max_i\left\{-\frac{\bar{b}_i}{\bar{a}_{ir}}\middle|\bar{a}_{ir}>0\right\}\leqslant \Delta b_r \leqslant \min_i\left\{-\frac{\bar{b}_i}{\bar{a}_{ir}}\middle|\bar{a}_{ir}<0\right\} \tag{6.82}$$

6.3.3 在约束条件的系数矩阵中某一个 a_{ij} 发生变化的范围的确定

考虑在约束条件的系数矩阵中某一元素 a_{ij} 变化了Δa_{ij}。假设它是非基变量 x_j 的系数 $\boldsymbol{P}_j$ 中的分量，规划问题的其他数字都不变。

在最终单纯形计算表中，得到的最优解条件是 $\lambda_j = c_j - \boldsymbol{c_B B}^{-1}\boldsymbol{P}_j = c_j - \boldsymbol{YP}_j \leqslant 0$。当 a_{ij} 发生变化 Δa_{ij} 后，必使非基变量 x_j 的检验数发生变化。变化后的检验数是：

$$\lambda'_j = c_j - \boldsymbol{YP}_j - \boldsymbol{Y}\begin{pmatrix} 0 \\ \vdots \\ \Delta a_{ij} \\ \vdots \\ 0 \end{pmatrix} \leqslant 0 \tag{6.83}$$

设 λ_j 是在 a_{ij} 没有发生变化时的检验数，

$$\lambda_j = c_j - \boldsymbol{YP}_j$$

于是有：

$$\lambda'_j = \lambda_j - \boldsymbol{Y}\begin{pmatrix} 0 \\ \vdots \\ \Delta a_{ij} \\ 0 \\ \vdots \\ 0 \end{pmatrix} = \lambda_j - y_i \Delta a_{ij} \leqslant 0 \tag{6.84}$$

由此可得到：

$$\begin{cases} \Delta a_{ij} \geqslant \dfrac{\lambda_j}{y_j} & (y_j > 0) \\ \Delta a_{ij} \leqslant \dfrac{\lambda_j}{y_j} & (y_j < 0) \end{cases} \tag{6.85}$$

6.4　应用举例

为了深入理解线性规划的实际应用价值，我们来看线性规划应用的几个实例。

6.4.1　水资源分配问题——农业用水最优分配的线性规划模型

我国北方地区水源紧缺，不能满足工农业发展和人民生活的需要。开源节流是解决途径之一，但开源工程，每引水 1 m^3，需投资 3 元左右，远途引取长江、黄河之水，代价更高。因此，必须做好节流工作。

我国北方地区，现阶段农业用水占淡水取用量的 70%，且利用率很低。据统计，每从水源引出 1×4 m^3 水，被田间农作物利用的不到 50%，尚有潜力可挖。

6.4.1.1 供水情况

华北某县水源紧缺，全靠地下水灌溉。这次编制水资源供需规划主要以节约用水作为建模指导思想。经分析，中旱年(P=75%)可利用水量为 12 927×10^4 m^3。该县的需水情况如下。

(1) 工业用水：该县工业包括造纸、机械、食品、预制(构件)、腐竹制造、其他 6 项，各行业所占工业产值比例数和万元产值需水定额见表 6.18。

表 6.18 工业部门需水量

行业	行业产值占工业产值比重	万元产值需水量/(m^3/万元)
造纸工业	0.013 25	1 380
机械工业	0.204 36	111.4
食品工业	0.037 19	511
预制(构件)工业	0.036 93	180
腐竹制造工业	0.138 79	127
其他工业	0.579 48	30
合计	1.000 00	

工业产值预测 1990 年为 10 439 万元，2000 年为 37 203 万元。

以 1990 年为例，工业需水量为：

10 416×(0.013 25×1 380+0.204 36×111.4+0.037 19×511+0.036 93×180+0.138 79×127+0.579 48×30)=104.069×10^4(m^3)

(2) 城乡人民生活用水：城乡人民生活用水以每人每天平均用水 0.03 m^3 计，年用水量为 801.394 10^4 m^3。

(3) 牧业用水：每头牲畜日用水量以 0.01 m^3 计，预测 1990 年牧业用水量为 313.9×10^4 m^3。

以上三项非农业用水的总和见表 6.19。因其数量远较农业用水为少，且要求保证程度较高，故应尽量满足供应。

表 6.19　用水量　　$10^4\ m^3$

年份	工业用水 W_1	城市人民生活用水 W_2	牧业用水 W_3	非农业用水 $W=W_1+W_2+W_3$
1985	51.016	779.64	237.98	1 068.636
1990	104.069	801.394	313.90	1 219.363
1995	212.865	931.376	394.20	1 538.441
2000	371.703	1 070.199	475.96	1 917.862

(4) 农业用水：根据预测，今后农业用水的需要量很大，故只能以供定需，谋求节水对策。以 1990 年为例，按中旱年 12 927×$10^4\ m^3$ 的水资源量减去表 6.19 中 1990 年非农业用水 1 219.363×$10^4\ m^3$，其差 11 707.63×$10^4\ m^3$，就是农业可利用的水量，也是本模型水资源的限制量。

6.4.1.2　农业用水最优分配的线性规划模型

(1) 选择决策变量：农业用水对象为小麦、玉米、经济作物、果树等四项，其用水对策拟定为畦灌、喷灌、滴灌、雨养（即不灌）四项。经过两层次二元组合，得出 14 个决策变量 $x_1 \sim x_{14}$，由于滴灌应用于大田作物是不适宜的，所以不考虑小麦、玉米的滴灌方案。农业用水最优分配的线性规划模型决策变量见表 6.20，表 6.20 中 x_1 代表小麦畦灌面积，x_{14} 代表果树雨养面积，其余类推。

表 6.20　决策变量　　万亩

用水对策	用水对象			
	小麦	玉米	经济作物	果树
畦灌	x_1	x_4	x_7	x_{11}
喷灌	x_2	x_5	x_8	x_{12}
滴灌			x_9	x_{13}
雨养	x_3	x_6	x_{10}	x_{14}

(2) 建立约束条件：由实际情况知，有下列约束条件。

$$\sum_{j=1}^{14} x_j \leqslant 127.1 \quad \text{（总面积限制）}$$

$$x_1 + x_2 + x_3 \leqslant 77 \quad \text{（小麦面积限制）}$$

$$\left.\begin{array}{l} x_1 \leqslant 33.8 \\ x_1 \geqslant 7.8 \end{array}\right\} \quad \text{（小麦畦灌面积限制）}$$

$$\left.\begin{array}{l} x_2 \leqslant 64.4 \\ x_2 \geqslant 20.9 \end{array}\right\}$$ （小麦喷灌面积限制）

$$x_4 + x_5 + x_6 \leqslant 20$$ （玉米面积限制）

$$\left.\begin{array}{l} x_4 \leqslant 9.8 \\ x_4 \geqslant 2.4 \end{array}\right\}$$ （玉米畦灌面积限制）

$$\left.\begin{array}{l} x_5 \leqslant 18.4 \\ x_5 \geqslant 4.6 \end{array}\right\}$$ （玉米喷灌面积限制）

$$x_7 + x_8 + x_9 + x_{10} \leqslant 26$$ （经济作物面积限制）

$$\left.\begin{array}{l} x_7 \leqslant 11.9 \\ x_7 \geqslant 3.2 \end{array}\right\}$$ （经济作物畦灌面积限制）

$$\left.\begin{array}{l} x_8 \leqslant 23.9 \\ x_8 \geqslant 6.6 \end{array}\right\}$$ （经济作物喷灌面积限制）

$$x_9 \geqslant 4.1$$ （经济作物滴灌面积限制）

$$x_{11} + x_{12} + x_{13} + x_{14} \leqslant 4.1$$ （果树面积限制）

$$x_{11} \leqslant 2$$ （果树畦灌面积限制）

$$\left.\begin{array}{l} x_{12} \leqslant 3.9 \\ x_{12} \geqslant 1.1 \end{array}\right\}$$ （果树喷灌面积限制）

$$x_{13} \geqslant 0.9$$ （果树滴灌面积限制）

$$210x_1 + 110x_2 + 190x_4 + 100x_5 + 200x_7 + 100x_8 + 70x_9 + 180x_{11} + 95x_{12} + 60x_{13} \leqslant 11\ 707$$ （水资源量限制）

$$x_j \geqslant 0 \quad (j = 1,2,\cdots,14)$$ （非负限制）

水资源限制式中变量的系数为水资源消耗系数，如 x_1 的系数 210 表示畦灌每万亩小麦耗水 $210 \times 10^4\ m^3$。

(3) 建立目标函数。目标函数为总收益最大：

$$\max f = 60x_1 + 55x_2 + 35x_3 + 52x_4 + 47x_5 + 30x_6 + 100x_7 + 90x_8 + 85x_9 + 60x_{10} + 600x_{11} + 550x_{12} + 520x_{13} + 350x_{14}$$

目标函数中各系数均为每万亩土地净收益（万元），均经过农田水利灌溉经济计算得来。喷灌、滴灌对策较畦灌的效率系数低，是因为单位投资和管理费用较大。

以上模型经过运算，得出最优解为：

$x_1=7.8$　　　　　　　（小麦畦灌面积）

$x_2=56.28$　　　　　　（小麦喷灌面积）

$x_3=12.92$　　　　　　（小麦雨养面积）

$x_4=2.4$　　　　　　　（玉米畦灌面积）

$x_5=4.6$　　　　　　　（玉米喷灌面积）

$x_6=13.00$　　　　　　（玉米雨养面积）

$x_7=3.2$　　　　　　　（经作畦灌面积）

$x_8=6.6$　　　　　　　（经作喷灌面积）

$x_9=16.2$　　　　　　（经作滴灌面积）

$x_{10}=0$　　　　　　　（经作雨养面积）

$x_{11}=2$　　　　　　　（果树畦灌面积）

$x_{12}=1.2$　　　　　　（果树喷灌面积）

$x_{13}=0.9$　　　　　　（果树滴灌面积）

$x_{14}=0$　　　　　　　（果树雨养面积）

$\max f=9\ 365.64$ 万元　（总净收益最大）

上述最优配水方案的优点是：喷灌、滴灌和雨养面积较大，畦灌面积较小。因为畦灌用水定额较大，造成水资源紧缺，难以满足大面积的畦灌需要。喷灌、滴灌用水虽省，但投资较大，技术含量高，故只能逐步发展。

6.4.2　生产中的组织和计划问题

某食品厂，用蒸馏器甲和乙生产四种饮料。

生产第一种饮料每单位每周需要原料 100 t，使用甲蒸馏器每周生产总工时的 7%，用乙蒸馏器每周生产总工时的 3%，获利润 60 元。

生产第二种饮料每单位每周需要原料 100 t，使用甲蒸馏器每周生产总工时的 5%，用乙蒸馏器每周生产总工时的 5%，获利润 60 元。

生产第三种饮料每单位每周需要原料 100 t，使用甲蒸馏器每周生产总工时的 3%，使用乙蒸馏器每周生产总工时的 10%，获利润 90 元。

生产第四种饮料每单位每周需要原料 100 t，使用甲蒸馏器每周生产总工时的 2%，使用乙蒸馏器每周生产总工时的 15%，获利润 90 元。

已知食品厂每周只能提供生产饮料用的原料 1 500 t。甲蒸馏器每周生产总工时为 100 h；乙蒸馏器每周生产总工时为 100 h，问应该怎样安排生产，使食品厂获利最大？

解　为了对该实际问题建立数学模型，先将上述文字说明列成表 6.21：

表 6.21　生产饮料基本数据

条件	品种				限制量 b_i
	饮料 1 x_1	饮料 2 x_2	饮料 3 x_3	饮料 4 x_4	
原料/t	100	100	100	100	1 500
甲生产工时/%	7	5	3	2	100
乙生产工时/%	3	5	10	15	100
利润/元	60	60	90	90	

(1) 选择决策变量:为了寻找获得最大利润的各种产品的最优组合,要把各种饮料的产量作为决策变量。设 $x_j(j=1,2,3,4)$为第 j 种饮料每周生产的数量。

(2) 建立约束条件:

原料约束。生产四种饮料所用的原料之和不能超过该厂提供的最大数量 1 500 t,可得约束条件:

$$100x_1 + 100x_2 + 100x_3 + 100x_4 \leqslant 1\,500$$

甲蒸馏器生产工时约束。生产四种饮料所需甲蒸馏器的工时数之和不能超过总工时数,可得约束条件:

$$7x_1 + 5x_2 + 3x_3 + 2x_4 \leqslant 100$$

乙蒸馏器生产工时约束。生产四种饮料所需乙蒸馏器的工时数之和不能超过总工时数,可得约束条件:

$$3x_1 + 5x_2 + 10x_3 + 15x_4 \leqslant 100$$

(3) 建立目标函数:已知每种饮料的利润,根据表 6.21 可列出目标函数(利润)为:

$$z = 60x_1 + 60x_2 + 90x_3 + 90x_4$$

综合上述分析,可列出线性规划模型为求变量 $x_j(j=1,2,3,4)$,满足约束条件

$$\begin{cases} 100x_1 + 100x_2 + 100x_3 + 100x_4 \leqslant 1\,500 \\ 7x_1 + 5x_2 + 3x_3 + 2x_4 \leqslant 100 \\ 3x_1 + 5x_2 + 10x_3 + 15x_4 \leqslant 100 \\ x_j \geqslant 0, \quad (j = 1,2,3,4) \end{cases}$$

使目标函数(利润)

$$z = 60x_1 + 60x_2 + 90x_3 + 90x_4$$

取最大值。

6.4.3　运输问题——最佳运输的线性规划模型

任何生产部分，都存在运输问题。根据产销关系，一般把最佳运输问题分为产销平衡和产销不平衡两大类。但就其数学关系来讲，都是属于线性规划问题。

6.4.3.1　产销平衡的模型

假设 A_i 和 $a_i(i=1,2,\cdots,m)$ 分别代表 m 个产地和产量；B_j 和 $b_j(j=1,2,\cdots,n)$ 分别代表 n 个销地和销量；$C_{ij}(i=1,2,\cdots,m;j=1,2,\cdots,n)$ 代表第 i 个产地运往第 j 个销地的单位产品所花费的成本；$x_{ij}(i=1,2,\cdots,m;j=1,2,\cdots,n)$ 代表第 i 个产地运往第 j 个销地的产品数量。于是可给出产销平衡关系，见表 6.22。

表 6.22　产销平衡关系

产地	销地						产量
	B_1	B_2	$\cdots$	B_j	$\cdots$	B_n	
A_1	x_{11}	x_{12}	$\cdots$	x_{1j}	$\cdots$	x_{1n}	a_1
	(C_{11})	(C_{12})	$\cdots$	(C_{1j})	$\cdots$	(C_{1n})	
A_2	x_{21}	x_{22}	$\cdots$	x_{2i}	$\cdots$	x_{2n}	a_2
	(C_{21})	(C_{22})	$\cdots$	(C_{2i})	$\cdots$	(C_{2n})	
$\vdots$	$\vdots$	$\vdots$	$\cdots$	$\vdots$	$\cdots$	$\vdots$	$\vdots$
A_i	x_{i1}	x_{i2}	$\cdots$	x_{ij}	$\cdots$	x_{in}	a_i
	(C_{i1})	(C_{i2})	$\cdots$	(C_{ij})	$\cdots$	(C_{in})	
$\vdots$	$\vdots$	$\vdots$		$\vdots$		$\vdots$	$\vdots$
A_m	x_{m1}	x_{m2}	$\cdots$	x_{mj}	$\cdots$	x_{mn}	a_m
	(C_{m1})	(C_{m2})	(C_{mj})	(C_{mn})		(C_{mn})	
销量	b_1	b_2	$\cdots$	b_j	$\cdots$	b_n	$\sum_{i=1}^{m}a_i=\sum_{j=1}^{n}b_j$

根据产销平衡关系，结合表 6.22，可给出产销平衡的线性规划模型：求 x_{ij} 满足条件

$$\begin{cases}\sum_{j=1}^{n}x_{ij}=a_i & (i=1,2,\cdots,m)\\ \sum_{i=1}^{m}x_{ij}=b_j & (j=1,2,\cdots,n)\\ x_{ij}\geqslant 0 & (i=1,2,\cdots,m;\quad j=1,2,\cdots,n)\end{cases}\tag{6.86}$$

并使
$$\min f=\sum_{i=1}^{m}\sum_{j=1}^{n}C_{ij}x_{ij} \tag{6.87}$$

这是一个含有 m×n 个变量，m+n 个约束条件的线性规划模型。如果把实现某个运输问题抽象成该种形式，便可在计算机上很容易求得最佳(即总运费最省)调运方案。

例 6.10 假设有三个化肥厂 A_1，A_2，A_3，它们生产肥料的日产量分别为 100 t，80 t，50 t。另有四个混肥生产厂 B_1、B_2、B_3、B_4，它们每天需要肥料分别为 50 t，70 t，80 t，30 t。已知从 A_1，A_2，A_3 向 B_1，B_2，B_3，B_4 运送 1 t 肥料的费用如表 6.23 所示，问如何安排运输计划，使得总运费最少？

表 6.23 产销平衡及运价

项目	混肥厂运价/(元/t)				产量/t
	B_1	B_2	B_3	B_4	
肥料厂 A_1	x_{11} (1.5)	x_{12} (2)	x_{13} (0.3)	x_{14} (3)	100
肥料厂 A_2	x_{21} (7)	x_{22} (0.8)	x_{23} (1.4)	x_{24} (2)	80
肥料 A_3	x_{31} (1.2)	x_{32} (0.3)	x_{33} (2)	x_{34} (2.5)	50
需要量/t	50	70	80	30	230

解 设从 $A_i(i=1,2,3)$ 运到 $B_j(j=1,2,3,4)$ 的肥料为 x_{ij}，如表 6.23 所示。根据表 6.23 可列出如下数学规划模型：求 x_{ij} 满足条件

$$\begin{cases}x_{11}+x_{12}+x_{13}+x_{14}=100\\x_{21}+x_{22}+x_{23}+x_{24}=80\\x_{31}+x_{32}+x_{33}+x_{34}=50\\x_{11}+x_{21}+x_{31}=50\\x_{12}+x_{22}+x_{32}=70\\x_{13}+x_{23}+x_{33}=80\\x_{14}+x_{24}+x_{34}=30\\x_{ij}\geqslant 0\quad(i=1,2,3;j=1,2,3,4)\end{cases} \tag{6.88}$$

使

$$\min f = 1.5x_{11} + 2x_{12} + 0.3x_{13} + 3x_{14} + 7x_{21} + 0.8x_{22} + 1.4x_{23} + 2x_{24} + 1.2x_{31} + 0.3x_{32} + 2x_{33} + 2.5x_{34} \tag{6.89}$$

求解，得最优解为：$x_{11}=20,x_{12}=0,x_{13}=80,x_{14}=0,x_{21}=0,x_{22}=50,x_{23}=0,x_{24}=30,x_{31}=30,x_{32}=20,x_{33}=0,x_{34}=0$。$\min f=196$。

6.4.3.2　产销不平衡的模型

在多数实际问题中，产销之间不存在平衡关系，而以产大于销最常见。当产大于销，即 $\sum_{i=1}^{m} a_i > \sum_{j=1}^{n} b_j$ 时，运输问题的线性规划模型可写成如下形式。

求 $x_{ij}(i=1,2,\cdots,m;j=1,2,\cdots,n)$满足条件：

$$\begin{cases} \sum_{j=1}^{n} x_{ij} \leqslant a_i \\ \sum_{i=1}^{m} x_{ij} = b_j \quad (i=1,2,\cdots,m;j=1,2,\cdots,n) \\ x_{ij} \geqslant 0 \end{cases} \tag{6.90}$$

并使

$$\min f = \sum_{i=1}^{m}\sum_{j=1}^{n} c_{ij}x_{ij} \tag{6.91}$$

关于产销不平衡运输问题的应用实例及其解法，因与产销平衡问题完全相同，在这里不再重复。

6.5　使用 Excel 求解线性规划问题

线性规划的求解可以用单纯形法笔算求解，但计算量较大，而电子表格软件 Excel 提供了很多的数学运算、统计分析和规划求解等实用程序，利用它的规划求解功能就可以快速、高效地求解线性规划问题。

下面以具体实例来学习 Excel 在线性规划模型中的应用。

6.5.1　Excel 软件"规划求解"模块介绍

使用 Excel 软件求解线性规划模型要用到其中的"数据－规划求解"选项，此工具不是 Excel 的标准安装部件，因此需要专门安装才能使用。安装"规划求解"

图 6.8　规划求解加载项

工具的方法如下：

前几步与安装“数据分析”步骤相同，进入到加载项之后，见到画面(图 6.8)：

(1) 选择“规划求解加载”项打钩，按“确定”。

(2) 点击“数据”(图 6.9)。

在右上角可见“规划求解”模块示意图。

例 6.11　某药厂生产 A、B、C 三种药物，可供选择的原料有甲、乙、丙、丁四种，成本分别是每千克 5 元、6 元、7 元、8 元。每千克不同原料所能提供的各种药物产量如表 6.24 所示。药厂要求每天生产 A 药品恰好 100 g、B 药品至少 530 g、C 药品不超过 160 g。要求选配各种原料的数量，既满足生产的需要，又使总成本最少。

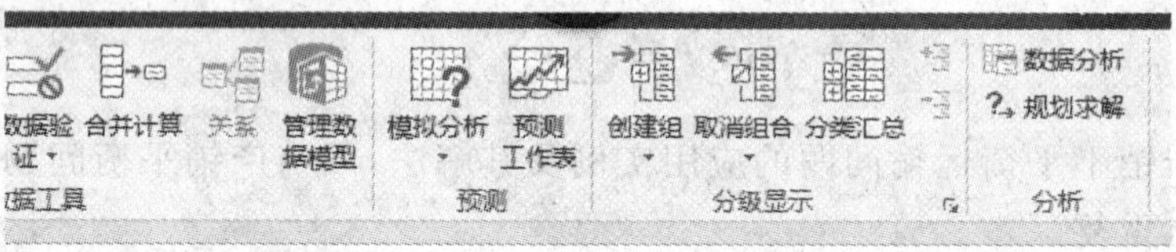

图 6.9　“规划求解”选项

表 6.24　药品配方

条件	每千克不同原料提供的各种药物产量/g				限制量/g
	原料甲 x_1	原料乙 x_2	原料丙 x_3	原料丁 x_4	
药品 A	1	1	1	1	100
药品 B	5	4	5	6	530
药品 C	2	1	1	2	160
成本/元	5	6	7	8	

解　(1) 建立数学模型。根据题意，设 x_1、x_2、x_3、x_4 分别表示甲、乙、丙、丁原料的用量，易得到如下线性规划。

约束条件：

$$\begin{cases} x_1 + x_2 + x_3 + x_4 = 100 \\ 5x_1 + 4x_2 + 5x_3 + 6x_4 \geqslant 530 \\ 2x_1 + x_2 + x_3 + 2x_4 \leqslant 160 \\ x_j \geqslant 0, \quad (j = 1,2,3,4) \end{cases}$$

目标函数：$\min z = 5x_1 + 6x_2 + 7x_3 + 8x_4$

(2) 将该线性规划问题的数学模型按图 6.10 样式输入到 Excel 中。

	A	B	C	D	E	F
1	例6.10的数据输入					
2						
3						
4	数据:	原料甲	原料乙	原料丙	原料丁	限制量
5	药品A	1	1	1	1	100
6	药品B	5	4	5	6	530
7	药品C	2	1	1	2	160
8	成本	5	6	7	8	0
9						F8是目标单元格，放目标函数的最小值
10						
11	模型部分					
12						
13	决策变量			约束方程	右端限制量	
14	原料甲x_1			0	100	
15	原料乙x_2			0	530	
16	原料丙x_3			0	160	
17	原料丁x_4					
18		B14～B17叫作可变单元格，放决策变量x_1-x_4，计算完成后是最优解				

图 6.10　例 6.10 数据输入

(3) 输入计算公式。

第一步：选择一个单元格输入计算目标函数的公式，本例选 F8；

在单元格 F8 中输入"＝B8 * B14＋C8 * B15＋D8 * B16＋E8 * B17"

第二步：选择单元格输入每个约束条件左端的公式。

在单元格 D14 中输入"＝B5 * B14＋C5 * B15＋D5 * B16＋E5 * B17"

在单元格 D15 中输入"＝B6 * B14＋C6 * B15＋D6 * B16＋E6 * B17"

在单元格 D16 中输入"＝B7 * B14＋C7 * B15＋D7 * B16＋E7 * B17"

第三步：选择一个单元格，输入每个约束条件右边的值。

在单元格 E14 中输入"＝F5"；

在单元格 E15 中输入"＝F6"；

在单元格 E16 中输入"＝F7"；

(4) 使用 Excel“规划求解”工具求解模型。

第一步：出现“规划求解参数”对话框，如图 6.10 所示，在“设置目标单元格”栏输入 F8，在“等于”后选择“最小值”项，在“可变单元格”栏输入 B14：C14，然后单击“添加”按钮(图 6.11)。

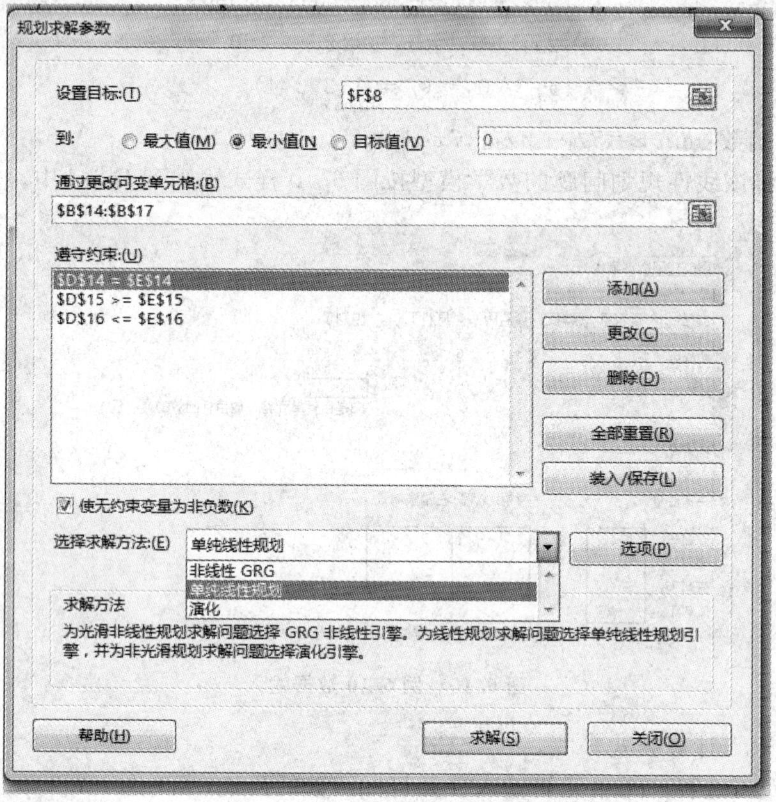

图 6.11 “规划求解参数”对话框

第二步：当弹出的“添加约束”对话框中，在“单元引用格位置”框中输入 D14，选择“=”在“约束值”框中输入 E14；按照上述规定依次输入其他的约束条件，然后单击“确定”按钮(图 6.12)。

第三步：见图 10“规划求解参数”对话框，在“使无约束变量为负数(K)”框上打钩；在“选择求解方法(E)”中选“单纯线性规划”。单击“求解(S)”按钮。

第四步：当“规划求解结果”对话框出现时，选择“保存规划求解结果”，单击“确定”按钮。图 6.13 表示的是最后的计算结果。

图 6.12　“添加约束”对话框

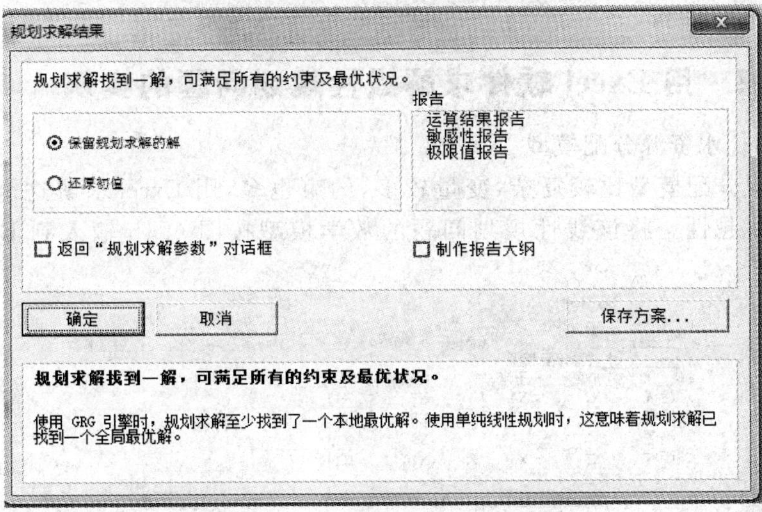

图 6.13　“规划求解结果”对话框

从图 6.14 中可以看出，当甲 30 kg、乙 0 kg、丙 40 kg、丁 30 kg 时，成本达到最小，最小成本为 670 元。

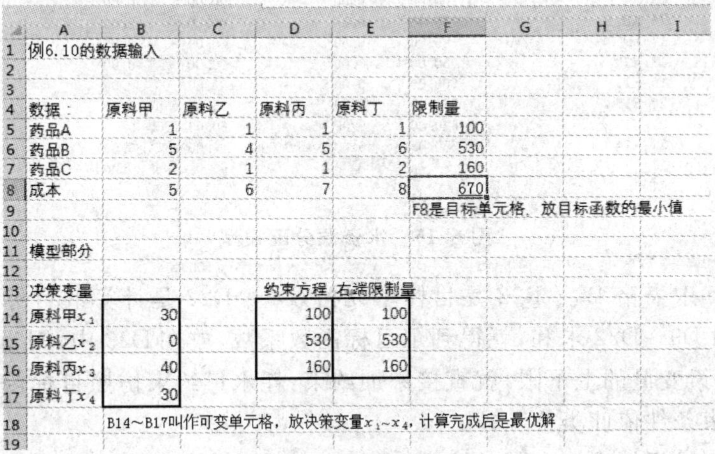

	A	B	C	D	E	F
1	例6.10的数据输入					
2						
3						
4	数据：	原料甲	原料乙	原料丙	原料丁	限制量
5	药品A	1	1	1	1	100
6	药品B	5	4	5	6	530
7	药品C	2	1	1	2	160
8	成本	5	6	7	8	670
9						F8是目标单元格，放目标函数的最小值
10						
11	模型部分					
12						
13	决策变量			约束方程	右端限制量	
14	原料甲x_1	30		100	100	
15	原料乙x_2	0		530	530	
16	原料丙x_3	40		160	160	
17	原料丁x_4	30				
18		B14～B17叫作可变单元格，放决策变量x_1～x_4，计算完成后是最优解				
19						

图 6.14　最后计算结果

用 Excel 的“规划求解”工具线性规划问题，简单易行，很容易掌握。其规律及技巧可归纳为：在实际的求解过程中，只需确定目标函数单元格及“可变单元格”区域位置两处单元格位置，然后正确地输入约束条件和确定所求的目标是最大还是最小即可求得正确结果。利用 Excel 提供的“规划求解”工具可以解许多线性规划应用问题，譬如指派问题、运输问题、机器分配问题、人事安排……只要是对生产、制造、投资、财务、工程等求最大利润、最小成本等问题，就基本上可以用规划求解法快速得到答案。

6.5.2 用 Excel 软件求解线性规划问题的实例

实例 1 水资源分配模型

水资源分配模型比较复杂，变量较多，约束也多，用 Excel 求解这个问题，可以看出其优越性。将该线性规划问题的数学模型按图 6.15 输入到 Excel 工作表中。

	A	B	C	D	E	F	G	H
1	6.4.1 水资源分配模型							
2		小麦	玉米	经济作物	果树			
3	畦灌	X1	X4	X7	X11			
4	喷灌	X2	X5	X8	X12			
5	滴灌			X9	X13			
6	雨养	X3	X6	X10	X14			
7								
8		最优解	目标函数系数		约束条件		耗水量	
9	X1		60.00	0.00		210.00	0.00	
10	X2		55.00	0.00		110.00	0.00	
11	X3		35.00	0.00	0.00	0.00	0.00	
12	X4		52.00	0.00		190.00	0.00	
13	X5		47.00	0.00		100.00	0.00	
14	X6		30.00	0.00	0.00	0.00	0.00	
15	X7		100.00	0.00		200.00	0.00	
16	X8		90.00	0.00		100.00	0.00	
17	X9		85.00	0.00		70.00	0.00	
18	X10		60.00	0.00	0.00	0.00	0.00	
19	X11		600.00	0.00		180.00	0.00	
20	X12		550.00	0.00		95.00	0.00	
21	X13		520.00	0.00		60.00	0.00	
22	X14		350.00	0.00	0.00	0.00	0.00	
23		0.00		0.00			0.00	
24								

图 6.15 水资源分配模型

图 6.15 中表格 B9～B22 是目标单元格，D9～D22 是计算的目标函数的每一项 $c_i * x_i$，对 D9～D22 求和，就得到了目标函数系数，放在 D23 中；因为约束条件中大部分是决策变量的上下限，就直接添加约束，耗水量约束仿照目标函数的计算方式，其他约束条件依此类推。

图 6.16 是规划求解参数的输入。

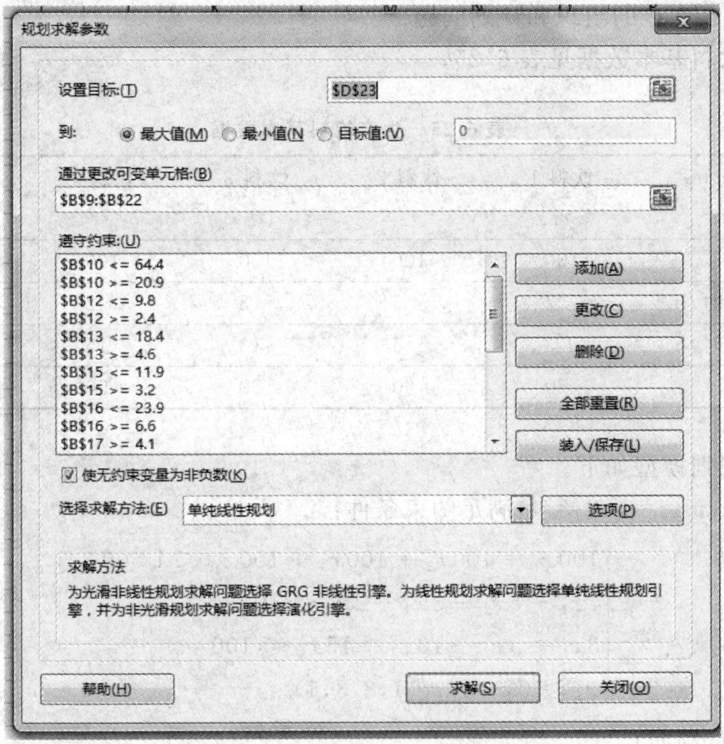

图 6.16　水资源模型规划求解参数

图 6.17 是最后的计算结果。

	A	B	C	D	E	F	G	H
1	6.4.1 水资源分配模型							
2		小麦	玉米	经济作物	果树			
3	畦灌	X1	X4	X7	X11			
4	喷灌	X2	X5	X8	X12			
5	滴灌			X9	X13			
6	雨养	X3	X6	X10	X14			
7								
8		最优解	目标函数系数		约束条件		耗水量	
9	X1	7.80	60.00	468.00		210.00	1638.00	
10	X2	56.28	55.00	3095.50		110.00	6191.00	
11	X3	12.92	35.00	452.14	77.00	0.00	0.00	
12	X4	2.40	52.00	124.80		190.00	456.00	
13	X5	4.60	47.00	216.20		100.00	460.00	
14	X6	13.00	30.00	390.00	20.00	0.00	0.00	
15	X7	3.20	100.00	320.00		200.00	640.00	
16	X8	6.60	90.00	594.00		100.00	660.00	
17	X9	16.20	85.00	1377.00		70.00	1134.00	
18	X10	0.00	60.00	0.00	26.00	0.00	0.00	
19	X11	2.00	600.00	1200.00		180.00	360.00	
20	X12	1.20	550.00	660.00		95.00	114.00	
21	X13	0.90	520.00	468.00		60.00	54.00	
22	X14	0.00	350.00	0.00	4.10	0.00	0.00	
23		127.10		9365.64			11707.00	
24								

图 6.17　水资源问题的解

实例 2 生产的组织和计划问题

生产饮料基本数据见表 6.25。

表 6.25 生产饮料基本数据

条件	饮料 1 x_1	饮料 2 x_2	饮料 3 x_3	饮料 4 x_4	限制量/h b_i
原料/t	100	100	100	100	1 500
甲生产工时/h	7	5	3	2	100
乙生产工时/h	3	5	10	15	100
利润/元	60	60	90	90	

线性规划模型如下。

求变量 $x_j(j=1,2,3,4)$满足约束条件：

$$\begin{cases} 100x_1+100x_2+100x_3+100x_4 \leqslant 1\ 500 \\ 7x_1+5x_2+3x_3+2x_4 \leqslant 100 \\ 3x_1+5x_2+10x_3+15x_4 \leqslant 100 \\ x_j \geqslant 0, \quad (j=1,2,3,4) \end{cases}$$

使目标函数(利润)

$$z = 60x_1+60x_2+90x_3+90x_4$$

取最大值。

将该线性规划问题的数学模型按图 6.18 输入到 Excel 工作表中。

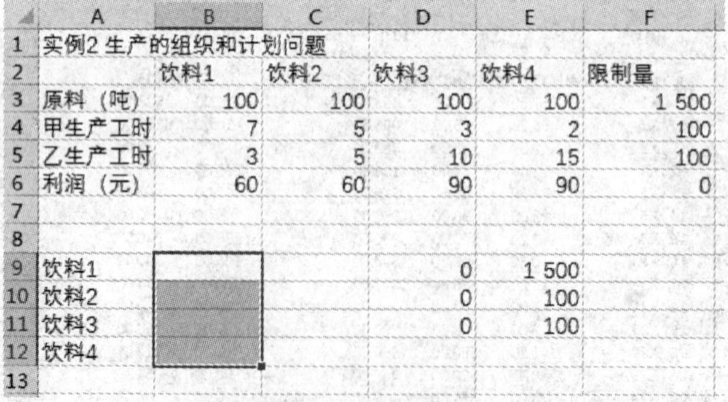

	A	B	C	D	E	F
1	实例2 生产的组织和计划问题					
2		饮料1	饮料2	饮料3	饮料4	限制量
3	原料（吨）	100	100	100	100	1 500
4	甲生产工时	7	5	3	2	100
5	乙生产工时	3	5	10	15	100
6	利润（元）	60	60	90	90	0
7						
8						
9	饮料1			0	1 500	
10	饮料2			0	100	
11	饮料3			0	100	
12	饮料4					
13						

图 6.18 生产组织的计划问题工作表

图 6.19 是规划求解参数。

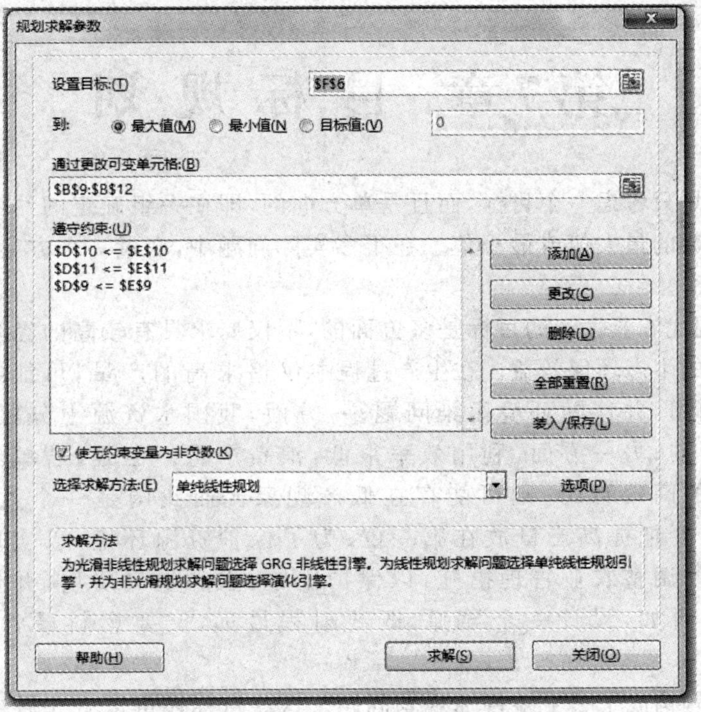

图 6.19　实例 2 的规划求解参数

图 6.20 是最后的计算结果。

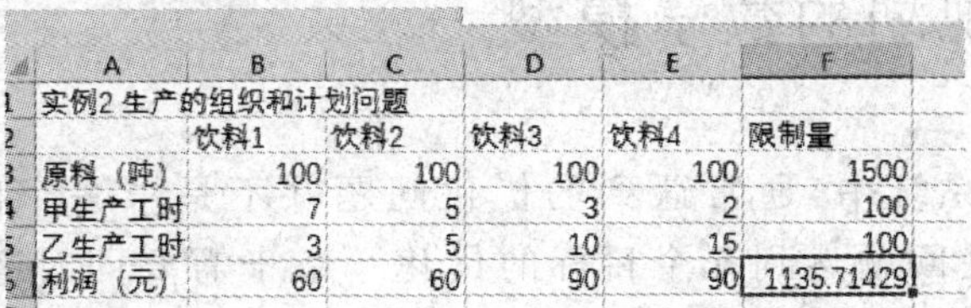

	A	B	C	D	E	F
1	实例2 生产的组织和计划问题					
2		饮料1	饮料2	饮料3	饮料4	限制量
3	原料（吨）	100	100	100	100	1500
4	甲生产工时	7	5	3	2	100
5	乙生产工时	3	5	10	15	100
6	利润（元）	60	60	90	90	1135.71429
7						
8						
9	饮料1	7.142857		1500	1500	
10	饮料2	0		73.57143	100	
11	饮料3	7.857143		100	100	
12	饮料4	0				
13						

图 6.20　实例 2 的解

第7章 目标规划

线性规划只考虑一个目标，而且是单方向的，即在一组确定的约束条件下，求某一目标函数的最大值或最小值。在很多实际问题中，衡量一个方案好坏的标准往往不止一个。

例如，现代农业生产的目标是多方面的，不仅要求具有较高的经济效益，同时也需要一定的生态环保效益。在生产过程中仅追求高的产量，可能导致水土资源的低效利用，并伴随环境污染问题；一方面，我国水资源十分紧缺，时空分配又高度不均；另一方面，利用效率很低，浪费严重。但是，若单纯注重土壤水、氮资源的高效利用，则可能存在低产现象。而我国是一个人口大国，农业研究注定要把提高产量放在第一位；为了保护资源环境，以实现可持续发展，需要我们调整农业管理措施，以保护土壤、水和空气质量，并保证一定的经济利益。再如，设计一个导弹，既要射程最远，又要燃料最省，还要精度最高。

以上问题构成了一个多目标规划问题。这些目标还可以有先后缓急之分，也可能互相排斥、互相矛盾。解决这一类问题，常规的线性规划模型已不能适应，需要有一种能处理这类综合问题的新方法。

7.1 目标规划的数学模型

在资源环境系统中，通常遇到的优化问题并不是求一个问题的最大或最小值，而是要求使问题达到几个目标的优化。由于需要同时考虑多个目标，使这类问题要比单目标问题复杂得多；另外，一系列目标之间不仅存在主次之分，而且有时会互相矛盾，应用线性规划模型解决这类实际问题有一定的局限性。

怎样处理并解决这些矛盾呢？多目标规划正是为解决这类多目标问题而产生的一种方法。下面通过一个实例引出目标规划的数学模型。

例 7.1 某工厂生产Ⅰ，Ⅱ两种产品，已知有关数据见表 7.1，试求获利最大的生产方案。

表 7.1　某厂生产数据(钱颂迪,1990)

项目	Ⅰ	Ⅱ	拥有量
原材料/kg	2	1	11
设备利用时间/h	1	2	10
利润/(元/件)	8	10	

解　这是一个单目标的规划问题,用线性规划模型表述为:在条件

$$\begin{cases} 2x_1 + x_2 \leqslant 11 \\ x_1 + 2x_2 \leqslant 10 \\ x_1 \geqslant 0, x_2 \geqslant 0 \end{cases}$$

下,求 x_1,x_2 使 $\max z = 8x_1 + 10x_2$。

用单纯形法可求得最优决策方案为:$x_1^* = 4$,　$x_2^* = 3$,　$z^* = 62$ 元。

但实际上工厂在做决策时,要考虑市场等一系列其他条件。

(1) 根据市场信息,产品Ⅰ的销售量有下降的趋势,故考虑产品Ⅰ的产量不大于产品Ⅱ的产量;

(2) 原材料严重短缺,生产中应避免过量消耗;

(3) 应尽可能充分利用设备,但不希望加班;

(4) 应尽可能达到并超过计划利润指标 56 元。

这样的产品决策便成为多目标决策问题,用线性规划方法是无法解决的。下面将介绍如何用目标规划方法来解这样的问题。

下面引入与建立目标规划数学模型有关的概念。

7.1.1　偏差变量

对每一个决策目标,引进正、负偏差变量 d^+ 和 d^-,正偏差变量 d^+ 表示决策值超过目标值的部分;负偏差变量 d^- 表示决策值未达到目标值的部分。因决策值不可能既超过目标值同时又未达到目标值,即恒有 $d^+ \times d^- = 0$。

7.1.2　绝对约束和目标约束

绝对约束是指必须严格满足的等式约束和不等式约束;如线性规划问题的所有约束条件,不能满足这些约束条件的解称为非可行解,所以它们是硬约束。目标约束是目标规划特有的,可把约束右端项看作要追求的目标值。在达到此目标值时允许发生正或负偏差,因此在这些约束中加入正、负偏差变量,它们是软约束。线性规划问题的目标函数,在给定目标值和加入正、负偏差变量后可变换为目标约

束。也可根据问题的需要将绝对约束变换为目标约束。

7.1.3 优先因子(优先等级)与权系数

一个规划问题常常有若干目标。但决策者在要求达到这些目标时,有主次或轻重缓急的不同。凡要求第一位达到的目标赋于优先因子 P_1,次位的目标赋于优先因子 P_2,……并规定 $P_k \gg P_{k+1}$,$(k=1,2,\cdots,K)$。它表示 P_k 比 P_{k+1} 有更大的优先权。即首先保证 P_1 级目标的实现,这时可不考虑次级目标;而 P_2 级目标是在实现 P_1 级目标的基础上考虑的;依此类推,若要区别具有相同优先因子的两个目标的差别,这时可分别赋予它们不同的权系数 ω_j,这些都由决策者按具体情况而定。

7.1.4 目标规划的目标函数

目标规划的目标函数(准则函数)是按各目标约束的正、负偏差变量和赋于相应的优先因子而构造的。当每一目标值确定后,决策者的要求是尽可能缩小偏离目标值。因此目标规划的目标函数只能是 $\min z = f(d^+, d^-)$。其基本形式有三种:

(1) 要求恰好达到目标值,即正、负偏差变量都要尽可能地小,这时

$$\min z = f(d^+ + d^-) \tag{7.1}$$

(2) 要求不超过目标值,即允许达不到目标值,就是正偏差变量要尽可能地小。这时

$$\min z = f(d^+) \tag{7.2}$$

(3) 要求超过目标值,即超过量不限,但必须是负偏差变量要尽可能地小,这时

$$\min z = f(d^-) \tag{7.3}$$

对每一个具体目标规划问题,可根据决策者的要求和赋予各目标的优先因子来构造目标函数。

7.1.5 数学模型

根据上述概念,来建立例 7.1 的目标规划模型。

决策者在原材料供应受严格限制的基础上考虑:首行是产品Ⅱ的产量不低于产品Ⅰ的产量;其次是充分利用设备有效台时,不加班;再次是利润额不小于 56 元。

按决策者所要求的,分别赋予这三个目标 P_1, P_2, P_3 优先因子。这个问题的数学模型是:在条件

$$
\begin{cases}
2x_1 + x_2 \leqslant 11 \\
x_1 - x_2 + d_1^- - d_1^+ = 0 \\
x_1 + 2x_2 + d_2^- - d_2^+ = 10 \\
8x_1 + 10x_2 + d_3^- - d_3^+ \quad = 56 \\
x_1 \geqslant 0, x_2 \geqslant 0 \\
d_i^- \geqslant 0, d_i^+ \geqslant 0 \quad (i = 1,2,3)
\end{cases}
$$

下，求 x_1, x_2, d_i^-, d_i^+，使 $\min z = P_1 d_1^+ + P_2(d_2^- + d_2^+) + P_3 d_3^-$。

目标规划数学模型的一般形式为：在条件

$$
\begin{cases}
\sum_{j=1}^{n} c_{kj} x_j + d_k^- - d_k^+ = g_k & (k = 1,2,\cdots,K) \\
\sum_{j=1}^{n} a_{ij} x_j \leqslant (=, \geqslant) b_i & (i = 1,2,\cdots,m) \\
x_j \geqslant 0 & (j = 1,2,\cdots,n) \\
d_k^- \geqslant 0, d_k^+ \geqslant 0 & (k = 1,2,\cdots,K)
\end{cases} \tag{7.4}
$$

下，求 x_1, x_2, d_i^-, d_i^+，使

$$
\min z = \sum_{l=1}^{L} P_l \sum_{k=1}^{K} (w_{lk}^- d_k^- + w_{lk}^+ d_k^+) \tag{7.5}
$$

建立目标规划的数学模型时，需要确定目标值、优先等级、权系数等，它都具有一定的主观性和模糊性，可以用专家评定法给予量化。

7.2　使用 Excel 求解目标规划问题

例 7.2　已知有三个产地给四个销地供应物资，产销地之间的供需量和单位运价见表 7.2。

（本题 Excel 表格来源：中国人民大学出版，实用运筹学，叶向编著，2007）

表 7.2 供需和单位运价 元/t

产地	销地				量/t
	B_1	B_2	B_3	B_4	
A_1	5	2	6	7	300
A_2	3	5	4	6	200
A_3	4	5	2	3	400
销量/t	200	100	450	250	

有关部门在研究调运方案时依次考虑以下七项目标，并规定其相应的优先等级：

P_1——B_4 是重点保证单位，必须全部满足其需要；

P_2——A_3 向 B_1 提供的产量不少于 100 t；

P_3——每个销地得到的物资数量不少于其需要量的 80%；

P_4——所订调运方案的总运费不超过最小总运费调运方案的 110%；

P_5——因路段的问题，尽量避免安排将 A_2 的产品运往 B_4；

P_6——给 B_1 和 B_2 的供应率要尽可能相同；

P_7——力求总运费最省。

试求满意的调运方案。

解 先求得最小运费的调运方案见表 7.3。这时得最小运费为 2 950 元(线性规划)，再根据提出的各项目的要求建立目标规划的模型。

表 7.3 最小运费的调运方案 t

产地	销地				产量
	B_1	B_2	B_3	B_4	
A_1	200	100			300
A_2	0		200		200
A_3			250	150	400
虚设点				100	100
销量	200	100	450	250	1 000/1 000

(1) 决策变量：

设 x_{ij} 为 A_i 运往 B_j 的物资数量($i=1,2,3;j=1,2,3,4$)，d_k^-，d_k^+ 为偏差变量($k=1,2,\cdots,10$)。

(2) 约束条件：

① 资源约束

由于是运输问题，且总供应(900)小于总需求(1 000)，所以是供不应求的运输问题。要满足运输问题的供应量约束和需求量约束(均为硬约束)。

对于产地，所有的物资都要被运走（供应量约束）：

$$x_{11}+x_{12}+x_{13}=300$$
$$x_{21}+x_{22}+x_{23}=200$$
$$x_{31}+x_{32}+x_{33}=400$$

对于销地，收到的物资量不超过需求量（需求量约束）：

$$x_{11}+x_{21}+x_{31}\leqslant 200$$
$$x_{12}+x_{22}+x_{32}\leqslant 100$$
$$x_{13}+x_{23}+x_{33}\leqslant 450$$
$$x_{14}+x_{24}+x_{34}\leqslant 250$$

② 目标约束

P_1——B_4 是重点保证单位，必须全部满足其需要；

$$x_{14}+x_{24}+x_{34}+d_1^- - d_1^+ = 250$$

P_2——A_3 向 B_1 提供的产量不少于 100；

$$x_{31}+d_2^- - d_2^+ = 100$$

P_3——每个销地的供应量不小于其需要量的 80%；

$$\begin{cases} x_{11}+x_{21}+x_{31}+d_3^- - d_3^+ = 200\times 0.8 \\ x_{12}+x_{22}+x_{32}+d_4^- - d_4^+ = 100\times 0.8 \\ x_{13}+x_{23}+x_{33}+d_5^- - d_5^+ = 450\times 0.8 \\ x_{14}+x_{24}+x_{34}+d_6^- - d_6^+ = 250\times 0.8 \end{cases}$$

P_4——所订调运方案的总运费不超过最小运费调运方案的 10%；

$$\sum_{i=1}^{3}\sum_{j=1}^{4} c_{ij}x_{ij}+d_7^- - d_7^+ = 2\ 950(1+10\%)$$

P_5——因路段的问题，尽量避免安排将 A_2 的产品往 B_4；

$$x_{24}+d_8^- - d_8^+ = 0$$

P_6——给 B_1 和 B_3 的供应率要相同；

$$\frac{(x_{11}+x_{21}+x_{31})}{200}-\frac{(x_{13}+x_{23}+x_{33})}{450}+d_9^- - d_9^+ = 0$$

P_7——力求总运费最省。

$$\sum_{i=1}^{3}\sum_{j=1}^{4} c_{ij}x_{ij}+d_{10}^- - d_{10}^+ = 2\ 950$$

③ 非负约束

$$x_{ij} \geqslant 0, d_k^- \geqslant 0, d_k^+ \geqslant 0 \quad (i=1,2,3; j=1,2,3,4; (k=1,2,\cdots,10)$$

(3) 目标函数:

$$\begin{aligned}\min z = & P_1 d_1^- + P_2 d_2^- + P_3(d_3^- + d_4^- + d_5^- + d_6^-) + P_4 d_7^+ \\ & + P_5 d_8^+ + P_6(d_9^- + d_9^+) + P_7 d_{10}^+\end{aligned}$$

由于本题有 7 项目标需要依次考虑,分 7 步完成。

第 1 步:首先保证 P_1 级目标的实现,这时不考虑其他次级目标。

在 Excel 中建立例 7.2 集中在优先级 1 目标的电子表格模型,如图 7.1、图 7.2 所示。优先级 1 的目标函数为:d_1^-。第一次求得的解可使 $d_1^-=0$,可见优先级 1 的目标得以实现。

第二步:在保证 P_1 级目标的实现的基础上考虑 P_2 级目标。

这一步将集中在优先级 2 的目标上,在第一步的基础上,增加优先级 2 的目标函数公式。优先级 2 的目标为:d_2^-,第二次求解可使 $d_2^-=0$,即目标 2 得以实现。

……依此类推,可将 7 个目标一一计算。图 7.3,图 7.4 为此例的最终计算表格。

例7.2 优先目标规划(优先级1)

单位运费	销地B1	销地B2	销地B3	销地B4
产地A1	5	2	6	7
产地A2	3	5	4	6
产地A3	4	5	2	3

运送量	销地B1	销地B2	销地B3	销地B4	实际供应		供应量
产地A1	0	100	18.75	181.25	300	=	300
产地A2	131.25	0	0	68.75	200	=	200
产地A3	28.75	0	371.25	0	400	=	400
实际收到	160	100	390	250			
	<=	<=	<=	<=			总运费
需求量	200	100	450	250			3245
需求量80%	160	80	360	200			最小运费
							2950

	目标			偏差		约束		
	实现值		目标值	正偏差	负偏差	平衡值		目标值
目标 1	250	>=	250	0	0	250	=	250
目标 2	29	>=	100	0	71.25	100	=	100
目标 3	160	>=	160	0	0	160	=	160
	100	>=	80	20	0	80	=	80
	390	>=	360	30	0	360	=	360
	250	>=	200	50	0	200	=	200
目标 4	3245	<=	3245	0	0	3245	=	3245
目标 5	68.75	<=	0	68.75	0	0	=	0
目标 6	-0.067	=	0	0	0	0	=	0
目标 7	3245	<=	2950	295	0	2950	=	2950
				优先级1	0			

图 7.1 例 7.2 的电子表格模型(优先级 1)

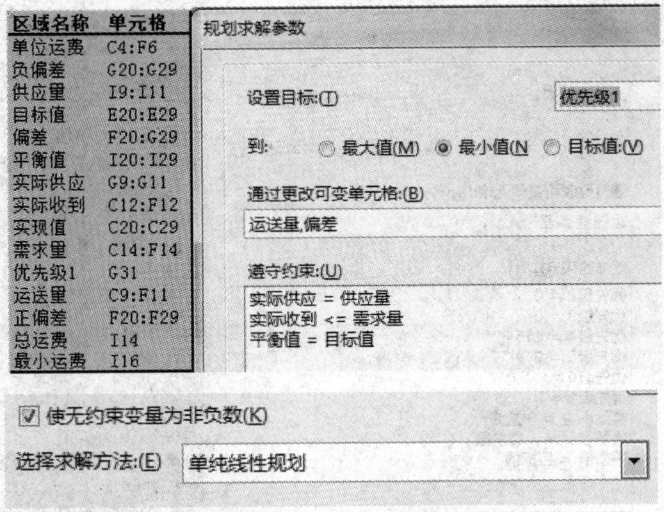

图 7.2　例 7.2 的电子表格模型(优先级 1)(续)

例7.2 优先目标规划（优先级7）

单位运费	销地B1	销地B2	销地B3	销地B4
产地A1	5	2	6	7
产地A2	3	5	4	6
产地A3	4	5	2	3

运送量	销地B1	销地B2	销地B3	销地B4	实际供应		供应量
产地A1	0	100	200	0	300	=	300
产地A2	90	0	110	0	200	=	200
产地A3	100	0	50	250	400	=	400
实际收到	190	100	360	250			
	<=	<=	<=	<=			总运费
需求量	200	100	450	250			3360
需求量80%	160	80	360	200			最小运费
							2950

	目标			偏差		约束		
	实现值		目标值	正偏差	负偏差	平衡值		目标值
目标 1	250	>=	250	0	0	250	=	250
目标 2	100	>=	100	0	0	100	=	100
目标 3	190	>=	160	30	0	160	=	160
	100	>=	80	20	0	80	=	80
	360	>=	360	0	0	360	=	360
	250	>=	200	50	0	200	=	200
目标 4	3360	<=	3245	115	0	3245	=	3245
目标 5	0	<=	0	0	0	0	=	0
目标 6	0.15	=	0	0.15	0	-8.3E-17	=	0
目标 7	3360	<=	2950	410	0	2950	=	2950

优先级1	0	=	0
优先级2	0	=	0
优先级3	0	=	0
优先级4	115	=	115
优先级5	0	=	0
优先级6	0.15	=	0.15
优先级7	410		

图 7.3　例 7.2 的电子表格模型(优先级 7)

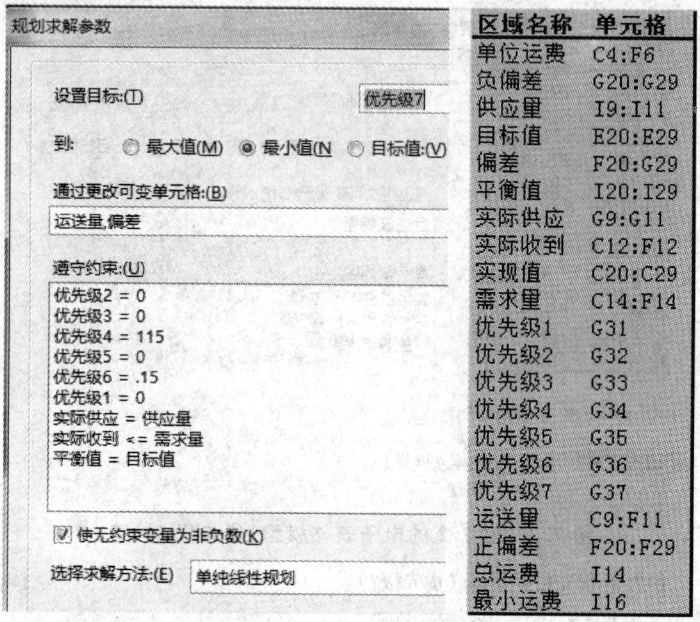

图 7.4　例 7.2 的电子表格模型(优先级 7)(续)

计算结果,得到满意调运方案见表 7.4,总运费为 3 360 元。

表 7.4　满意调运方案　　t

产地	销地				产量
	B_1	B_2	B_3	B_4	
A_1		100		200	300
A_2	90		110		200
A_3	100		250	50	400
销量	200	100	450	250	1 000/1 000

7.3　应用举例

例 7.3　某农场有 3 万亩农田,欲种植玉米、大豆和小麦 3 种农作物。各种作物每亩需施化肥分别为 12 kg、20 kg 和 15 kg。预计秋后每亩玉米可收获 500 kg,售价 1.60 元/kg;大豆每亩可收获 200 kg,售价 3.50 元/kg;小麦每亩可收获 350 kg,售价 2.50 元/kg。农场年初规划时考虑如下几个方面:

P_1——年终收益不低于 2 900 万元；

P_2——总产量不低于 1.25 万 t；

P_3——小麦产量以 0.5 万 t 为宜；

P_4——大豆产量不少于 0.2 万 t；

P_5——玉米产量不超过 0.6 万 t；

P_6——农场现能提供 500 t 化肥；若不够，可在市场高价购买，但希望采购越少越好。

试就该农场生产计划建立目标规划数学模型。

解 设种植玉米、大豆、小麦的亩数分别为 x_1, x_2, x_3。

玉米每亩的收益是：500×1.6=800 元

大豆每亩的收益是：200×3.5=700 元

小麦每亩的收益是：350×2.5=875 元

目标规划模型为：

$$\begin{cases} x_1 + x_2 + x_3 \leqslant 30\ 000 \\ 800x_1 + 700x_2 + 875x_3 + d_1^- - d_1^+ = 2\ 900\ 000 \\ 500x_1 + 200x_2 + 350x_3 + d_2^- - d_2^+ = 12\ 500\ 000 \\ 350x_3 + d_3^- - d_3^+ = 5\ 000\ 000 \\ 200x_2 + d_4^- - d_4^+ = 2\ 000\ 000 \\ 500x_1 + d_5^- - d_5^+ = 6\ 000\ 000 \\ 12x_1 + 20x_2 + 15x_3 + d_6^- - d_6^+ = 500\ 000 \\ x_1 \geqslant 0, x_2 \geqslant 0, x_3 \geqslant 0, d_i^+ \geqslant 0, d_i^- \geqslant 0 \quad (i = 1, 2, \cdots, 6) \end{cases}$$

$$\min Z = P_1 d_1^- + P_2 d_2^- + P_3(d_3^- + d_3^+) + P_4 d_4^- + P_5 d_5^+ + P_6 d_6^+$$

例 7.4 某公司准备投产三种新产品，现在的重点是制订三种新产品的生产计划，但最好能完成管理层的三个目标。

目标 1：获得较高的利润，希望总利润不低于 125 万元。据估算，产品 1 的单位利润为 12 元，产品 2 的单位利润为 9 元，产品 3 的单位利润为 15 元。

目标 2：保持现有的 40 名工人。据推算，每生产 10 000 件产品 1，需要 5 名工人；每生产 10 000 件产品 2，需要 3 名工人；每生产 10 000 件产品 3，需要 4 名工人。

目标 3：投资资金限制，希望总投资额不超过 55 万元。据测算，生产 1 件产品 1，需要投入 5 元；生产 1 件产品 2，需要投入 7 元；生产 1 件产品 3，需要投入 8 元。

但是，公司管理层意识到要同时实现三个目标是不太现实的，因此，他们对三个目标的相对重要性做出了评价。其重要性顺序为：目标 1、目标 2 的前半部分（避免工人下岗)、目标3、目标2的后半部分(避免增加工人)。并对每一个目标都分配了表示偏离目标严重性的罚数权重,如表7.5所示。

表7.5 偏离目标的罚数权重

目标	因素	偏离目标的罚数权重
1	总利润	5(低于目标的每1万元)
2	工人	4(低于目标的每1个人) 3(超过目标的每1个人)
3	投资资金	2(超过目标的每1万元)

试制订满意的投产计划。

解 统一单位后,各产品对各目标的单位贡献(即决策变量在目标约束中的系数)如表7.6所示:

表7.6 各产品的单位贡献

因素	产品的单位贡献			目标
	产品1	产品2	产品3	
目标1:总利润/万元	12	9	15	⩾125
目标2:工人/人	5	3	4	=40
目标3:投资资金/万元	5	7	8	⩽55

由此可建立目标规划数学模型。

(1) 决策变量:

设 x_1,x_2,x_3 为产品1、2、3的产量(万件);偏差变量 d_k^+,d_k^- 为偏离目标 k 的正、负偏差($k=1,2,3$)。

(2) 目标函数:

根据表7.5给出的权重,偏差变量加权后的总偏差为:

$$\min Z = 5d_1^- + 4d_2^- + 3d_2^+ + 2d_3^+$$

(3) 约束条件:

目标1(总利润),目标2(工人),目标3(投资资金)

$$\begin{cases}12x_1 + 9x_2 + 15x_3 + d_1^- - d_1^+ = 125\\5x_1 + 3x_2 + 4x_3 + d_2^+ - d_2^- = 40\\5x_1 + 7x_2 + 8x_3 + d_3^+ - d_3^- = 55\\x_1 \geqslant 0, x_2 \geqslant 0, x_3 \geqslant 0, d_i^+ \geqslant 0, d_i^- \geqslant 0,\quad (i = 1,2,3)\end{cases}$$

第8章　整数规划

线性规划问题的最优解不能取负数，但可以是分数或小数。然而，在实际问题中，有许多问题要求最优解是整数才有意义。安排生产计划时，投入的人力和机器数必须是整数，生产的某些产品(如汽车、机床、船舶、电器等)的数量也是整数。整数规划就是用于研究、处理这一类问题的数学规划。

整数线性规划在形式上与线性规划类似，只是比线性规划增加了某些约束条件，它是要求决策变量取整数值的一类数学规划。如果要求所有决策变量都是整数，叫作纯整数规划；要求一部分变量为整数，叫作混合整数规划；要求变量只取 0 或 1，这一类问题叫作 0-1 规划。

8.1　问题的提出

例 8.1　(何建坤等，1985)某厂用集装箱托运甲、乙两种货物，每箱的体积、重量、可获利润以及托运货物限制量见表 8.1。构建数学模型。

表 8.1　运货限制量与利润

项目	体积/(m^3/箱)	重量/(50 kg/箱)	利润/(100 元/箱)	托运箱数
甲货物	5	2	20	x_1
乙货物	4	5	10	x_2
托运限制	24	13		

解　因为集装箱只能整箱托运，故这是一个整数规划问题。

设 x_1，x_2 分别代表两种货物的托运箱数。根据表 8.1 以及最大限制量，这个整数规划的数学模型为：求变量 x_1，x_2，满足约束条件：

$$\begin{cases} 5x_1 + 4x_2 \leqslant 24 \\ 2x_1 + 5x_2 \leqslant 13 \\ x_1 \geqslant 0, \quad x_2 \geqslant 0, \quad x_1, x_2 \text{ 为整数} \end{cases}$$

并使目标函数（利润）$f=20x_1+10x_2$ 取最大值。

例 8.2 有 n 个城市，需要某种物资的数量分别为 $d_1, d_2, \cdots, d_n$，现计划建造 m 座生产这种物资的工厂。已知，若在城市 j 建厂，规模为 S_j，投资为 F_j。建筑一条从城市 i 到城市 j 的运输路线需固定投资为 F_{ij}，并设 V_{ij} 为此路线上的最大通过能力，C_{ij} 为此路线上物资的单位运价。构建 m 个工厂设置的数学模型，使其既能满足各城市对物资的需求，又能使总投资最少。

解 这是一个在有限资金的约束下，如何根据不同地区的建厂费用、运输能力，以及对物资的需求情况，进行投资决策的整数规划问题。

设决策变量：

$$y_i = \begin{cases} 1, & \text{若一个工厂建在城市 } i \\ 0, & \text{城市 } i \text{ 不建厂} \end{cases}$$

$$y_{ij} = \begin{cases} 1, & \text{若城市 } i \text{ 与城市 } j \text{ 之间建一条运输路线} \\ 0, & \text{城市 } i \text{ 与城市 } j \text{ 之间不建运输路线} \end{cases}$$

x_{ij} 为从城市 i 运给城市 j 的物资总量。

根据提供的情况，可建立各种约束条件。因各地运送的物资总量不能超过各工厂的生产规模，因此可建立提供物资量的上限约束：

$$\sum_{j=1}^{n} x_{ij} \leqslant S_i y_i \quad (i=1,2,\cdots,n)$$

从 i 城市运送到 j 城市的物资运输量，要受到运输能力的限制，可建立描述运输能力的上限约束：

$$x_{ij} \leqslant V_{ij} y_{ij} \quad (i=1,2,\cdots,n;j=1,2,\cdots,n)$$

由于各城市对物资的需求量为 d_j，因此，提供给各城市的物资量应该大于或等于各城市的需要量。可建立物资需求量的下限约束：

$$\sum_{i=1}^{n} x_{ij} \geqslant d_j \quad (j=1,2,\cdots,n)$$

现要求在 n 个城市建造 m 个工厂，故建造工厂数采取相等约束：

$$\sum_{i=1}^{n} y_i = m$$

综合上述，可得整数规划：求变量 x_{ij}, y_i, y_{ij}，满足约束条件

$$
\begin{cases}
\sum_{j=1}^{n} x_{ij} \leqslant S_i y_i & (i=1,2,\cdots,n) \quad （物资约束）\\
x_{ij} \leqslant V_{ij} y_{ij} & (i=1,2,\cdots,n;j=1,2,\cdots,n) \quad （运输能力约束）\\
\sum_{i=1}^{n} x_{ij} \geqslant d_j & (j=1,2,\cdots,n) \quad （物资需求约束）\\
\sum_{i=1}^{n} y_i = m & （建造工厂数约束）\\
y_i, y_{ij} \text{ 取 } 0 \text{ 或 } 1, x_{ij} \geqslant 0 & (i=1,2,\cdots,n;j=1,2,\cdots,n)
\end{cases}
$$

使目标函数（投资）最小：

$$
\min f = \sum_{i \cdot j} C_{ij} x_{ij} + \sum_{i} F_i y_i + \sum_{i \cdot j} F_{ij} y_{ij}
$$

从上面的引例可以看出，整数规划与一般线性规划的主要区别在于，前者求的最优解必须是整数，而后者求的最优解可以是非负的分数或小数。

现在就例 8.1 来进一步分析整数规划最优解的结构。已知整数规划模型为：

$$
\begin{cases}
5x_1 + 4x_2 \leqslant 24 \\
2x_1 + 5x_2 \leqslant 13 \\
x_1 \geqslant 0, \quad x_2 \geqslant 0 \quad (x_1, x_2 \text{ 为整数})
\end{cases}
$$

求 x_1, x_2，满足约束条件，使目标函数：

$$
\max f = 20x_1 + 10x_2
$$

如果暂时不考虑 x_1, x_2 为整数的要求，利用单纯形解法可以求得最优解为：

$$
x_1 = 4.8, \quad x_2 = 0
$$

取得最高利润为：

$$
\max f = 96
$$

现在考虑 x_1 与 x_2 必须是整数的情形。如果把线性规划问题的最优解 $x_1=4.8, x_2=0$ 凑成整数，取 $x_1=5, x_2=0$，这组解不满足约束条件 $5x_1+4x_2\leqslant 24$。此时，$x_1=4, x_2=0$ 仍是可行解，但不是最优解。因为对应解(4,0)的最大目标函数值 $\max f=80$。当取另一组解 $x_1=4, x_2=1$ 时，仍是整数规划的可行解，可得最大目标函数值为：

$$
\max f = 90
$$

由此可见，通过对相应的一般线性规划的最优解“凑整”得到整数规划的最优解，虽然容易想到，但常常得不到整数规划的最优解，甚至根本不是可行解。因此，有必要对整数规划的解法进行专门讨论。

8.2 分支定界解法

分支定界解法可用于解纯整数规划或混合的整数规划问题。它是以相应的线性规划的最优解为出发点,进行分支迭代得到最优解的。

如果求得的最优解不满足整数条件,就将原问题分解成几个部分(叫作分支),每个部分都增加新的约束条件,从而缩小了原来的可行域。由于整数规划是对相应线性规划增加了变实数为整数的条件,所以可行解的范围也相应缩小,表明整数规划的最优解不会更优于相应的线性规划的最优解。对于极大化问题来说,相应的线性规划的目标函数的最大值就成为整数规划目标函数值的上界。分支定界法就是利用这个性质的一种解法。

例 8.3 求变量 x_1,x_2,满足约束条件:

$$\begin{cases} 9x_1+7x_2\leqslant 56 \\ 7x_1+20x_2\leqslant 70 \\ x_1\geqslant 0, \\ x_2\geqslant 0 \end{cases} \quad (x_1,x_2\text{ 为整数})$$

并使目标函数取最大值:

$$\max f=40x_1+90x_2$$

解 第一步:求相应线性规划的最优解。

先不考虑整数约束条件,可以求得最优解为:

$$x_1=4.809,\quad x_2=1.817,\quad \max f=355.89$$

第二步:分支迭代。

因为 x_1,x_2 不是整数解,故进行分支迭代。所谓分支迭代就是先选其中一个非整数解(可以任选),例如选 $x_1=4.809$,可以认为最优整数解是 $x_1\leqslant 4$ 或 $x_1\geqslant 5$,在 4 与 5 之间就不符合整数条件。于是把原问题分解成两个分支问题,其中每一个分支都增加了新的约束条件。两个分支问题如下:

求 x_1,x_2,满足条件

$$\text{分支(1)}\begin{cases} 9x_1+7x_2\leqslant 56 \\ 7x_1+20x_2\leqslant 70 \\ x_1\leqslant 4 \\ x_1\geqslant 0,\quad x_2\geqslant 0 \\ x_1,x_2\text{ 均为整数} \end{cases}$$

或

$$
\text{分支(2)}\begin{cases}9x_1+7x_2\leqslant 56\\7x_1+20x_2\leqslant 70\\x_1\geqslant 5\\x_1\geqslant 0,\quad x_2\geqslant 0\\x_1,x_2\text{ 均为整数}\end{cases}
$$

并使 $\max f=40x_1+90x_2$

解上面两个线性规划问题得两组最优解(表 8.2)：

表 8.2　最优解表 1

分支(1)	分支(2)
$x_1=4$	$x_1=5$
$x_2=2.10$	$x_2=1.571$
$\max f=349$	$\max f=341.39$

比较上述两个分支上的最优解,发现都不满足整数条件,因此继续分解。由于目标函数求极大值,故先分解目标函数值大的分支(1)。分别增加约束条件 $x_2\leqslant 2$ 构成分支(3)和 $x_2\geqslant 3$ 构成分支(4)(舍去 $x_2>2$ 与 $x_3<3$ 之间的可行域),即求 x_1, x_2,满足条件：

$$
\text{分支(3)}\begin{cases}9x_1+7x_2\leqslant 56\\7x_1+20x_2\leqslant 70\\x_1\leqslant 4\\x_2\leqslant 2\\x_1\geqslant 0,\quad x_2\geqslant 0\\x_1,x_2\text{ 均为整数}\end{cases}
$$

或

$$
\text{分支(4)}\begin{cases}9x_1+7x_2\leqslant 56\\7x_1+20x_2\leqslant 70\\x_1\leqslant 4\\x_2\geqslant 3\\x_1\geqslant 0,\quad x_2\geqslant 0\\x_1,x_2\text{ 均为整数}\end{cases}
$$

使 $$\max f = 40x_1 + 90x_2$$

解分支(3)和分支(4)得两组最优解(表 8.3)。

表 8.3 最优解表 2

分支(3)	分支(4)
$x_1 = 4$	$x_1 = 1.428$
$x_2 = 2$	$x_2 = 3$
$\max f = 340$	$\max f = 327.12$

同理，把分支(2)再分解成分支(5)和分支(6)，计算结果见图 8.1：

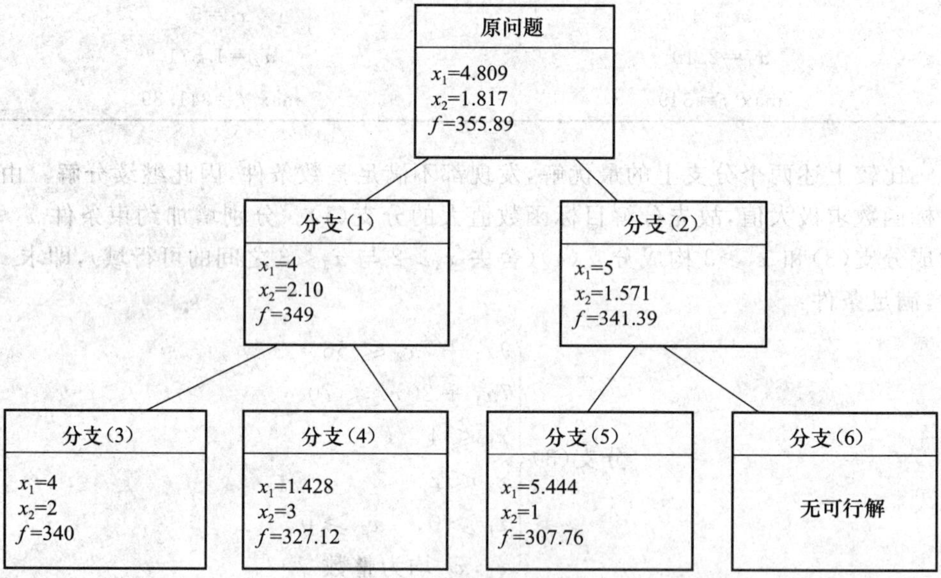

图 8.1 分支迭代框图

从图 8.1 可以看出，分支(3)的解已经都是整数，它的目标函数值是 340。分支(4)的最优解仍不是整数。要不要继续分解？因为分支(4)的目标函数值是 327.12，若继续分解，再附加约束条件，可行域还将缩小，它的后继分支的解所对应的函数值绝不会超过 327.12，而 327.12 已小于分支(3)的最优值 340，所以分支(4)可以舍去，不必再作分解。

必须注意，现在还不能说已经得到了最优整数解。因为分支(2)的函数值

341.39 还大于 340，故分支(2)的后继分支的函数值仍有可能优于分支(3)的函数值。需要将分支(2)继续分解，并附加约束条件 $x_2 \leqslant 1$ 构成分支(5)；$x_2 \geqslant 2$；构成分支(6)。计算结果明表，分支(6)已没有可行解，而分支(5)的后继函数值不可能再超过 307.76，整数规划的最优整数解是：$x_1=4$，$x_2=2$，函数的最大值：$\max f=340$。

通过例 8.3 的解题过程，可将分支定界解法的一般步骤归纳如下：

(1) 解整数规划问题的相应线性规划问题，如果无可行解，则整数规划也无解，停止运算。

(2) 如果相应线性规划的最优解满足整数解条件，则就是整数规划的最优解，若不符合整数解条件，进行下一步。

(3) 在相应线性规划问题的解中，任选一个不满足整数条件的 x_j，如果 x_j 的值是 b_j，作两个分支，它们是对相应线性规划问题分别增加一个约束条件：

$$x_j \leqslant b_i \text{ 的最小整数}$$
$$x_j \geqslant b_j \text{ 的最大整数}$$

(4) 在现有的且还未分支的各可行问题中，选目标函数值为最优的问题，重新称这个问题为线性规划问题，回到第(3)步重复进行。

例 8.4 用分支定界解法解：

$$\min f = 7x_1 + 3x_2 + 4x_3$$
$$\begin{cases} x_1 + 2x_2 + 3x_3 \geqslant 8 \\ 3x_1 + x_2 + x_3 \geqslant 5 \\ x_j \geqslant 0 \quad \text{且为整数} \quad (j=1,2,3) \end{cases}$$

解 第一步：求相应线性规划的最优解。

若不考虑整数约束条件，可求得线性规划的最优解为：$x_1=0.4$，$x_2=3.8$，$x_3=0$，$\min f=14.2$

第二步：分支迭代。

附加约束条件：$x_2 \leqslant 3$，$x_2 \geqslant 4$

把原问题分解成分支(1)和分支(2)，即解

$$\min f = 7x_1 + 3x_2 + 4x_3$$
$$\text{分支(1)}\begin{cases} x_1 + 2x_2 + 3x_3 \geqslant 8 \\ 3x_1 + x_2 + x_3 \geqslant 5 \\ x_2 \leqslant 3 \\ x_j \geqslant 0 \quad \text{且为整数} \quad (j=1,2,3) \end{cases}$$

$$\text{分支(2)}\begin{cases} x_1 + 2x_2 + 3x_3 \geqslant 8 \\ 3x_1 + x_2 + x_3 \geqslant 5 \\ x_2 \geqslant 4 \\ x_j \geqslant 0 \quad \text{且为整数} \quad (j = 1,2,3) \end{cases}$$

解分支(1)和分支(2)的线性规划问题，分别求得最优解如表 8.4 所示。

表 8.4　最优解表 1

分支(1)	分支(2)
$x_1=0.5$	$x_1=1/3$
$x_2=3$	$x_2=4$
$x_3=0.5$	$x_3=0$
$\min f=14.5$	$\min f=14.33$

对分支(1)附加约束条件，$x_1=0$ 和 $x_1\geqslant 1$ 分解成分支(3)和分支(4)：

$$\min f = 7x_1 + 3x_2 + 4x_3$$

$$\text{分支(3)}\begin{cases} x_1 + 2x_2 + 3x_3 \geqslant 8 \\ 3x_1 + x_2 + x_3 \geqslant 5 \\ x_2 \leqslant 3 \\ x_1 = 0 \\ x_j \geqslant 0 \quad \text{且为整数} \quad (j = 1,2,3) \end{cases}$$

$$\text{分支(4)}\begin{cases} x_1 + 2x_2 + 3x_3 \geqslant 8 \\ 3x_1 + x_2 + x_3 \geqslant 5 \\ x_2 \leqslant 3 \\ x_1 \geqslant 1 \\ x_j \geqslant 0 \quad \text{且为整数} \quad (j = 1,2,3) \end{cases}$$

分别求分支(3)和分支(4)的最优解如表 8.5 所示。

表 8.5　最优解表 2

分支(3)	分支(4)
$x_1=0$	$x_1=1$
$x_2=3$	$x_2=2$
$x_3=2$	$x_3=1/3$
$\min f=17$	$\min f=17\frac{1}{3}$

同理，把分支(2)再分解成分支(5)和分支(6)，可求得最优解如表 8.6 所示。整个迭代过程见框图 8.2。

8.6 最优解表 3

分支(5)	分支(6)
$x_1=0$ $x_2=5$ $x_3=0$ min $f=15$	无可行解

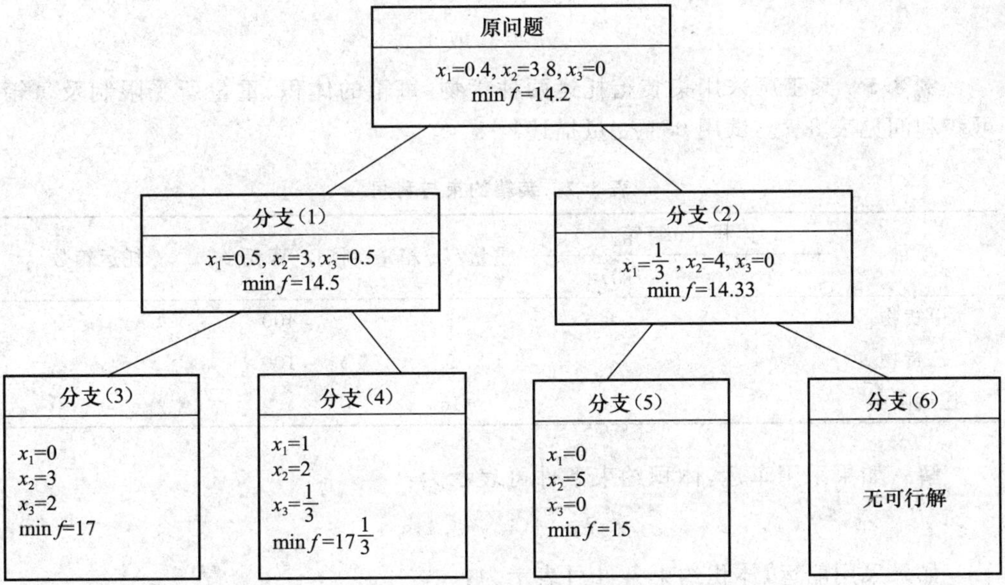

图 8.2 分支迭代框图

8.3 0-1 型整数规划

有一类实体系统建立的线性规划问题，要求变量 x 的值仅取 0 或 1，我们把 x 叫作 0-1 变量，并把这一类规划问题叫作 0-1 规划。因为 0,1 是整数，所以 0-1 规划也属于整数规划的范围，是整数规划的一种特殊情况。由于利用 0-1 变量可以数量化地描述开与关、取与弃、有与无等决策问题，它已逐渐受到人们的重视，并用于线路设计、厂址选择、人员安排、投资的确定等实际问题中。

8.3.1 0-1 规划举例

如果 x_j 是 0-1 变量，x_j 的取值就可以表示成约束条件：$0 \leqslant x_j \leqslant 1$，且为整数。0-1 规划经常在下列情况使用：

(1) 面临两种选择，但只能选择其中之一。

设 y_i 与 y_j 是 0-1 变量，若 y_i 与 y_j 中只能选中一个，就可以用下列约束条件表示：

$$\begin{cases} y_i + y_j = 1 \\ y_i = 0 \text{ 或 } 1 \\ y_j = 0 \text{ 或 } 1 \end{cases}$$

例 8.5 某工厂采用集装箱托运两种货物，每箱的体积、重量所受限制及每箱可获利润见表 8.7。试用 0-1 变量描述。

表 8.7 装箱约束与利润

项目	体积/(m^3/箱)		重量/(t/箱)	利润/(百元/箱)	托运箱数
	车运	船运			
甲货物	7	6	3	400	x_1
乙货物	4	5	5	100	x_2
托运限制	25	43	15		

解 如果采用车运，体积约束条件可表示为：

$$7x_1 + 4x_2 \leqslant 25$$

如果采用船运，体积约束条件可表示为：

$$6x_1 + 5x_2 \leqslant 43$$

因为采用车运或者船运，两者只能选中其一，所以这两个约束条件是互相排斥的。为了统一在一个问题中，引入 0-1 变量 y，令

$$y = \begin{cases} 0 & \text{（当采用车运方式）} \\ 1 & \text{（当采用船运方式）} \end{cases}$$

于是上述两个互斥的约束条件可由下列约束条件来代替：

$$7x_1 + 4x_2 \leqslant 25 + My$$

$$6x_1 + 5x_2 \leqslant 43 + M(1 - y)$$

其中 M 是充分大的数。事实上，当 $y=0$（即采用车运）时，第一个不等式就是车运时的体积约束，而第二个不等式也必然成立，为多余的。当 $y=1$（即采用船运）时，第二个不等式就是船运时的体积约束，而第一个不等式又成为多余的。由于引入的 0-1 变量不必在目标函数中出现，可认为目标函数内 y 的系数为零。

上述两个相互排斥的约束条件情况，可以推广到有 m 个互相排斥的约束条件系统。

如果有 m 个互相排斥的约束条件：

$$a_{i1}x_1 + a_{i2}x_2 + \cdots + a_{in}x_n \leqslant b_i \quad (i = 1,2,\cdots,m)$$

为了保证这 m 个约束条件中只有一个起作用，引入 m 个 0-1 变量 y_i（$i=1,2,\cdots,m$）和一个充分大的常数 M。利用下列 $m+1$ 个约束条件组：

$$a_{i1}x_1 + a_{i2}x_2 + \cdots + a_{in}x_n \leqslant b_i + My_i \quad (i = 1,2,\cdots,m)$$
$$y_1 + y_2 + \cdots + y_m = m - 1$$

就能描述上述要求。因为约束条件组的 m 个 y_i 中只有一个能取 0 值。设 $y_i^* = 0$ 代入上式，就只有 $i=i^*$ 的约束条件起作用，而别的式子都成为多余的。

(2) 投资场所的选定。

例 8.6　某县的综合发展规划准备安排五项工程（P_1,P_2,P_3,P_4,P_5）。这五项工程的期望收益和预算成本见表 8.8。根据需要，必须从 P_1,P_3 和 P_5 三种任选一项，从 P_2,P_4 中任选一项。已知全县当年能提供的资金总额为 15 万元。问应该安排哪些工程，才能使纯收益最大？构建 0-1 规划数学模型。

表 8.8　工程的成本与收益　　10^3 元

工程项目	期望收益	预期成本
P_1	10	60
P_2	80	40
P_3	7	20
P_4	60	40
P_5	90	50

解　引进五个 0-1 变量 x_j。

$$x_j = \begin{cases} 1 & \text{当第 } j \text{ 项工程被选中} \\ 0 & \text{当第 } j \text{ 项工程未被选中} \end{cases} \quad (j = 1,2,\cdots,5)$$

如果要求从 P_1,P_3 和 P_5 中任选一项,则约束条件可表示为:

$$x_1 + x_3 + x_5 = 1$$

如果要求从 P_2 和 P_4 中任选一项,则约束条件可表示为:

$$x_2 + x_4 = 1$$

资金约束条件可表示为:

$$60x_1 + 40x_2 + 20x_3 + 40x_4 + 50x_5 \leqslant 150$$

目标函数为纯收益,即

$$f = 10x_1 + 80x_2 + 7x_3 + 60x_4 + 90x_5$$

于是可得 0-1 规划的数学模型为求 $x_j(j=1,2,\cdots,5)$,满足约束条件:

$$\begin{cases} x_1 + x_3 + x_5 = 1 \\ x_2 + x_4 = 1 \\ 60x_1 + 40x_2 + 20x_3 + 40x_4 + 50x_5 \leqslant 150 \\ x_j = 0 \text{ 或 } 1 \quad (j = 1,2,\cdots,5) \end{cases}$$

并使 $\max f=10x_1+80x_2+7x_3+60x_4+90x_5$。

例 8.7 建造一个生产能力为每周生产 1 000 t,2 000 t 或 3 000 t 产品的工厂。试求 0-1 规划模型的约束条件。

解 以 x 表示该厂的生产量,则表示生产力的约束条件为下列三种可能之一:

$$x_1 \leqslant 1\,000, \quad x_2 \leqslant 2\,000, \quad x_3 \leqslant 3\,000$$

假定工厂的生产能力以 0-1 变量表示:

$$y_1 = \begin{cases} 1 & \text{每周 1 000 t 的规模被选中} \\ 0 & \text{每周 1 000 t 的规模未被选中} \end{cases}$$

$$y_2 = \begin{cases} 1 & \text{每周 2 000 t 的规模被选中} \\ 0 & \text{每周 2 000 t 的规模未被选中} \end{cases}$$

$$y_3 = \begin{cases} 1 & \text{每周 3 000 t 的规模被选中} \\ 0 & \text{每周 3 000 t 的规模未被选中} \end{cases}$$

把这些变量统一在一个问题上,可列出 0-1 规划的约束条件:

$$y_1 + y_2 + y_3 = 1$$
$$x_1 \leqslant 1\,000y_1 + M(1 - y_1)$$

$$x_2 \leqslant 2\,000y_2 + M(1 - y_2)$$
$$x_3 \leqslant 3\,000y_3 + M(1 - y_3)$$

式中：M 是一个大于 3 000 的大数。

可以检验，如果工厂生产力决定为每周 2 000 t，则有 $y_2=1, y_1=y_3=0$。于是约束条件成为：

$$x_1 \leqslant M$$
$$x_2 \leqslant 2\,000$$
$$x_3 \leqslant M$$

现在要求第二个不等式满足。由于 M 是一个大于 3 000 的数，第一和第三个约束条件也必须满足，且在这里已成为多余的。

可以把上述结果推广到要求 m 个约束条件中只有一个约束条件生效的情况。设 m 个约束条件为：

$$\sum_{j=1}^{n} a_{ij}x_j \leqslant b_i \quad (i = 1,2,\cdots,m)$$

引进 0-1 变量 $y_i(i=1,2,\cdots,m)$ 和相当大的数 M。则 0-1 规划的约束条件可表示为：

$$\sum_{i=1}^{m} y_i = 1$$
$$\sum_{j=1}^{n} a_{ij}x_i \leqslant b_iy_i + M(1 - y_i) \quad (i = 1,2,\cdots,m)$$
$$\sum_{j=1}^{n} a_{ij}x_i \leqslant M \qquad (i = 1,2,\cdots,m)$$

例 8.8　建立生产流水线平衡模型，用来决定一条流水线作业的最优装配点的数量。

解　假设某产品在流水线作业中，从部件到成品共需经过 n 个不同工种，现在把 n 个工种安排到各装配点 W_i 处。要求每个工种都必须在一个装配点完成，但每个装配点不限于完成一件产品的加工。已知每个工种 j 的完成时间共需 t_j，要求每小时至少完成 r 件产品的加工，表明任何装配点完成一项工作所需的时间为 $60/r$ min。于是这个实际问题的 0-1 规划模型为：

求 x_{ij} 及 $W_i(i=1,2,\cdots,n;j=1,2,\cdots,n)$，满足约束条件：

$$
\begin{cases}
\sum_{j=1}^{n} t_j x_{ij} \leqslant 60/r & (i=1,2,\cdots,n) \\
\sum_{i=1}^{n} x_{ij} = 1 & \\
\sum_{j=1}^{n} x_{ij} = nW_i & (i=1,2,\cdots,n;j=1,2,\cdots,n) \\
\sum_{j=1}^{n} (jx_{jk}) \geqslant \sum_{j=1}^{n} (jx_{jl}) & (k \text{ 号工种较 } l \text{ 号工种先完成}) \\
W_i = 1 \text{ 或 } 0 & (i=1,2,\cdots,n) \\
x_{ij} = 1 \text{ 或 } 0 & (i=1,2,\cdots,n;j=1,2,\cdots,n)
\end{cases}
$$

其中：

$$
W_i = \begin{cases} 1 & (\text{当装配点 } i \text{ 被选中}) \\ 0 & (\text{当装配点 } i \text{ 未被选中}) \end{cases}
$$

$$
x_{ij} = \begin{cases} 1 & (\text{当工件 } j \text{ 被分配到装配点 } i) \\ 0 & (\text{当工件 } j \text{ 未被分配到装配点 } i) \end{cases}
$$

8.3.2 整数规划和 0-1 规划的 Excel 解法

例 8.9 某厂生产甲、乙、丙三种产品，需要使用Ⅰ、Ⅱ、Ⅲ三种原料。生产每种产品的原料消耗、利润以及原料供应见表 8.9：

表 8.9 建模基本数据

项目	产品			资源限制
	甲(x_1)	乙(x_2)	丙(x_3)	
原料Ⅰ消耗	10	20	20	50
原料Ⅱ消耗	20	10	10	80
原料Ⅲ消耗	30	20	10	120
利润	150	140	120	

问该厂在计划期内应生产多少各种产品，才能获得最大利润？

解 由于三种产品都是整台出售，故这是一个整数规划问题。设三种产品分别生产 x_1，x_2 和 x_3 件。则得整数规划模型为求 x_1，x_2，x_3，满足约束条件：

$$\begin{cases}10x_1+20x_2+20x_3\leqslant 50\\20x_1+10x_2+10x_3\leqslant 80\\30x_1+20x_2+10x_3\leqslant 120\\x_1\geqslant 0,\quad x_2\geqslant 0,\quad x_3\geqslant 0,\quad \text{且均为整数}\end{cases}$$

使目标函数(利润)最大：

$$\max f=150x_1+140x_2+120x_3$$

表 8.10 和表 8.11 是例 8.9 的 Excel 计算表。

表 8.10　例 8.9 的 Excel 计算表-1

		甲 (x1)	乙 (x2)	丙 (x3)	资源限制
	I	10	20	20	50
	II	20	10	10	80
	III	30	20	10	120
	利润	150	140	120	0
x1					
x2					
x3					

表 8.11　例 8.9 的 Excel 计算表-2

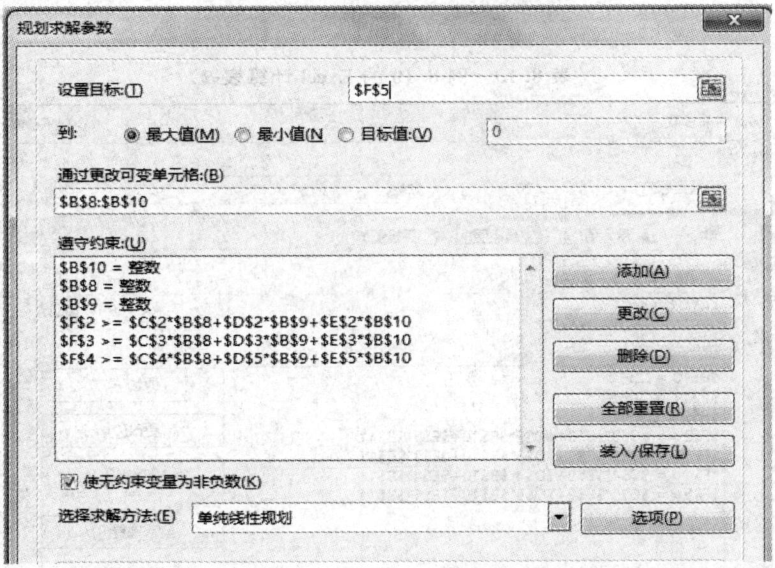

从表 8.11 中可以看到，只需在约束条件中用可变单元格表示的决策变量用整数表示即可。

经过计算，得到最优解 $x_1=4, x_2=0, x_3=0$；$\max f=600$

例 8.10 求 x_1, x_2, x_3，满足约束条件：

$$\begin{cases} x_1 + 2x_2 - x_3 \leqslant 2 & (1) \\ x_1 + 4x_2 + x_3 \leqslant 4 & (2) \\ x_1 + x_2 \leqslant 3 & (3) \\ 4x_2 + x_3 \leqslant 6 & (4) \\ x_j = 0 \text{ 或 } 1 \quad (j = 1,2,3) \end{cases}$$

并使 $\max f=3x_1-2x_2+5x_3$。

解 这是一个 0-1 规划，用 Excel 求解的计算表如表 8.12，表 8.13 所示。

表 8.12 例 8.10 的 Excel 计算表-1

		x1	x2	x3	b
		1	2	-1	2
		1	4	1	4
		1	1	0	3
		0	4	1	6
	目标函数	3	-2	5	8
x1	1				
x2	0				
x3	1				

表 8.13 例 8.10 的 Excel 计算表-2

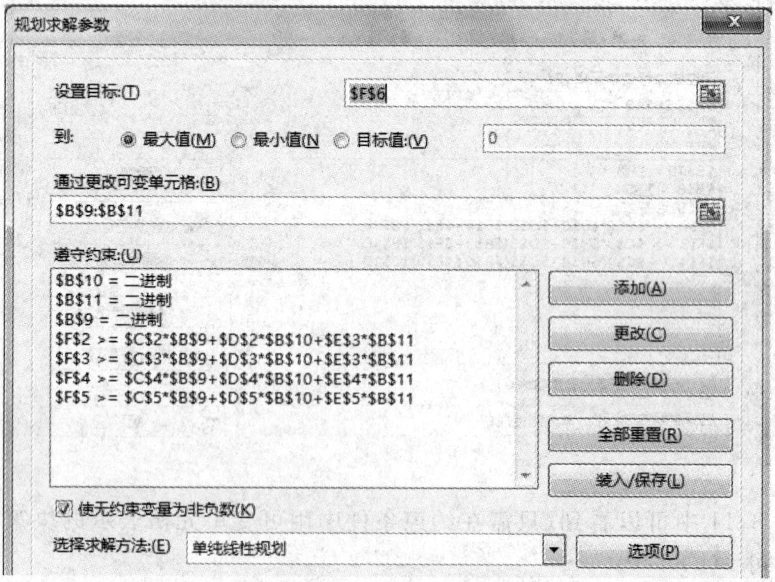

从表 8.13 中可以看到，只需在约束条件中用可变单元格表示的决策变量用二进制(0,1)表示即可。

经过计算，得到最优解 $x_1=1, x_2=0, x_3=1$；max $f=8$。

例 8.11　现有一容积为 V 的背包，有 n 种物品要装运，物品 j 的重量为 W_j，体积为 $V_j(j=1,2,\cdots,n)$。问如何选择装运物品，才能使既不超过背包的容积，且使装的重量最大？

解　引入 0-1 变量 x_j：

$$x_j=\begin{cases}1 & \text{当物品 } j \text{ 被装入背包}\\ 0 & \text{当物品 } j \text{ 未被装入背包}\end{cases}$$

容积的约束条件为：

$$\begin{cases}\sum_{j=1}^{n} V_j x_j \leqslant V\\ x_j \text{ 取 0 或 1} \quad (j=1,2,\cdots,n)\end{cases}$$

目标函数为装物品的重量最大，即

$$\max f=\sum_{i=1}^{n} W_i X_i$$

如果物品的重量与体积取下列一组数据：

$$W_1=5,\quad W_2=3,\quad W_3=6,\quad W_4=5,\quad W_5=6$$
$$V_1=6,\quad V_2=3,\quad V_3=7,\quad V_4=4,\quad V_5=5$$

背包的最大容积 $V=13$。

把这组数据代入上述 0-1 规划模型，可求得最优解(过程略)：

$$x_1=0,\quad x_2=1,\quad x_3=0,\quad x_4=1,\quad x_5=1$$

第 3 篇　练习题

1. 什么是线性规划问题的可行解与最优解？什么是基本解和基本可行解？它们之间的相互关系是怎样的？

2. 什么是线性规划的标准形式？试将下列线性规划问题化为标准形式：

(1) 求 $\min z=0.08x_1+0.3x_2+0.2x_3+0.26x_4$　满足：

$$\begin{cases}0.06x_1+0.6x_2+0.3x_4\geqslant 16\\0.1x_1+0.4x_3+0.2x_4=12\\0.28x_1+0.14x_4\leqslant 21\\x_j\geqslant 0\quad(j=1,2,3,4)\end{cases}$$

(2) 求 $\max z=250x_1+200x_2+125x_3+100x_4+125x_5$ 满足：

$$\begin{cases}x_1+x_2+x_3+x_4+x_5=1\,400\\8x_1+10x_2+7x_3+9x_4+8x_5\leqslant 11\,406\\6x_1+4x_2+4.5x_3+7x_4+5.5x_5\leqslant 2\,250\\16x_1+4x_2+4x_3+20x_4+16x_5\leqslant 15\,000\\x_j\geqslant 0\quad(j=1,2,\cdots,5)\end{cases}$$

3. 用图解法求解下面的线性规划问题：

(1) $\begin{cases}\max f=x_1+3x_2\\x_1+4x_2\geqslant 4\\x_1+x_2\leqslant 6\\x_2\leqslant 2\\x_1\geqslant 0,\quad x_2\geqslant 0\end{cases}$ (2) $\begin{cases}\max f=x_1+x_2\\x_1+2x_2\leqslant 14\\x_1+x_2\leqslant 8\\3x_1+x_2\leqslant 18\\x_1\geqslant 0,\quad x_2\geqslant 0\end{cases}$ (3) $\begin{cases}\min f=-3x_1+x_2\\2x_1-x_2\geqslant -2\\x_1-x_2\leqslant -1\\x_1\geqslant 0,\quad x_2\geqslant 0\end{cases}$

4. 用单纯形法求解下面的线性规划问题：

(1) $\begin{cases}\max z=3x_1+4x_2\\x_1+x_2\leqslant 5\\x_1+2x_2\leqslant 6\\x_1\geqslant 0,\quad x_2\geqslant 0\end{cases}$ (2) $\begin{cases}\min z=x_1-3x_2-2x_3\\x_1+2x_2-2x_3\leqslant 2\\2x_1+x_2+x_3\leqslant 3\\-x_1+x_3\leqslant 4\\x_j\geqslant 0\quad(j=1,2,3)\end{cases}$

(3) $\begin{cases}\min z=4x_1-2x_2\\x_1+x_2\leqslant 1\\x_1+2x_2\geqslant 4\\x_1\geqslant 0,\quad x_2\geqslant 0\end{cases}$ (4) $\begin{cases}\max z=10x_1+15x_2+12x_3\\5x_1+3x_2+x_3\leqslant 9\\-5x_1+6x_2+15x_3\leqslant 15\\2x_1+x_2+x_3\geqslant 5\\x_j\geqslant 0\quad(j=1,2,3)\end{cases}$

(5) $\begin{cases}\min z=5x_1+10x_2+7x_3-3x_4\\x_1+x_2+7x_3+2x_4=\dfrac{7}{2}\\-2x_1-6x_2+3x_3+3x_4\leqslant\dfrac{3}{2}\\2x_1+2x_2+8x_3+x_4=4\\x_j\geqslant 0\quad(j=1,2,3,4)\end{cases}$ (6) $\begin{cases}\min z=x_1-2x_2+3x_3\\-2x_1+x_2+3x_3\leqslant 2\\2x_1+3x_2+4x_3\leqslant 10\\x_j\geqslant 0\quad(j=1,2,3)\end{cases}$

5. 某地区有三个农场公用一条灌渠，每个农场的可灌溉耕地及分配到的最大用水量如下表所示：

各农场可灌溉耕地及允许最大用水量表

农场序号	可灌溉耕地/亩	可分配水量/m^3
1	400	600
2	600	800
3	300	375

各农场均可种植甜菜、棉花及高粱三种作物，各种作物的用水量、净收益以及国家规定的该地区各种作物种植总面积最高限额如下表所示：

各种作物用水量、净收益及种植限额表

作物种类	种植限额/亩	耗水量/(100 m^3/亩)	净收益/(元/亩)
甜菜	600	3	400
棉花	500	2	300
高粱	325	1	100

三个农场达成协议，他们的播种面积与其可灌溉面积之比应该相等，而各农场种何种作物并无限制。如何制订各农场种植计划才能在上述限制条件下，使本地区的三个农场的总净收益最大？

6. 一饲料工厂用一些原料配制 1 t 饲料，原料的营养成分和用量约束见下表。

求成本最低的饲料最佳配制方案。

配方原料营养成分、标准和原料约束表

名称	原料含有营养成分/%							约束方式	约束值
	玉米	豆饼	骨粉	石粉	蛋氨酸	赖氨酸	鱼粉		
代谢能	3.36	2.5	0.0	0.0	3.0	3.0	2.88	≥	2.9
粗蛋白	8.3	41.0	0.0	0.0	0.0	0.0	62.0	≥	21.5
钙	0.04	0.20	24.0	31.0	0.0	0.0	4.00	=	1
有效磷	0.11	0.15	12.0	0.0	0.0	0.0	2.9	=	0.45
赖氨酸	0.22	2.4	0.0	0.0	0.0	78.0	4.6	≥	1.2
蛋氨酸	0.2	0.58	0.0	0.0	98.0	0.0	1.8	≥	0.5
蛋氨酸+胱氨酸	0.43	1.2	0.0	0.0	98.0	0.0	2.33	≥	0.929
鱼粉	0	0	0	0	0	0	1	=	0.025
配比	1	1	1	1	1	1	1	=	1
单价	0.60	1.16	0.80	0.05	24.0	24.0	4.00		

7. 论述多目标规划与单目标规划的区别。

8. 目标规划的基本思想是什么？

9. 一个每天生产能力为 500 h 的工厂，生产 A 和 B 两种产品，每一件产品的生产时间均为 1 h。根据市场预测，只有 300 件 A 产品能售出，每件收益 10 元。有 400 件 B 产品能售出，每件收益 5 元。要达到下列目标如何安排 A、B 产品的生产？试建立数学模型。

(1) 避免出现生产能力闲置；

(2) 尽可能多地售出产品；

(3) 减少加班生产。

10.（唐焕文，2005）某制药厂生产五种瓶装药品：A_1，A_2，A_3，A_4，A_5，每种药品要经过两道工序：在机器 B_1 上进行搅拌混合，在机器 B_2 上包装。已知各种药品的加工时间，所获利润，一生产周期内可使用的时间等如下表所示。欲使该厂获利最多，问五种药品各生产多少瓶？试建立数学模型。

各种药品的加工时间、所获利润等数据表

项目	在 B_1 上的加工时间/(h/瓶)	在 B_2 上的加工时间/(h/瓶)	利润/(元/瓶)	最大销量/瓶
药品 A_1	2	3	0.6	100
药品 A_2	4	2	0.5	120
药品 A_3	1.5	2	0.4	130
药品 A_4	2	1	0.35	110
药品 A_5	3	2	0.45	120
可使用时间/h	80	60		

11. 某厂生产 A、B 两种布料，该厂两班生产，每周生产总时间为 80 h，两种产品的预测销售量、生产率和盈利如下表所示：

两种布料数据表

产品	预测销售量/(10^4 m/周)	生产率/(m/h)	单位利润/(元/m)
A	7	1 000	0.5
B	4.5	1 000	0.3

该厂决策者提出目标如下，试建立数学模型。

(1) 第一目标：充分利用现有生产能力，避免设备闲置；

(2) 第二目标：周加班时间限制在 10 h 以内；

(3) 第三目标：两种产品周生产量应满足预测销售量，满足程度的权重之比等于它们单位利润之比；

(4) 第四目标:尽量减少加班时间。

12. 某彩色电视机组装工厂生产 3 种规格的电视机,每种规格每台组装时间分别为 6 h、8 h 和 10 h,每月正常工作时间为 200 h。3 种规格的电视机销售后,每台获利分别为 500 元、650 元和 800 元。每月预计销售分别为 12 台、10 台和 6 台。该厂经营目标如下:

P_1:利润指标为每月 16 000 元;

P_2:充分利用生产能力;

P_3:加班时间不超过 24 h;

P_4:产量以预计销售为标准。

为确定生产计划,试建立该问题的目标规划模型并求解。

第 3 篇　计算实习

1. 用单纯形法求解第 6 章　例 6.7。
2. 用单纯形法求解第 6 章　例 6.9。
3. 用单纯形法求解第 6 章　6.4.1 节　农业用水最优分配的线性规划模型。
4. 用单纯形法求解第 6 章　6.4.3 节　最佳运输的线性规划模型。

第4篇　资源与环境评价和决策模型及应用

评价是人类社会中一项经常性的、极为重要的认知活动，综合评价是一个多学科相互渗透的研究领域。在现实社会中，对任何综合性活动几乎都可以进行综合评价。随着人们活动领域的不断扩大，所面临的评价对象日趋复杂，人们不能只考虑被评价对象的某一方面，必须全面地从整体的角度考虑问题。

决策就是做出决定。当目标确定之后常会遇到各种不同的情况，也会有各种不同的行动方案和各种不同的结果。决策者要在不同的行动方案中选择一个，以期达到最佳效果，这类问题即为决策问题。

评价是为了决策，而决策需要评价，评价过程是一种认知过程，也是一种决策过程；评价是科学决策的前提，也是科学决策中的一项基础工作。这方面已有众多的数学模型，近年来兴起的大数据分析技术促进了此领域的迅速发展。本篇仅介绍最基础的系统聚类分析、判别分析和层次分析。

第 9 章　系统聚类分析

聚类分析(cluster analysis)是研究如何将研究对象,也就是"样本"按照多个方面的特征进行综合分类的一种多元统计方法。通俗地说,就是"物以类聚"。其基本原理是,根据样本自身的属性,用数学方法按照某种相似性或差异性指标,定量地确定样本的亲疏关系,并按照这种亲疏关系程度对样本进行聚类。聚类分析根据处理方法的不同又分为:系统聚类法、有序样品聚类法、动态聚类法、模糊聚类法等。聚类分析在资源与环境科学领域有广泛的应用,如在土壤或土地质量评价、土地或环境因子的分类、资源与环境信息技术(如遥感图像处理)、土壤或环境微生物宏基因组分析中,聚类分析都是常用方法。本书主要介绍系统聚类分析方法。

9.1　样本间相似性的度量

设有 n 个样品,每个样品测得 m 项指标(聚类对象),得到观测数据 x_{ij},$i=1,2,\cdots,n$;$j=1,2,\cdots,m$。通常将数据列表,行代表 m 个观测指标,列为样本数与统计项,见表 9.1。

表 9.1　观测数据列表

项目	x_1	…	x_j	…	x_m
$\boldsymbol{X}^{(1)}$	x_{11}	…	x_{1j}	…	x_{1m}
⋮	⋮	…	⋮	…	⋮
$\boldsymbol{X}^{(i)}$	x_{i1}	…	x_{ij}	…	x_{im}
⋮	⋮	…	⋮	…	⋮
$\boldsymbol{X}^{(n)}$	x_{n1}	…	x_{nj}	…	x_{nm}
均值	$\bar{x}_1$	…	$\bar{x}_j$	…	$\bar{x}_m$
标准差	S_1	…	S_j	…	S_m
极差	R_1	…	R_j	…	R_m

其中:均值: $\bar{x}_j = \frac{1}{n}\sum_{i=1}^{n} x_{ij} \quad (j = 1,2,\cdots,m)$

标准差: $S_j = \sqrt{\frac{1}{n-1}\sum_{i=1}^{n}(x_{ij} - \bar{x}_j)^2} \quad (j = 1,2,\cdots,m)$

极差: $R_j = \max\limits_{i=1,\cdots,n} x_{ij} - \min\limits_{i=1,\cdots,n} x_{ij} \quad (j = 1,2,\cdots,m)$

9.1.1 常用的数据变换方法

由于样本数据受到量纲和数量级的影响,在聚类分析处理过程中,首先应该对原始数据进行变换处理,以便使不同量纲、不同数量级的数据能放在一起比较。常用的数据变换方法有以下几种:

(1) 总和标准化。分别求出各个样本所对应的数据总和,对每个观测数据除以数据总和,即

$$x'_{ij} = \frac{x_{ij}}{\sum\limits_{i=1}^{n} x_{ij}} \quad (i = 1,2,\cdots,n; j = 1,2,\cdots,m) \tag{9.1}$$

这种标准化方法所得到的新数据 x'_{ij} 满足

$$\sum_{i=1}^{n} x'_{ij} = 1 \quad (j = 1,2,\cdots,m)$$

(2) 标准差标准化,即

$$x'_{ij} = \frac{x_{ij} - \bar{x}_j}{S_j} \quad (i = 1,2,\cdots,n; j = 1,2,\cdots,m) \tag{9.2}$$

称为标准化变换,变换后的数据,每个变量的样本均值为 0,标准差为 1,而且标准化变换后的数据 $\{x^*_{ij}\}$ 与变量的量纲无关。

(3) 极差正规化变换,即变换:

$$x^*_{ij} = \frac{x_{ij} - \min\limits_{1\leqslant i\leqslant n} x_{ij}}{R_j} \quad (i = 1,2,\cdots,n; j = 1,2,\cdots,m) \tag{9.3}$$

称为极差正规化变换,变换后的数据 $0 \leqslant x^*_{ij} \leqslant 1$;极差为 1,也是无量纲的量。

9.1.2 样品间的距离和相似系数

不同类型的变量,在定义距离和相似系数时,其方法有很大的差异。由于研究比较多的是间隔尺度的数据,本节主要给出间隔尺度数据类型的距离和相似系数的定义。

9.1.2.1　距离

设有 n 个样品，每个样品测得 m 项指标（变量），原始资料库为：

$$X = \begin{array}{c} \begin{matrix} x_1 & x_2 & \cdots & x_m \end{matrix} \\ \begin{pmatrix} x_{11} & x_{12} & \cdots & x_{1m} \\ x_{21} & x_{22} & \cdots & x_{2m} \\ \vdots & \vdots & & \vdots \\ x_{n1} & x_{n2} & \cdots & x_{nm} \end{pmatrix} \begin{matrix} x^{(1)} \\ x^{(2)} \\ \vdots \\ x^{(n)} \end{matrix} \end{array}$$

其中，$x_{ij}(i=1,2,\cdots,n;j=1,2,\cdots,m)$ 是第 i 个样品，第 j 个指标的观测数据。即第 i 个样品 $x_{(i)}$ 为矩阵 $\boldsymbol{X}$ 的第 i 行描述。任何两个样品 $\boldsymbol{X}_{(k)}$ 与 $\boldsymbol{X}_{(l)}$ 之间的相似性可以通过矩阵 $\boldsymbol{X}$ 中的第 k 行与第 l 行的相似程度来刻画，任何两个变量 x_k 与 x_l 之间的相似性可以通过第 k 列与第 l 列的相似程度来刻画。

描述样品间的相似程度最常用的是距离，用 d_{ij} 表示样品 $\boldsymbol{X}_{(i)}$ 与 $\boldsymbol{X}_{(j)}$ 之间的距离，所定义的距离一般应满足如下条件：

(1) $d_{ij}>0$，对一切 i,j；$d_{ij}=0$，当且仅当 $\boldsymbol{X}_{(i)}=\boldsymbol{X}_{(j)}$；

(2) $d_{ij}=d_{ji}$，对一切 i,j；

(3) $d_{ij}\leqslant d_{ik}+d_{kj}$，对一切 i,j（三角不等式）。

如果把 n 个样品（$\boldsymbol{X}$ 中的 n 个行）看成 m 维空间中的 n 个点，则两个样品间相似程度可用 n 维空间中的两点距离来度量。令 d_{ij} 表示样品 $\boldsymbol{X}_{(i)}$ 与 $\boldsymbol{X}_{(j)}$ 的距离。把任意两个样品的距离都算出来后，可排成距离矩阵 $\boldsymbol{D}$：

$$\boldsymbol{D} = \begin{pmatrix} d_{11} & d_{12} & \cdots & d_{1n} \\ d_{21} & d_{22} & \cdots & d_{2n} \\ \vdots & \vdots & & \vdots \\ d_{n1} & d_{n2} & \cdots & d_{nn} \end{pmatrix}$$

下面介绍几种聚类分析中常用的距离。

(1) 绝对值距离

$$d_{ij} = \sum_{k=1}^{n} \mid x_{ik} - x_{jk} \mid \quad (i = 1,2,\cdots,m;j, = 1,2,\cdots,m) \tag{9.4}$$

(2) 欧氏距离

$$d_{ij} = (\sum_{k=1}^{n} \mid x_{ik} - x_{jk} \mid^2)^{\frac{1}{2}} \quad (i = 1,2,\cdots,m;j, = 1,2,\cdots m) \tag{9.5}$$

(3) Minkowski 距离

$$d_{ij} = \left(\sum_{k=1}^{n} | x_{ik} - x_{jk} |^{p}\right)^{\frac{1}{p}} \quad (i = 1,2,\cdots,m;j, = 1,2,\cdots,m) \qquad (9.6)$$

在公式(9.6)中,$p \geqslant 1$。当 $p=1$ 时,它就是绝对值距离;当 $p=2$ 时,它就是欧式距离。

(4) 切比雪夫距离。当 Minkowski 距离 $p \to \infty$时,有

$$d_{ij} = \max_{k} | x_{ik} - x_{jk} |, \quad (i = 1,2,\cdots,m;j = 1,2,\cdots,m) \qquad (9.7)$$

以上距离与各变量的量纲有关。为消除量纲的影响,可先对数据进行标准化,然后用标准化后的数据计算距离。

9.1.2.2 相似系数

研究样品或变量之间的关系,除了用距离表示外,还可以用相似系数。相似系数是描述样品或变量之间相似程度的一个统计量,常用的相似系数有:

(1) 夹角余弦。在 m 维空间中,向量 $\boldsymbol{x}_i$ 与 $\boldsymbol{x}_j$ 的夹角为 a_{ij},则夹角余弦为:

$$\cos a_{ij} = \frac{\sum_{k=1}^{n} x_{ki} \cdot x_{kj}}{\left[\left(\sum_{k=1}^{n} x_{ki}^2\right) \cdot \left(\sum_{k=1}^{n} x_{kj}^2\right)\right]^{\frac{1}{2}}}$$

它是 i 和 j 两个指标向量在原点处的夹角 a_{ij} 的余弦,当 $i=j$ 时,夹角为 0°,故夹角余弦为 1,说明两个指标极相似;当 i 与 j 两个指标正交时,夹角为 90°,夹角余弦为 0,说明两者不相关。

(2) 相关系数。相关系数是数据做标准化处理后的夹角余弦,设 r_{ij} 表示变量 x_i 与 x_j 之间的相关系数,则:

$$r_{ij} = \frac{\sum_{k=1}^{n} (x_{ki} - \bar{x}_i)(x_{kj} - \bar{x}_j)}{\left\{\left[\sum_{k=1}^{n} (x_{ki} - \bar{x}_i)^2\right] \cdot \left[\sum_{k=1}^{n} (x_{kj} - \bar{x}_j)^2\right]\right\}^{\frac{1}{2}}}$$

当 $i=j$ 时,表示指标的自相关系数 $r_{ij}=1$;当 $i \neq j$ 时,相关系数$-1 \leqslant r_{ij} \leqslant 1$。相关系数的绝对值越接近 1,表示两变量之间的相关程度越大。

9.2　系统聚类分析

9.2.1　系统聚类分析的基本思想

系统聚类分析是聚类分析中使用最多的方法。其基本思想是：距离相近的样品(或变量)先聚为一类，距离远的后聚成一类，此过程一直进行下去，每个样品总能聚到合适的类中。它包括如下步骤：

(1) 对数据进行变换处理。

(2) 根据所确定的样品(或变量)距离公式，计算 n 个样品(或变量)两两间距离，构造距离矩阵，记为 $\boldsymbol{D}_{(0)}$。

(3) 把距离最近的两类归为一新类，其他的样品(或变量)仍各自聚为一类，共聚成 $n-1$ 类；计算新类与当前各类的距离，将距离最近的两个类进一步聚成一类，共聚成 $n-2$ 类；以上步骤一直进行下去，最后将所有的样品(或变量)聚成一类。

(4) 画聚类谱系图，按不同的分类标准或不同的分类原则，得出不同的分类结果，并对类做出解释。

正如样品之间的距离有不同的定义方法一样，类与类之间的距离也有各种定义。例如，类与类之间的距离可以定义为两类之间最近样品的距离，或定义为两类之间最远样品的距离，也可以定义为两类重心之间的距离等。类与类之间用不同的方法定义距离，就产生了不同的系统聚类方法。

9.2.2　类的定义及特征

相似的样本或指标的集合称为类，用 G 表示，设 G 中有 k 个元素，这些元素用 i,j 等表示。用 d_{ij} 表示样品 $\boldsymbol{X}_i$ 与 $\boldsymbol{X}_j$ 之间的距离。

设 T 为一给定的阈值，如果对于任意的 $i,j\in D$，有 $d_{ij}\leqslant T$，则称 G 为一个类。

设类 G 这一集合中有元素 $x_1,x_2,\cdots,x_m$，m 为 G 内的样品数(或指标数)。可以从多个角度来刻画 G 的特征。常用的特征有以下三种。

(1) 均值(或称为重心)：

$$\bar{x}_{\mathrm{G}}=\frac{1}{m}\sum_{i=1}^{m}x_i$$

(2) 协方差距离：

$$S_G = \sum_{i=1}^{m} (x_i - \bar{x}_G)(x_i - \bar{x}_G)^{\mathrm{T}}$$

$$\sum\nolimits_G = \frac{1}{n-1} S_G$$

(3) G 的直径：

$$D_G = \max_{i,j \in G} d_{ij}$$

9.2.3　基于类间距的系统聚类方法

用 D_{ij} 表示类 G_i 与类 G_j 之间的距离。常见的类间距离有八种，与之相应的系统聚类法也有八种，分别是最短距离法、最长距离法、中间距离法、重心法、类平均法、可变类平均法、可变法和离差平方和法。下面分别进行讨论。

9.2.3.1　最短距离法

最短距离法将类 G_p 与类 G_q 之间的距离定义为两类间最邻近的量样品之间的距离，即

$$\boldsymbol{D}_{pq} = \min_{X_i \in G_p, X_j \in G_q} d_{ij} \tag{9.8}$$

显然，该距离矩阵是一个对称矩阵。

理解最短距离法的基本思想，如图 9.1 所示，类 G_1 和类 G_2 之间的最短距离为 d_{23}。

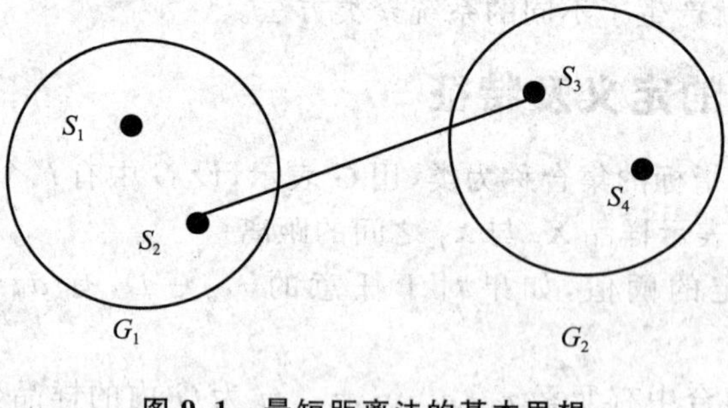

图 9.1　最短距离法的基本思想

设类 G_p 与 G_q 合并成一个新类，记为 G_r，则任一类 G_k 与 G_r 的距离是：

$$\begin{aligned} D_{kr} &= \min_{X_i \in G_k, X_j \in G_r} d_{ij} = \min\{ \min_{X_i \in G_k, X_j \in G_p} d_{ij}, \min_{X_i \in G_k, X_j \in G_q} d_{ij} \} \\ &= \min\{D_{kp}, D_{kq}\} \end{aligned}$$

最短距离法聚类的步骤如下：

(1) 定义样品之间的距离，计算样品两两距离，得一距离矩阵，记为：$\boldsymbol{D}_{(0)}$，开始每个样品自成一类，这时 $D_{ij}=d_{ij}$。

(2) 找出 $\boldsymbol{D}_{(0)}$ 的非对角线最小元素，设为 D_{pq}，则将 G_p 和 G_q 合并成一个新类，记为 G_r，则 $G_r=\{G_p,G_q\}$。

(3) 给出计算新类与其他类的距离公式：

$$D_{kr} = \min\{D_{kp}, D_{kq}\}$$

将 $\boldsymbol{D}_{(0)}$ 中第 p,q 行及第 p,q 列用上面的公式并成一个新行新列，新行新列对于 G_r，所得到的矩阵记为 $\boldsymbol{D}_{(1)}$。

(4) 对 $\boldsymbol{D}_{(1)}$ 重复第(2)、(3)步得 $\boldsymbol{D}_{(2)}$……如此计算下去，直到所有元素都合并成一类为止。

如果某一步 $\boldsymbol{D}_{(k)}$ 中非对角线最小的元素不止一个，则对应这些最小元素的类可同时合并。

例 9.1　设抽取 5 个样品，每个样品只测量一个指标 x_1，用最短距离法对 5 个样品进行聚类(表 9.2)。

表 9.2　例 9.1 数据

样品	指标 x_1
1	1
2	2
3	6
4	8
5	11

(1) 计算 5 个样品两两之间的距离 d_{ij}(采用绝对值距离)，记为距离矩阵 $\boldsymbol{D}_{(0)}$(表 9.3)。

表 9.3　例 9.1 距离矩阵 $\boldsymbol{D}_{(0)}$

	G_1	G_2	G_3	G_4	G_5
G_1	0				
G_2	*1	0			
G_3	5	4	0		
G_4	7	6	2	0	
G_5	10	9	5	3	0

(2) $\boldsymbol{D}_{(0)}$ 中非主对角线上最小元素为 $D_{21}=1$，于是将 G_1 与 G_2 合并成新的一类，记为 $G_6=\{G_1, G_2\}$，计算新类 G_6 与当前各类的距离：

$$D_{63} = \min\{d_{13}, d_{23}\} = \min\{5,4\} = 4$$
$$D_{64} = \min\{d_{14}, d_{24}\} = 6$$
$$D_{65} = \min\{d_{15}, d_{25}\} = 9$$

得新距离矩阵 $\boldsymbol{D}_{(1)}$（表 9.4）。

表 9.4　距离矩阵 $\boldsymbol{D}_{(1)}$

	G_6	G_3	G_4	G_5
G_6	0			
G_3	4	0		
G_4	6	*2	0	
G_5	9	5	3	0

(3) $\boldsymbol{D}_{(1)}$ 中非主对角线上最小元素为 $D_{34}=2$，于是将 G_3 与 G_4 合并成新的一类，记为 $G_7=\{G_3, G_4\}$，计算新类 G_7 与当前各类的距离：

$$D_{76} = \min\{d_{36}, d_{46}\} = 4,\quad D_{75} = \min\{d_{35}, d_{45}\} = 3$$

得新距离矩阵 $\boldsymbol{D}_{(2)}$（表 9.5）。

表 9.5　距离矩阵 $\boldsymbol{D}_{(2)}$

	G_6	G_7	G_5
G_6	0		
G_7	4	0	
G_5	9	*3	0

(4) $\boldsymbol{D}_{(2)}$ 中最小元素为 $D_{57}=3$，将 G_5 与 G_7 合并成新的一类，记 $G_8=\{G_5, G_7\}$，得到新距离矩阵 $\boldsymbol{D}_{(3)}$（表 9.6）。

表 9.6　距离矩阵 $\boldsymbol{D}_{(3)}$

	G_6	G_8
G_6	0	
G_8	*4	0

(5) 最后将 G_6 与 G_8 合成新类，记为 $G_9=\{G_6,G_8\}$。

此时 5 个样品都已经聚为一类，整个聚类过程终止。

按照上述聚类过程画聚类谱系图，如图 9.2 所示。纵坐标表示距离，横坐标表示样品序号。根据聚类谱系图可以看出最短距离法合并类的距离是单调增加的。根据具体情况可以把 5 个样品分为 $\{G_1,G_2\}$、$\{G_3,G_4\}$ 和 $\{G_5\}$ 三类；也可以把 5 个样品分为 $\{G_1,G_2\}$ 和 $\{G_3,G_4,G_5\}$ 两类。

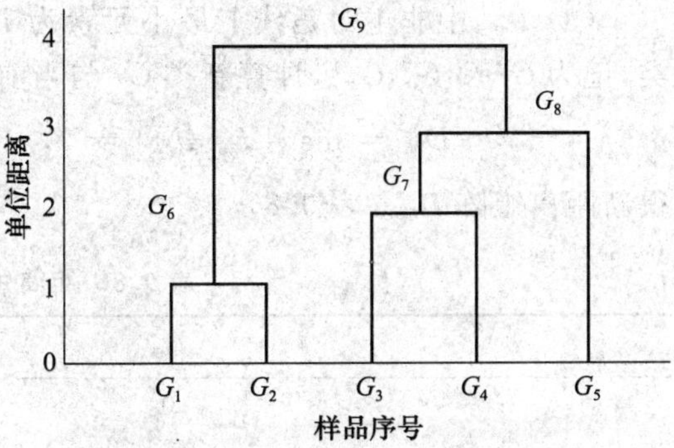

图 9.2　最短距离法聚类谱系图

9.2.3.2　最长距离法

最长距离法与最短距离法在并类步骤上是完全一致的，而在定义类与类之间的距离上是相反的，类与类之间的距离定义为两类之间所有样品间距离最大者，即类 G_p 与 G_q 之间的距离定义为：

$$D_{pq} = \max_{X_i \in G_p, X_j \in G_q} d_{ij} \tag{9.9}$$

例 9.2　对例 9.1 样品采用最长距离法进行分类，主要过程为：

(1) 计算距离矩阵 $\boldsymbol{D}_{(0)}$，得到 $\boldsymbol{D}_{(0)}$ 与最短距离法一致。

(2) $\boldsymbol{D}_{(0)}$ 非主对角线上最小元素为 $D_{21}=1$，于是将 G_1 与 G_2 合并成新的一类，记为 $G_6=\{G_1,G_2\}$，计算新类 G_6 与当前各类的距离：

$$D_{63} = \max\{d_{13},d_{23}\} = \max\{5,4\} = 5,$$
$$D_{64} = \max\{d_{14},d_{24}\} = 7,\quad D_{65} = \max\{d_{15},d_{25}\} = 10$$

得距离矩阵为 $\boldsymbol{D}_{(1)}$ 见表 9.7。

表 9.7　距离矩阵表 $\boldsymbol{D}_{(1)}$

	G_6	G_3	G_4	G_5
G_6	0			
G_3	5	0		
G_4	7	*2	0	
G_5	10	5	3	0

(3) $\boldsymbol{D}_{(1)}$ 中非主对角线上最小元素为 $D_{34}=2$，于是将 G_3 与 G_4 合并成新的一类，记为 $G_7=\{G_3,G_4\}$，计算新类 G_7 与当前各类的距离：

$$D_{76}=\max\{d_{36},d_{46}\}=7,\quad D_{75}=\max\{d_{35},d_{45}\}=5$$

得新距离矩阵 $\boldsymbol{D}_{(2)}$（表 9.8）。

表 9.8　距离矩阵表 $\boldsymbol{D}_{(2)}$

	G_6	G_7	G_5
G_6	0		
G_7	7	0	
G_5	10	*5	0

(4) $\boldsymbol{D}_{(2)}$ 中最小元素为 $D_{57}=5$，将 G_5 与 G_7 合并成新的一类，记 $G_8=\{G_5,G_7\}$，计算类 G_8 与当前各类的距离：$D_{68}=\max\{d_{56},d_{76}\}=10$ 得到新距离矩阵 $\boldsymbol{D}_{(3)}$（表 9.9）。

表 9.9　距离矩阵表 $\boldsymbol{D}_{(3)}$

	G_6	G_8
G_6	0	
G_8	*10	0

(5) 最后将 G_6 与 G_8 合成新类，记为 $G_9=\{G_6,G_8\}$。

此时 5 个样品都已经聚为一类，整个聚类过程终止。

按照上述聚类过程画聚类谱系图，如图 9.3 所示。

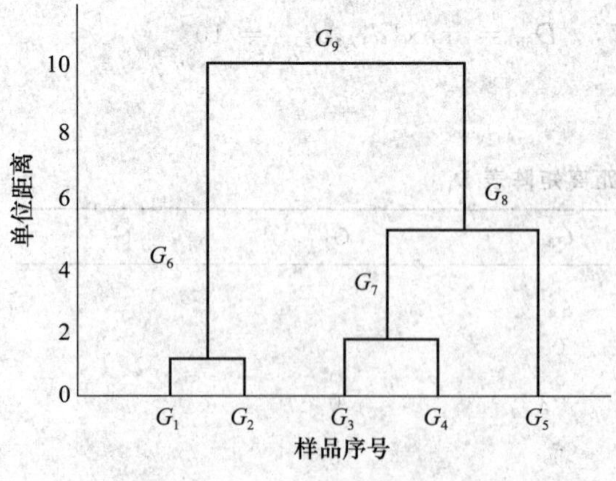

图 9.3　最长距离法聚类谱系图

根据聚类谱系图，将 5 个样品分为 $\{G_1,G_2\}$、$\{G_3,G_4\}$ 和 $\{G_5\}$ 三类；也可以把 5 个样品分为 $\{G_1,G_2\}$ 和 $\{G_3,G_4,G_5\}$ 两类。

9.2.3.3　系统聚类分析计算类之间距离的统一公式

以上两种聚类方法的合并原则和步骤是完全一样的，所不同的是类与类之间的距离公式有不同的意义。这两种聚类方法关于类之间的距离计算可以用一个统一的公式表示：

$$d_{kr}^2 = \alpha_p d_{kp}^2 + \alpha_q d_{kq}^2 + \gamma \mid d_{kp}^2 - d_{kq}^2 \mid \tag{9.10}$$

当 $\gamma = \frac{-1}{2}$ 时，公式(9.10)就是最短距离法计算类之间的距离公式(9.8)；当 $\gamma = \frac{1}{2}$ 时，公式(9.10)就是最长距离法计算类之间的距离公式(9.9)。

除了最短距离法和最长距离法聚类外，系统聚类分析方法还有很多种，设 G_p 与 G_q 合并为一个新类 $G_r = \{G_p, G_q\}$，任一类 G_k 与新类 $G_r = \{G_p, G_q\}$ 的距离为：

$$d_{kr}^2 = \alpha_p d_{pk}^2 + \alpha_q d_{qk}^2 + \beta d_{pq}^2 + \gamma \mid d_{pk}^2 - d_{qk}^2 \mid$$

其中系数 $\alpha_p, \alpha_q, \beta, \gamma$ 对不同的聚类方法有不同的取值，n_p 是 p 类中单元的个数，n_q 是 q 类中单元的个数，$n_r = n_p + n_q$（表 9.10）。

表 9.10　系统聚类方法参数

方法	α_p	α_q	β	γ	空间性质	单调性	说明
最短距离法	$\frac{1}{2}$	$\frac{1}{2}$	0	$\frac{1}{2}$	收缩	单调	$\alpha_p + \alpha_q + \beta \geqslant 1$
最短距离法	$\frac{1}{2}$	$\frac{1}{2}$	0	$\frac{1}{2}$	扩张	单调	$\alpha_p + \alpha_q + \beta \geqslant 1$
中间距离法	$\frac{1}{2}$	$\frac{1}{2}$	$\frac{-1}{4}$	0	守恒	非单调	$\alpha_p + \alpha_q + \beta < 1$
重心法	$\frac{n_p}{n_r}$	$\frac{n_q}{n_r}$	$-\frac{a_p}{a_q}$	0	守恒	非单调	$\alpha_p + \alpha_q + \beta < 1$
类平均法	$\frac{n_p}{n_r}$	$\frac{n_q}{n_r}$	0	0	守恒	单调	$\alpha_p + \alpha_q + \beta \geqslant 1$
可变法	$\frac{(1-\beta)}{2}$	$\frac{(1-\beta)}{2}$	<1	0	$\beta<0$ 时扩张	单调	$\alpha_p + \alpha_q + \beta \geqslant 1$
可变类平均法	$\frac{(1-\beta)n_p}{n_r}$	$\frac{(1-\beta)n_q}{n_r}$	<1	0	$\beta<0$ 时扩张	单调	$\alpha_p + \alpha_q + \beta \geqslant 1$
离差平方和法	$\frac{n_k+n_p}{n_k+n_r}$	$\frac{n_k+n_q}{n_k+n_r}$	$-\frac{n_k}{n_k+n_r}$	0	扩张	单调	$\alpha_p + \alpha_q + \beta \geqslant 1$

9.2.3.4　系统聚类分析实例

例 9.3　(付德印，张旭东，2007)系统聚类分析在农村居民消费结构分析中的应用。

(1) 聚类指标选择。

在参考有关研究的基础上，选取 8 项指标作为对农村居民消费结构分析进行

聚类分析的基础指标(表 9.11):

x_1:食品支出所占比重;x_2:衣着支出所占比重;x_3:居住支出所占比重;x_4:家庭设备用品及其服务支出所占比重;x_5:医疗保健支出所占比重;x_6:交通通信支出所占比重;x_7:文教娱乐支出所占比重;x_8:其他商品和服务支出所占比重。

表 9.11 中国 30 个省(自治区、直辖市)农村居民消费结构情况(2004) %

序号	省(自治区、直辖市)	x_1	x_2	x_3	x_4	x_5	x_6	x_7	x_8
1	北京	32.38	6.69	16.16	4.92	10.99	11.09	16.11	1.65
2	天津	38.52	6.86	19.23	4.11	6.70	8.72	14.26	1.60
3	河北	42.51	6.92	18.58	4.38	6.32	9.62	9.95	1.71
4	山西	45.76	10.49	10.95	3.62	5.15	7.94	14.36	1.72
5	内蒙古	42.69	6.41	12.79	3.36	7.42	11.62	14.02	1.69
6	辽宁	46.41	7.48	13.99	3.50	7.00	9.01	10.51	2.09
7	吉林	45.61	6.77	11.00	3.15	8.18	10.91	12.04	2.35
8	黑龙江	40.85	6.74	21.16	2.71	7.13	9.57	10.26	1.57
9	上海	34.62	4.42	22.85	5.44	6.71	11.38	12.73	1.85
10	江苏	44.04	5.46	15.63	4.73	5.45	9.79	12.48	2.42
11	浙江	39.46	5.55	17.15	5.20	7.00	10.66	12.83	2.15
12	安徽	47.49	4.79	16.53	4.19	5.07	9.04	11.02	1.87
13	福建	46.71	5.29	14.26	5.12	4.52	10.15	10.38	3.56
14	江西	53.69	5.12	11.20	3.19	5.26	8.20	11.32	2.01
15	山东	41.86	5.83	15.32	4.61	6.52	9.29	12.48	4.10
16	河南	48.57	6.49	16.15	3.83	5.72	7.28	10.10	1.86
17	湖北	51.53	4.48	13.12	3.60	5.30	7.79	11.76	2.43
18	湖南	54.15	4.55	11.86	3.74	5.02	7.06	11.32	2.31
19	广东	48.81	3.60	15.27	4.05	4.73	10.81	9.70	3.04
20	广西	54.32	3.34	16.15	3.36	4.34	7.27	9.27	1.95
21	海南	58.89	3.38	7.68	4.76	4.96	7.66	9.42	3.24
22	重庆	56.04	4.27	10.84	4.03	6.22	6.46	10.72	1.42

续表 9.11

序号	省(自治区、直辖市)	x_1	x_2	x_3	x_4	x_5	x_6	x_7	x_8
23	四川	55.72	4.61	11.62	3.93	5.82	6.33	10.40	1.56
24	贵州	58.19	4.29	12.80	3.20	3.64	5.43	10.82	1.63
25	云南	54.00	3.94	15.23	3.93	5.58	6.72	9.12	1.49
26	陕西	42.42	5.67	14.67	4.05	7.30	7.79	16.00	2.10
27	甘肃	48.04	5.62	12.28	4.02	5.83	8.89	13.84	1.48
28	青海	48.52	7.27	13.91	3.91	7.55	10.52	6.45	1.88
29	宁夏	41.96	6.36	16.88	3.39	9.70	8.06	11.27	2.39
30	新疆	45.18	8.22	18.04	3.32	8.40	7.79	7.51	1.55

(2) 计算过程:用标准差标准化方法对 8 项指标的运势数据进行处理;样品间距离采用欧氏距离;分类方法为最长距离法。

经过上述聚类分析的步骤,得到聚类结果图(图 9.4):

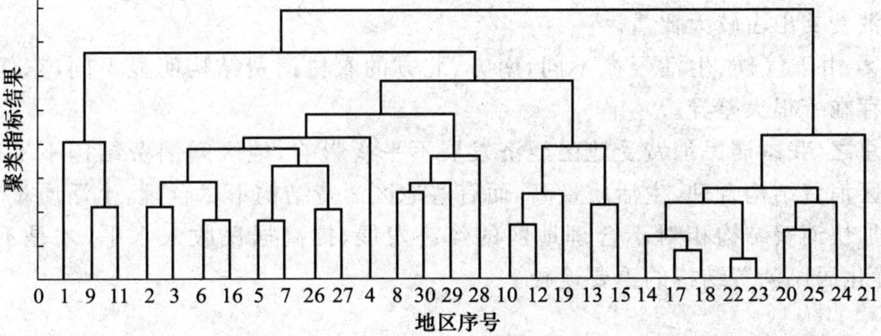

图 9.4　中国 30 个省(自治区、直辖市)农村居民消费结构系统聚类谱系

(3) 结论:根据系统聚类图谱,我们可以将 30 个省(自治区、直辖市)划分为 5 类,为了进一步分析各类地区农村居民消费结构特点,计算每类地区各项消费支出占总支出的平均比重情况(表 9.12)。

表 9.12　30 个地区分类及各项消费平均比重情况　　%

地区分类	$\bar{x}_1$	$\bar{x}_2$	$\bar{x}_3$	$\bar{x}_4$	$\bar{x}_5$	$\bar{x}_6$	$\bar{x}_7$	$\bar{x}_8$
北京、上海、浙江	35.486 7	5.553 3	18.72	5.186 7	8.233 3	11.043 3	13.89	1.883 3
天津、河北、辽宁、河南、内蒙古、吉林、陕西、甘肃、山西	44.503 3	6.967 8	14.404 4	3.78	6.624 4	9.086 7	12.786 7	1.844 4
黑龙江、青海、宁夏、新疆	44.125 4	7.147 5	17.497 5	3.332 5	8.195	8.985	8.872 5	1.847 5
江苏、安徽、福建、广东、广西、山东	45.782	4.994	15.402	4.54	5.258	9.816	11.212	2.998
江西、湖北、湖南、重庆、四川、广西、海南、贵州、云南	55.17	4.22	12.277 8	3.748 9	5.126 7	6.991 1	10.461 1	2.004 4

由表 9.12 可知：

① 北京、上海、浙江的农村居民的消费结构中食品所占比重最低，居住、家庭设备及其服务、医疗保健等其他消费方面支出比重大，可见该类地区农村居民消费结构比较合理、生活质量较高，但同时也可发现由于这类地区住房价格较高，用于居住消费支出占较大比重。

② 由于气候、生活习惯不同，南方、北方的农村消费结构明显不同，东部和西部也存在着很大差异。

总之，我国居民消费受地区经济发展不平衡影响，地区间消费结构不平衡，一些地区消费结构合理，生活质量高，而有些地区消费结构不尽合理，生活质量较低。只有加快消费结构相对不合理地区的经济发展，提高居民收入水平，才是不断改善、优化居民消费结构的重要途径。

第10章　判别分析

判别分析是判别样品所属类型的一种统计分析方法，是一种在一些已知研究对象用某种方法已经分成若干类的情况下，通过新样品的观测数据判定新样品所属类别的方法。

判别分析与聚类分析不同。判别分析是在已知研究对象分成若干类型(或组别)并已取得各种类型的一批已知样品的观测数据的基础上根据某些准则建立判别式，然后对未知类型的样品进行判别分类。而聚类分析并不知道一批给定样品划分的类型，需要通过聚类分析来确定类型。

判别分析和聚类分析往往联合起来使用。判别分析要求先知道各类总体情况才能判断新样品的归类，当总体分类不清楚时，可先用聚类分析对原来的一批样品进行分类，然后再用判别分析建立判别式以对新样品进行判别。所以，资源与环境科学领域，在应用聚类分析时也往往需要应用判别分析。

因为判别分析是基于不完全信息做出的判断，它不可避免地会犯错误，一个好的判别法错判的概率应很小。除了错判概率，在判别分析问题中还应考虑费用，一个好的判别法则错误的损失应很小。

判别分析问题的描述：设有 k 个 m 维总体 $G_1, G_2, \cdots, G_k$，其分布特征已知(如已知分布函数分别为 $F_1(\boldsymbol{X}), F_2(\boldsymbol{X}), \cdots, F_k(\boldsymbol{X})$，或知道来自各个总体的训练样本)。对给定的一个新样品 $\boldsymbol{X}$，我们要判断它来自哪个总体。

在进行判别归类时，由假设的前提，判别的依据及处理的手法不同，可得出不同判别方法。本章介绍距离判别及其算法，并给出贝叶斯(Bayes)判别的简介。

10.1　距离判别

距离判别的基本思想：样品和哪个总体距离最近，就判断它属哪个总体。距离判别也称为直观判别法。距离判别法对各类(或总体)的分布没有特点的要求。

10.1.1　两个总体的距离判别

“距离”是多维数据分析中的一个重要概念，许多多维数据分析方法是建立在

距离概念基础上的。对于 p 维空间中的两个点

$$\boldsymbol{X}=(x_1,x_2,\dots,x_p)^{\mathrm{T}},\quad \boldsymbol{Y}=(y_1,y_2,\dots,y_p)^{\mathrm{T}}$$

最常见的距离是欧式距离,即

$$d(\boldsymbol{X},\boldsymbol{Y})=\sqrt{\sum_{i=1}^{p}(x_i-y_i)^2}$$

在判别分析中直接采用欧氏距离是不甚适合的,其原因是没有考虑总体分布的分散性信息,判别分析中通常采用 Mahalanobis 距离,简称马氏距离,首先给出马氏距离的定义。

定义 10.1(马氏距离)

(1) 设 $\boldsymbol{X},\boldsymbol{Y}$ 是来自均值向量为 $\boldsymbol{\mu}=(\mu_1,\mu_2,\cdots,\mu_m)^{\mathrm{T}}$、协方差矩阵为 $\boldsymbol{\Sigma}=(\sigma_{ij})_{m\times m}$ 的总体 G 的两个样品,则 $\boldsymbol{X},\boldsymbol{Y}$ 之间的马氏平方距离是:

$$d^2(\boldsymbol{X},\boldsymbol{Y})=(\boldsymbol{X}-\boldsymbol{Y})^{\mathrm{T}}\boldsymbol{\Sigma}^{-1}(\boldsymbol{X}-\boldsymbol{Y}) \tag{10.1}$$

又定义 $\boldsymbol{X}$ 与总体 G 的马氏平方距离是:

$$d^2(\boldsymbol{X},G)=(\boldsymbol{X}-\boldsymbol{\mu})^{\mathrm{T}}\boldsymbol{\Sigma}^{-1}(\boldsymbol{X}-\boldsymbol{\mu}) \tag{10.2}$$

(2) 设有两个总体 G_1 和 G_2,其均值向量分别为 $\boldsymbol{\mu}_1$ 和 $\boldsymbol{\mu}_2$,G_1 和 G_2 的协方差矩阵相等,皆为 Σ,则总体 G_1 和 G_2 间的马氏平方距离是:

$$d^2(G_1,G_2)=(\boldsymbol{\mu}_1-\boldsymbol{\mu}_2)^{\mathrm{T}}\boldsymbol{\Sigma}^{-1}(\boldsymbol{\mu}_1-\boldsymbol{\mu}_2) \tag{10.3}$$

这样,设 $\boldsymbol{X},\boldsymbol{Y}$ 是来自均值向量为 $\boldsymbol{\mu}$、协方差矩阵为 Σ 的总体的两个样品,则 $\boldsymbol{X}$ 与 $\boldsymbol{Y}$ 之间的马氏距离是:

$$d(\boldsymbol{X},\boldsymbol{Y})=[(\boldsymbol{X}-\boldsymbol{Y})^{\mathrm{T}}\boldsymbol{\Sigma}^{-1}(\boldsymbol{X}-\boldsymbol{Y})]^{\frac{1}{2}} \tag{10.4}$$

$\boldsymbol{X}$ 至总体 G 的马氏距离是:

$$d(\boldsymbol{X},G)=[(\boldsymbol{X}-\boldsymbol{\mu})^{\mathrm{T}}\boldsymbol{\Sigma}^{-1}(\boldsymbol{X}-\boldsymbol{\mu})]^{\frac{1}{2}} \tag{10.5}$$

马氏距离满足距离的三条基本性质:设 $\boldsymbol{X},\boldsymbol{Y},\boldsymbol{Z}$ 是来自总体 G 的三个样品,则

(1) $d(\boldsymbol{X},\boldsymbol{Y})\geqslant 0$,当且仅当 $\boldsymbol{X}=\boldsymbol{Y}$ 时 $d(\boldsymbol{X},\boldsymbol{Y})=0$;

(2) $d(\boldsymbol{X},\boldsymbol{Y})=d(\boldsymbol{Y},\boldsymbol{X})$;

(3) $d(\boldsymbol{X},\boldsymbol{Z})\leqslant d(\boldsymbol{X},\boldsymbol{Y})+d(\boldsymbol{Y},\boldsymbol{Z})$。

下面介绍两个总体的距离判别准则。

设 G_1,G_2 是两个不同的 p 维已知总体,G_1 的均值向量是 $\boldsymbol{\mu}_1$,协方差是 $\boldsymbol{\Sigma}_1$,G_2 的均值向量是 $\boldsymbol{\mu}_2$,协方差是 $\boldsymbol{\Sigma}_2$,设 $\boldsymbol{X}=(x_1,x_2,\dots,x_p)^{\mathrm{T}}$ 是一个待判样品,距离判别准则为:

$$\begin{cases} \boldsymbol{X} \in G_1, & 若\ d(\boldsymbol{X},G_1) \leqslant d(\boldsymbol{X},G_2) \\ \boldsymbol{X} \in G_2, & 若\ d(\boldsymbol{X},G_1) > d(\boldsymbol{X},G_2) \end{cases} \tag{10.6}$$

即当 $\boldsymbol{X}$ 到 G_1 的马氏距离不超过到 G_2 的马氏距离时，判定 $\boldsymbol{X}$ 来自 G_1；反之，判定 $\boldsymbol{X}$ 来自 G_2。

我们在特殊情况下对马氏距离判别准则的合理性给出解释。

设 G_1 是正态总体 $N_p(\boldsymbol{\mu}_1,\boldsymbol{\Sigma})$，$G_2$ 是正态总体 $N_p(\boldsymbol{\mu}_2,\boldsymbol{\Sigma})$。$G_1$ 的概率密度

$$f_1(\boldsymbol{X}) = \frac{1}{(2\pi)^{\frac{p}{2}}\ |\boldsymbol{\Sigma}|^{\frac{1}{2}}}\exp\left\{-\frac{1}{2}(\boldsymbol{X}-\boldsymbol{\mu}_1)^{\mathrm{T}}\boldsymbol{\Sigma}^{-1}(\boldsymbol{X}-\boldsymbol{\mu}_1)\right\} \tag{10.7}$$

G_2 的概率密度

$$f_2(\boldsymbol{X}) = \frac{1}{(2\pi)^{\frac{p}{2}}\ |\boldsymbol{\Sigma}|^{\frac{1}{2}}}\exp\left\{-\frac{1}{2}(\boldsymbol{X}-\boldsymbol{\mu}_2)^{\mathrm{T}}\boldsymbol{\Sigma}^{-1}(\boldsymbol{X}-\boldsymbol{\mu}_2)\right\} \tag{10.8}$$

两个总体的协方差矩阵相等，皆为 $\boldsymbol{\Sigma}$。对于新样品 $\boldsymbol{X}$，要判别 $\boldsymbol{X}$ 属于哪个总体。根据统计学似然比准则，很自然应将 $\boldsymbol{X}$ 判归在该样品观测值处其概率密度较大的那个总体，即有下列判别准则：

$$\begin{cases} \boldsymbol{X} \in G_1, & 若\dfrac{f_1(\boldsymbol{X})}{f_2(\boldsymbol{X})} \geqslant 1 \\ \boldsymbol{X} \in G_2, & 若\dfrac{f_1(\boldsymbol{X})}{f_2(\boldsymbol{X})} < 1 \end{cases} \tag{10.9}$$

而"$\dfrac{f_1(\boldsymbol{X})}{f_2(\boldsymbol{X})} \geqslant 1$"的充分必要条件是：

$$(\boldsymbol{X}-\boldsymbol{\mu}_1)^{\mathrm{T}}\boldsymbol{\Sigma}^{-1}(\boldsymbol{X}-\boldsymbol{\mu}_1) \leqslant (\boldsymbol{X}-\boldsymbol{\mu}_2)^{\mathrm{T}}\boldsymbol{\Sigma}^{-1}(\boldsymbol{X}-\boldsymbol{\mu}_2) \tag{10.10}$$

即

$$d(\boldsymbol{X},G_1) \leqslant d(\boldsymbol{X},G_2) \tag{10.11}$$

因此，当两总体 G_1，G_2 为正态总体且其协方差矩阵相等时，采用马氏距离判别准则与似然比准则是一致的。

下面，分别就两个总体协方差矩阵相等和不相等两种情况进一步讨论距离判别准则。

(1) 两个总体协方差矩阵相等的情况：$\boldsymbol{\Sigma}_1 = \boldsymbol{\Sigma}_2 = \boldsymbol{\Sigma}$。

考虑样品 $\boldsymbol{X}$ 到两总体的马氏平方距离的差：

$$\begin{aligned} d^2(\boldsymbol{X},G_2) - d^2(\boldsymbol{X},G_1) &= (\boldsymbol{X}-\boldsymbol{\mu}_2)^{\mathrm{T}}\boldsymbol{\Sigma}^{-1}(\boldsymbol{X}-\boldsymbol{\mu}_2) - (\boldsymbol{X}-\boldsymbol{\mu}_1)^{\mathrm{T}}\boldsymbol{\Sigma}^{-1}(\boldsymbol{X}-\boldsymbol{\mu}_1) \\ &= \boldsymbol{X}^{\mathrm{T}}\boldsymbol{\Sigma}^{-1}\boldsymbol{X} - 2\boldsymbol{\mu}_2^{\mathrm{T}}\boldsymbol{\Sigma}^{-1}\boldsymbol{X} + \boldsymbol{\mu}_2^{\mathrm{T}}\boldsymbol{\Sigma}^{-1}\boldsymbol{\mu}_2 - (\boldsymbol{X}^{\mathrm{T}}\boldsymbol{\Sigma}^{-1}\boldsymbol{X} - 2\boldsymbol{\mu}_1^{\mathrm{T}}\boldsymbol{\Sigma}^{-1}\boldsymbol{X} + \boldsymbol{\mu}_1^{\mathrm{T}}\boldsymbol{\Sigma}^{-1}\boldsymbol{\mu}_1) \\ &= -2\boldsymbol{\mu}_2^{\mathrm{T}}\boldsymbol{\Sigma}^{-1}\boldsymbol{X} + \boldsymbol{\mu}_2^{\mathrm{T}}\boldsymbol{\Sigma}^{-1}\boldsymbol{\mu}_2 + 2\boldsymbol{\mu}_1^{\mathrm{T}}\boldsymbol{\Sigma}^{-1}\boldsymbol{X} - \boldsymbol{\mu}_1^{\mathrm{T}}\boldsymbol{\Sigma}^{-1}\boldsymbol{\mu}_1 \end{aligned}$$

记 $$\begin{cases} W_1(\boldsymbol{X}) = \boldsymbol{a}_1^{\mathrm{T}}\boldsymbol{X} + b_1, \text{ 其中 } \boldsymbol{a}_1 = \boldsymbol{\Sigma}^{-1}\boldsymbol{\mu}_1, b_1 = -\dfrac{1}{2}\boldsymbol{\mu}_1^{\mathrm{T}}\boldsymbol{\Sigma}^{-1}\boldsymbol{\mu}_1 \\ W_2(\boldsymbol{X}) = \boldsymbol{a}_2^{\mathrm{T}}\boldsymbol{X} + b_2, \text{ 其中 } \boldsymbol{a}_2 = \boldsymbol{\Sigma}^{-1}\boldsymbol{\mu}_2, b_2 = -\dfrac{1}{2}\boldsymbol{\mu}_2^{\mathrm{T}}\boldsymbol{\Sigma}^{-1}\boldsymbol{\mu}_2 \end{cases} \tag{10.12}$$

则

$$d^2(\boldsymbol{X},G_2) - d^2(\boldsymbol{X},G_1) = -2[W_2(\boldsymbol{X}) - W_1(\boldsymbol{X})]$$

或者从另一角度看，有

$$\begin{aligned} & d^2(\boldsymbol{X},G_2) - d^2(\boldsymbol{X},G_1) \\ & = 2\boldsymbol{X}^{\mathrm{T}}\boldsymbol{\Sigma}^{-1}(\boldsymbol{\mu}_1 - \boldsymbol{\mu}_2) + \boldsymbol{\mu}_2^{\mathrm{T}}\boldsymbol{\Sigma}^{-1}\boldsymbol{\mu}_2 - \boldsymbol{\mu}_1^{\mathrm{T}}\boldsymbol{\Sigma}^{-1}\boldsymbol{\mu}_1 + \boldsymbol{\mu}_1^{\mathrm{T}}\boldsymbol{\Sigma}^{-1}\boldsymbol{\mu}_2 - \boldsymbol{\mu}_2^{\mathrm{T}}\boldsymbol{\Sigma}^{-1}\boldsymbol{\mu}_1 \\ & = -2\boldsymbol{X}^{\mathrm{T}}\boldsymbol{\Sigma}^{-1}(\boldsymbol{\mu}_1 - \boldsymbol{\mu}_2) - (\boldsymbol{\mu}_1 + \boldsymbol{\mu}_2)\boldsymbol{\Sigma}^{-1}(\boldsymbol{\mu}_1 - \boldsymbol{\mu}_2) \\ & = 2(\boldsymbol{x} - \bar{\boldsymbol{\mu}})^{\mathrm{T}}\boldsymbol{\Sigma}^{-1}(\boldsymbol{\mu}_1 - \boldsymbol{\mu}_2) \end{aligned}$$

其中：$\bar{\boldsymbol{\mu}} = \dfrac{1}{2}(\boldsymbol{\mu}_1 + \boldsymbol{\mu}_2)$，即 $\bar{\boldsymbol{\mu}}$ 是两总体均值向量的平均。记

$$W(\boldsymbol{X}) = \boldsymbol{a}^{\mathrm{T}}(\boldsymbol{X} - \bar{\boldsymbol{\mu}}) \tag{10.13}$$

其中：$\boldsymbol{a} = \boldsymbol{\Sigma}^{-1}(\boldsymbol{\mu}_1 - \boldsymbol{\mu}_2)$，则

$$d^2(\boldsymbol{X},G_2) - d^2(\boldsymbol{X},G_1) = 2W(\boldsymbol{X})$$

这样，距离判别准则(10.6)化为

$$\begin{cases} \boldsymbol{X} \in G_1, \text{ 若 } W_1(\boldsymbol{X}) \geqslant W_2(\boldsymbol{X}) \\ \boldsymbol{X} \in G_2, \text{ 若 } W_1(\boldsymbol{X}) < W_2(\boldsymbol{X}) \end{cases} \tag{10.14}$$

其中：$W_1(\boldsymbol{X})$，$W_2(\boldsymbol{X})$ 如式(10.13)所示，或者

$$\begin{cases} \boldsymbol{X} \in G_1, \text{ 若 } W(\boldsymbol{X}) \geqslant 0 \\ \boldsymbol{X} \in G_2, \text{ 若 } W(\boldsymbol{X}) < 0 \end{cases} \tag{10.15}$$

其中：$W(\boldsymbol{X})$ 如(10.13)所示。

上述 $W_1(\boldsymbol{X})$，$W_2(\boldsymbol{X})$ 及 $W(\boldsymbol{X})$ 皆是线性判别函数。

在实际问题中，$\boldsymbol{\Sigma}$ 及 $\boldsymbol{\mu}_1$，$\boldsymbol{\mu}_2$ 通常是未知的，所具有的数据资料只是来自两个 p 维总体的样本观测值，称为训练样本。设 $\boldsymbol{X}_1^{(1)}, \boldsymbol{X}_2^{(1)}, \cdots, \boldsymbol{X}_{n_1}^{(1)}$ 是来自总体 G_1 的容量为 n_1 的训练样本，$\boldsymbol{X}_1^{(2)}, \boldsymbol{X}_2^{(2)}, \cdots, \boldsymbol{X}_{n_2}^{(2)}$ 是来自总体 G_2 的容量为 n_2 的训练样本，这时可用训练样本估计 $\boldsymbol{\mu}_1$，$\boldsymbol{\mu}_2$ 及 $\boldsymbol{\Sigma}$。$\boldsymbol{\mu}_1$，$\boldsymbol{\mu}_2$ 的估计是各训练样本的均值向量，即：

$$\hat{\boldsymbol{\mu}}_1 = \frac{1}{n_1}\sum_{i=1}^{n_1}\boldsymbol{X}_i^{(1)} = \bar{\boldsymbol{X}}^{(1)}, \quad \hat{\boldsymbol{\mu}}_2 = \frac{1}{n_2}\sum_{i=1}^{n_1}\boldsymbol{X}_i^{(2)} = \bar{\boldsymbol{X}}^{(2)} \tag{10.16}$$

又两个训练样本的协方差矩阵各为：

$$\boldsymbol{S}_1=\frac{1}{n_1-1}\sum_{i=1}^{n_1}(\boldsymbol{X}_i^{(1)}-\bar{\boldsymbol{X}}^{(1)})(\boldsymbol{X}_i^{(1)}-\bar{\boldsymbol{X}}^{(1)})^{\mathrm{T}} \tag{10.17}$$

$$\boldsymbol{S}_2=\frac{1}{n_2-1}\sum_{i=1}^{n_1}(\boldsymbol{X}_i^{(2)}-\bar{\boldsymbol{X}}^{(2)})(\boldsymbol{X}_i^{(2)}-\bar{\boldsymbol{X}}^{(2)})^{\mathrm{T}} \tag{10.18}$$

当 $\Sigma_1=\Sigma_2=\Sigma$ 时，Σ 的一个联合估计是

$$\boldsymbol{S}=\hat{\boldsymbol{\Sigma}}=\frac{(n_1-1)\boldsymbol{S}_1+(n_2-1)\boldsymbol{S}_2}{n_1+n_2-2} \tag{10.19}$$

线性判别函数 $W_1(\boldsymbol{X})$，$W_2(\boldsymbol{X})$及 $W(\boldsymbol{X})$的估计各为：

$$\begin{cases}\hat{W}_1(\boldsymbol{X})=\hat{\boldsymbol{a}}_1^{\mathrm{T}}\boldsymbol{X}+\hat{b}_1\text{，其中，}\hat{a}_1=\boldsymbol{S}^{-1}\bar{\boldsymbol{X}}^{(1)},b_1=-\dfrac{1}{2}(\bar{\boldsymbol{X}}^{(1)})^{\mathrm{T}}\boldsymbol{S}^{-1}\bar{\boldsymbol{X}}^{(1)}\\ \hat{W}_2(\boldsymbol{X})=\hat{\boldsymbol{a}}_2^{\mathrm{T}}\boldsymbol{X}+\hat{b}_2\text{，其中，}\hat{a}_2=\boldsymbol{S}^{-1}\bar{\boldsymbol{X}}^{(2)},b_2=-\dfrac{1}{2}(\bar{\boldsymbol{X}}^{(2)})^{\mathrm{T}}\boldsymbol{S}^{-1}\bar{\boldsymbol{X}}^{(2)}\\ \hat{W}(\boldsymbol{X})=\hat{\boldsymbol{a}}^{\mathrm{T}}(\boldsymbol{X}-\bar{\boldsymbol{X}})\text{，其中，}\hat{a}=\boldsymbol{S}^{-1}(\bar{\boldsymbol{X}}^{(1)}-\bar{\boldsymbol{X}}^{(2)}),\bar{\boldsymbol{X}}=\dfrac{1}{2}(\bar{\boldsymbol{X}}^{(1)}+\bar{\boldsymbol{X}}^{(2)})\end{cases} \tag{10.20}$$

两个总体的距离判别准则为：

$$\begin{cases}\boldsymbol{X}\in G_1, & \text{若 }\hat{W}_1(\boldsymbol{X})\geqslant\hat{W}_2(\boldsymbol{X})\\ \boldsymbol{X}\in G_2, & \text{若 }\hat{W}_1(\boldsymbol{X})<\hat{W}_2(\boldsymbol{X})\end{cases} \tag{10.21}$$

(2) 两个总体协方差矩阵不等的情况：$\boldsymbol{\Sigma}_1\neq\boldsymbol{\Sigma}_2$。

这时，若令

$$d_1^2(\boldsymbol{X})=(\boldsymbol{X}-\boldsymbol{\mu}_1)^{\mathrm{T}}\boldsymbol{\Sigma}_1^{-1}(\boldsymbol{X}-\boldsymbol{\mu}_1)$$
$$d_2^2(\boldsymbol{X})=(\boldsymbol{X}-\boldsymbol{\mu}_2)^{\mathrm{T}}\boldsymbol{\Sigma}_2^{-1}(\boldsymbol{X}-\boldsymbol{\mu}_2)$$

则距离判别准则(10.6)为：

$$\begin{cases}\boldsymbol{X}\in G_1, & \text{若 }d_2^2(\boldsymbol{X})\geqslant d_1^2(\boldsymbol{X})\\ \boldsymbol{X}\in G_2, & \text{若 }d_2^2(\boldsymbol{X})<d_1^2(\boldsymbol{X})\end{cases} \tag{10.22}$$

其中：$d_1^2(\boldsymbol{X})$，$d_2^2(\boldsymbol{X})$分别是样品 $\boldsymbol{X}$ 到两个总体 G_1，G_2 的马氏平方距离，它们皆是 $\boldsymbol{X}$ 的二次函数，称为二次判别函数。

实际应用中，$\boldsymbol{\mu}_1$，$\boldsymbol{\mu}_2$，$\boldsymbol{\Sigma}_1$，$\boldsymbol{\Sigma}_2$ 往往未知，它们可用各总体的训练样本作估计，即分别以$\bar{\boldsymbol{X}}^{(1)}$、$\bar{\boldsymbol{X}}^{(2)}$估计 $\boldsymbol{\mu}_1$、$\boldsymbol{\mu}_2$，分别以 $\boldsymbol{S}_1$，$\boldsymbol{S}_2$ 估计 $\boldsymbol{\Sigma}_1$、$\boldsymbol{\Sigma}_2$，得到 $d_1^2(\boldsymbol{X})$，$d_2^2(\boldsymbol{X})$的估计

分别为：

$$\hat{d}_1^2(\boldsymbol{X}) = (\boldsymbol{X} - \bar{\boldsymbol{X}}^{(1)})^{\mathrm{T}} \boldsymbol{S}_1^{-1} (\boldsymbol{X} - \bar{\boldsymbol{X}}^{(1)})$$

$$\hat{d}_2^2(\boldsymbol{X}) = (\boldsymbol{X} - \bar{\boldsymbol{X}}^{(2)})^{\mathrm{T}} \boldsymbol{S}_2^{-1} (\boldsymbol{X} - \bar{\boldsymbol{X}}^{(2)})$$

判别法则为：

$$\begin{cases} \boldsymbol{X} \in G_1, & 若\ \hat{d}_2^2(\boldsymbol{X}) \geqslant \hat{d}_1^2(\boldsymbol{X}) \\ \boldsymbol{X} \in G_2, & 若\ \hat{d}_2^2(\boldsymbol{X}) < \hat{d}_1^2(\boldsymbol{X}) \end{cases} \tag{10.23}$$

10.1.2 判别准则的评价

对于一个判别准则，一般都会产生误判，即将本属于某个总体的样品错误地判归另一个总体。以两个一维正态总体的距离判别为例，设 $\boldsymbol{G}_1$ 和 $\boldsymbol{G}_2$ 分别为正态总体 $N(\boldsymbol{\mu}_1, \boldsymbol{\sigma}^2)$ 和 $N(\boldsymbol{\mu}_2, \boldsymbol{\sigma}^2)$，此处 $\boldsymbol{\mu}_1 < \boldsymbol{\mu}_2$。这是对于一个新样品 $\boldsymbol{X}$，判别准则式(10.15)为：

$$\begin{cases} \boldsymbol{X} \in \boldsymbol{G}_1, & 若\ \boldsymbol{X} \leqslant \dfrac{1}{2}(\boldsymbol{\mu}_1 + \boldsymbol{\mu}_2) \\ \boldsymbol{X} \in \boldsymbol{G}_2, & 若\ \boldsymbol{X} > \dfrac{1}{2}(\boldsymbol{\mu}_1 + \boldsymbol{\mu}_2) \end{cases} \tag{10.24}$$

即使 $\boldsymbol{X} \leqslant \frac{1}{2}(\boldsymbol{\mu}_1 + \boldsymbol{\mu}_2)$，它仍有可能属于 $\boldsymbol{G}_2$，其概率为：

$$p(1 \mid 2) = \frac{1}{\sqrt{2\pi}\sigma} \int_{-\infty}^{\frac{1}{2}(\mu_1+\mu_2)} \exp\left\{ -\frac{(t - \boldsymbol{\mu}_2)^2}{2\boldsymbol{\sigma}^2} \right\} \mathrm{d}t > 0$$

但按上述判别准则，却判 $\boldsymbol{X} \in \boldsymbol{G}_1$，因此 $p(1|2)$ 是将真正属于 $\boldsymbol{G}_2$ 的样品误判为属于 $\boldsymbol{G}_1$ 的概率。同样，即使 $\boldsymbol{X} > \frac{1}{2}(\boldsymbol{\mu}_1 + \boldsymbol{\mu}_2)$，它仍有可能属于 $\boldsymbol{G}_1$，其概率为：

$$p(2 \mid 1) = \frac{1}{\sqrt{2\pi}\sigma} \int_{\frac{1}{2}(\mu_1+\mu_2)}^{\infty} \exp\left\{ -\frac{(t - \boldsymbol{\mu}_1)^2}{2\boldsymbol{\sigma}^2} \right\} \mathrm{d}t > 0$$

但按如上判别准则，却判 $\boldsymbol{X} \in \boldsymbol{G}_2$，因此 $p(1|2)$ 是将真正属于 $\boldsymbol{G}_1$ 的样品误判为属于 $\boldsymbol{G}_2$ 的概率。由于上述概率均大于零，因此在此准则下，会产生误判的情况。

在一定判别准则下，将一个样品判错的概率称为该判别准则的误判概率，简称误判率。以下就两个总体的情况给出误判概率。设有两个总体 $\boldsymbol{G}_1, \boldsymbol{G}_2$，对于判别准则 $\boldsymbol{R}$，以 $p(j|i, \boldsymbol{R})(j \neq i)$ 表示在判别准则 $\boldsymbol{R}$ 下将属于 $\boldsymbol{G}_i$ 的样品误判为属于 $\boldsymbol{G}_j$ 条件概率，以 $p_i(i=1,2)$ 表示一个样品属于 $\boldsymbol{G}_i(i=1,2)$ 的概率（此概率称为先验概

率）。设 $\boldsymbol{X}$ 为任一样品，则由全概率公式，判别准则 $\boldsymbol{R}$ 的误判概率为：

$$
\begin{aligned}
p^{*} &= P(\text{将 } \boldsymbol{X} \text{ 判错}) \\
&= P(\boldsymbol{X} \in G_1, \text{但判 } \boldsymbol{X} \in G_2) + P(\boldsymbol{X} \in G_2, \text{但判 } \boldsymbol{X} \in G_1) \\
&= P(\boldsymbol{X} \in G_1, P(\text{判 } \boldsymbol{X} \in G_2 \mid \boldsymbol{X} \in G_1)) + P(\boldsymbol{X} \in G_2, P(\text{判 } \boldsymbol{X} \in G_1 \mid \boldsymbol{X} \in G_2)) \\
&= p_1 P(2 \mid 1, \boldsymbol{R}) + p_2 P(1 \mid 2, \boldsymbol{R})
\end{aligned}
$$

若不考虑误判造成的损失，则一个判别准则的误判概率的大小自然是评价其优劣的一个标准。但是，如上述分析那样，要直接计算一个判别准则的误判率一般需要各总体的分布完全已知，这在实际中常常是不可能的，因为通常我们所具有的资料只是来自各总体训练样本数据。因此，一个可行的做法就是基于训练样本数据对误判率进行估计。下面就两个总体的情况介绍两种常用的误判率估计方法，即回代估计法和交叉确认估计法。

10.1.2.1　误判率回代估计法

设 G_1, G_2 为两个总体，$\boldsymbol{X}_1^{(1)}, \boldsymbol{X}_2^{(1)}, \cdots, \boldsymbol{X}_{n_1}^{(1)}$ 与 $\boldsymbol{X}_1^{(2)}, \boldsymbol{X}_2^{(2)}, \cdots, \boldsymbol{X}_{n_1}^{(2)}$ 是分别来自 G_1 和 G_2 的训练样本，其容量分别是 n_1 与 n_2。以全体训练样本作为 $n_1 + n_2$ 个新样品，逐个代入已建立的判别准则中判别其归属，这个过程称为回判。回判结果见表 10.1。

表 10.1　回判结果

实际回归	回判情况	
	G_1	G_2
G_1	n_{11}	n_{12}
G_2	n_{21}	n_{22}

其中 n_{12} 是将属于 G_1 的样品误判为属于 G_2 的个数，n_{21} 是将属于 G_2 的样品误判为属于 G_1 的个数，总的误判个数是 $n_{12} + n_{21}$，而两总体训练样品的总数是 $n_1 + n_2$，误判率的回代估计为：

$$
\hat{p}_r^{*} = \frac{n_{12} + n_{21}}{n_1 + n_2}
$$

误判率的回代估计易于计算，但是 $\hat{p}_r^{*}$ 是由建立判别函数的数据反过来用作评估准则的数据而得到的，因此 $\hat{p}_r^{*}$ 往往比真实误判率小，当训练样本容量较大时，$\hat{p}_r^{*}$ 可作为真实误判率的一种近似估计。

10.1.2.2　误判率的交叉确认估计法

误判率的交叉确认估计是每次剔除训练样本中的一个样品，利用其余容量为

n_1+n_2-1 的训练样本建立相应判别准则，再用所建立的判别准则对剔除的那个样品作判别。对训练样本中的每个样品作上述分析，以其误判的比例作为误判概率估计。具体步骤如下：

(1)从总体 G_1 的容量 n_1 训练样本开始，依次剔除其中的一个样品，用剩余的容量为 n_1-1 的训练样本和总体 G_2 的容量为 n_2 的训练样本建立相应的判别函数。

(2)用建立的判别函数对剔除的那个样品作判别。

(3)重复步骤(1)和(2)，直到 G_1 的训练样本中的 n_1 个样品依次被剔除，又依次进行判别，其误判的样品个数记为 n_{12}^*。

(4)对总体 G_2 的训练样本重复步骤(1)，(2)，(3)并记其误判的样品个数为 n_{21}^*。以

$$\hat{p}_c^* = \frac{n_{12}^* + n_{21}^*}{n_1 + n_2}$$

作为误判率的估计。

此估计误判率的方法称为交叉确认估计法，所得到的估计称为误判率的交叉确认估计。此方法较回代估计法更合理，但计算量较大。

例 10.1 (裴鑫德，1991)设有两个不同品种小麦植株的总体 G_1 和 G_2，对这两个总体分布观测了以下变量值：

$\boldsymbol{X}_1$：株高(cm)；$\boldsymbol{X}_2$：有效分蘖数；$\boldsymbol{X}_3$：穗长(cm)；$\boldsymbol{X}_4$：有效小穗数；$\boldsymbol{X}_5$：穗粒数；$\boldsymbol{X}_6$：穗粒重(g)。

并假设两总体有不同的未知均值 $\boldsymbol{\mu}_1$ 和 $\boldsymbol{\mu}_2$ 及相同的未知协方差矩阵 $\Sigma(\Sigma_1=\Sigma_2=\Sigma)$，两总体的样本数据如表 10.2 所示，试进行判别。

表 10.2 不同品种小麦生长数据

序号	总体											
	G_1						G_2					
	$\boldsymbol{X}_1$	$\boldsymbol{X}_2$	$\boldsymbol{X}_3$	$\boldsymbol{X}_4$	$\boldsymbol{X}_5$	$\boldsymbol{X}_6$	$\boldsymbol{X}_1$	$\boldsymbol{X}_2$	$\boldsymbol{X}_3$	$\boldsymbol{X}_4$	$\boldsymbol{X}_5$	$\boldsymbol{X}_6$
1	77.60	136	9.65	12.6	322	14.7	65.55	166	9.29	11.3	323	13.1
2	83.45	177	9.76	13.1	321	14.5	67.10	132	9.52	11.7	319	13.6
3	76.20	164	10.52	13.9	384	17.1	66.25	173	9.88	12.1	318	13.6
4	80.30	185	9.76	12.5	259	15.4	80.45	155	11.19	13.8	394	17.6
5	82.30	187	9.77	13.4	314	14.4	78.3	202	10.78	13.3	376	16.7
6	86.00	171	9.25	13.0	278	13.0	77.8	155	10.86	14.0	401	18.2

续表 10.2

序号	G_1						G_2					
	$\boldsymbol{X}_1$	$\boldsymbol{X}_2$	$\boldsymbol{X}_3$	$\boldsymbol{X}_4$	$\boldsymbol{X}_5$	$\boldsymbol{X}_6$	$\boldsymbol{X}_1$	$\boldsymbol{X}_2$	$\boldsymbol{X}_3$	$\boldsymbol{X}_4$	$\boldsymbol{X}_5$	$\boldsymbol{X}_6$
7	90.50	211	9.75	12.9	308	13.6	79.20	161	10.68	14.3	417	17.8
8	81.50	158	10.38	13.6	258	14.8	82.65	158	10.64	12.2	382	17.4
9	79.75	176	9.31	12.0	307	13.2	79.85	156	10.83	13.7	366	16.1
10	86.85	175	10.23	14.2	330	14.6	67.30	157	9.78	11.8	354	14.0
11	72.90	139	10.29	12.9	346	15.5	70.65	173	9.97	12.2	310	12.5
12	73.50	124	9.68	12.0	308	14.1	67.15	159	9.99	12.3	325	11.9
13	86.85	149	10.33	13.5	337	15.1	80.85	160	10.47	12.7	358	15.5
14	89.15	224	9.70	13.0	317	14.7	81.80	162	10.87	13.9	403	18.3
15	78.05	149	9.63	12.6	285	12.4	81.15	178	11.07	13.8	401	16.2
16	81.95	200	9.28	12.8	272	12.5	82.95	177	11.04	13.5	366	16.6
17	81.70	187	9.46	12.6	276	12.3	81.20	172	11.14	14.1	412	19.3
18	89.65	200	9.58	11.1	285	12.5	83.85	192	11.24	14.1	372	17.2
19	79.90	152	9.49	13.2	275	11.7	67.60	164	10.07	11.9	305	11.8
20	71.15	144	9.55	12.0	292	11.9	64.35	170	9.34	11.0	303	11.6
21	83.05	147	10.30	13.3	326	14.2	66.40	158	9.71	11.9	326	12.9
22	87.25	231	10.32	13.1	332	14.7	79.10	162	10.49	12.9	395	17.0
23	78.65	183	9.90	14.1	324	14.6	81.65	171	11.31	14.1	403	17.2
24	79.95	165	9.34	12.5	290	12.1	79.35	162	10.43	12.6	390	15.9
25	86.65	198	10.07	12.7	293	12.3	78.90	166	11.14	14.0	432	18.4
26	92.05	212	9.81	13.1	304	13.9	80.45	172	11.32	14.3	306	18.7
27	76.80	193	9.80	13.1	288	13.4	83.75	202	10.38	13.4	343	13.8

解　(1) 由式(10.16)计算两总体的均值的估计值，即样本的均值见表 10.3。

表 10.3　例 10.1 的样本均值

	$\bar{\boldsymbol{X}}_1$	$\bar{\boldsymbol{X}}_2$
x_1	81.987 04	76.133 33
x_2	175.444 44	167.222 22
x_3	9.811 48	10.497 41
x_4	12.918 52	12.996 30
x_5	304.851 85	363.000 00
x_6	13.822 22	15.662 96

(2)由式(10.19)计算样本协方差矩阵 $S=\hat{\Sigma}=\frac{(n_1-1)S_1+(n_2-1)S_2}{n_1+n_2-2}$,得表10.4。

表10.4 例10.1的样本协方差矩阵

38.814 29					
71.911 65	498.064 10				
1.970 64	0.986 69	0.267 82			
3.135 48	2.611 54	0.375 33	0.756 35		
91.288 43	−34.177 35	11.929 34	18.345 66	1206.296 30	
6.546 46	0.374 15	0.829 86	1.279 75	50.878 63	3.731 34

(3)计算样本判别函数:由(10.20),得到样本判别函数

$$\hat{W}_1(\boldsymbol{X})=0.100\,7\boldsymbol{X}_1+0.205\,5\boldsymbol{X}_2+75.135\,8\boldsymbol{X}_3+1.694\,6\boldsymbol{X}_4+0.161\,2\boldsymbol{X}_5-15.987\,2\boldsymbol{X}_6-315.811\,6$$

$$\hat{W}_2(\boldsymbol{X})=-0.493\,1\boldsymbol{X}_1+0.280\,1\boldsymbol{X}_2+84.840\,7\boldsymbol{X}_3-4.886\,6\boldsymbol{X}_4+0.227\,8\boldsymbol{X}_5-16.306\,9\boldsymbol{X}_6-351.338\,6$$

回代样本资料数据,算出 $\hat{W}_1(\boldsymbol{X})$ 和 $\hat{W}_2(\boldsymbol{X})$ 的值并比较大小,做出归类,如表10.5和表10.6,其中带“*”号的为错判。本例共有3个错判,说明回判准确率比较高。

表10.5 判别情况综合结果

实际	预报	
	G_1	G_2
G_1	24	2
G_2	0	27

10.1.3 多个总体的距离判别

类似两个总体的讨论推广到多个总体。

设有 k 个总体:$G_1,G_2,\cdots,G_k(k>2)$,它们的均值向量和协方差阵分别为 $\boldsymbol{\mu}_i$,$\Sigma_i(i=1,2,\cdots,k)$。对任给的 m 元样品 $\boldsymbol{X}=(x_1,x_2,\cdots,x_m)^{\mathrm{T}}$,要判断它来自哪个总体。多个总体的情况,按距离最近的准则对 $\boldsymbol{X}$ 进行判别归类时,首先计算样品 $\boldsymbol{X}$ 到 k 个总体的马氏距离 $d_i^2(\boldsymbol{X})(i=1,2,\cdots,k)$,然后进行比较,把 $\boldsymbol{X}$ 判归距离最小

的那个总体。设 $i=l$ 时，若 $d_l^2(\boldsymbol{X})=\min\limits_{i=1,\cdots,k}\{d_i^2(\boldsymbol{X})\}$，则 $\boldsymbol{X}\in G_l$。若最小距离在不止一个总体达到，则可将 $\boldsymbol{X}$ 判属具有最小距离总体的任一个。下面仍然就各协方差矩阵相等和不相等的情况讨论。

(1) 总体协方差矩阵相等：$\Sigma_1=\Sigma_2=\cdots=\Sigma_k=\Sigma$。

对任意两个总体 G_i,G_j，考察 $\boldsymbol{X}$ 到 G_i 和 G_j 的马氏平方距离的差：

$$d^2(\boldsymbol{X},G_j)-d^2(\boldsymbol{X},G_i)=-2[W_j(\boldsymbol{X})-W_i(\boldsymbol{X})]$$

其中：

$$W_i(\boldsymbol{X})=a_i^{\mathrm{T}}\boldsymbol{X}+b_i,\ 而\ \boldsymbol{a}_i=\Sigma^{-1}\boldsymbol{\mu}_i,b_i=-\frac{1}{2}\boldsymbol{\mu}_i^{\mathrm{T}}\Sigma^{-1}\boldsymbol{\mu}_i$$

$$W_j(\boldsymbol{X})=a_j^{\mathrm{T}}\boldsymbol{X}+b_j,\ 而\ \boldsymbol{a}_j=\Sigma^{-1}\boldsymbol{\mu}_j,b_j=-\frac{1}{2}\boldsymbol{\mu}_j^{\mathrm{T}}\Sigma^{-1}\boldsymbol{\mu}_j$$

易见

$$d^2(\boldsymbol{X},G_j)\geqslant d^2(\boldsymbol{X},G_i)\Leftrightarrow W_i(\boldsymbol{X})\geqslant W_j(\boldsymbol{X})$$

这样，得到多总体在总体协方差矩阵相等时的距离判别准则：若总体 G_{j0} 满足

$$W_{j0}(\boldsymbol{X})=\max_{1\leqslant j\leqslant k}W_j(\boldsymbol{X}) \tag{10.25}$$

则判定 $\boldsymbol{X}\in G_{j0}$；若多于一个 j_0 使式(10.25)成立，则判定 $\boldsymbol{X}$ 属于满足式(10.25)的任何一个 G_{j0}。

当总体均值向量 $\boldsymbol{\mu}_1,\boldsymbol{\mu}_2,\cdots,\boldsymbol{\mu}_k$ 及公共协方差矩阵 Σ 未知时，可利用各总体的训练样本做出估计。设 $\boldsymbol{X}_1^{(j)},\boldsymbol{X}_2^{(j)},\cdots,\boldsymbol{X}_{n_j}^{(j)}$ 是来自总体 G_j 的训练样本，$j=1,2,\cdots,k$，记

$$\hat{\boldsymbol{\mu}}_j=\frac{1}{n_j}\sum_{i=1}^{n_j}\boldsymbol{X}_i^{(j)}=\bar{X}^{(j)}\quad(j=1,2,\cdots,k)$$

$$\boldsymbol{S}_j=\frac{1}{n_j-1}\sum_{i=1}^{n_j}(\boldsymbol{X}_i^{(j)}-\bar{\boldsymbol{X}}^{(j)})(\boldsymbol{X}_i^{(j)}-\bar{\boldsymbol{X}}^{(j)})^{\mathrm{T}}$$

则 Σ 的一个联合估计是：

$$\hat{\Sigma}=\frac{1}{n-k}[(n_1-1)\boldsymbol{S}_1+(n_2-1)\boldsymbol{S}_2+\cdots+(n_k-1)\boldsymbol{S}_k]=\boldsymbol{S}$$

其中：$n=\sum\limits_{j=1}^{k}n_j$。

以 $\bar{\boldsymbol{X}}^{(j)}$(即 $\hat{\boldsymbol{\mu}}_j$)，$\boldsymbol{S}$(即 $\hat{\Sigma}$)分别代替 $\boldsymbol{\mu}_j,\Sigma$，得相应的 $W_j(\boldsymbol{X})$ 的估计为：

$$\hat{W}_j(\boldsymbol{X}) = \hat{a}_j^{\mathrm{T}}\boldsymbol{X} + \hat{b}_j$$

其中：

$$\hat{a}_j = \boldsymbol{S}^{-1}\hat{\boldsymbol{X}}_j,\quad b_j = -\frac{1}{2}(\bar{\boldsymbol{X}}^{(j)})^{\mathrm{T}} S^{-1}\bar{\boldsymbol{X}}^{(j)}$$

这样，多总体的距离判别准则为：若

$$\hat{W}_{j0}(\boldsymbol{X}) = \max_{1\leqslant j\leqslant k}\hat{W}_j(\boldsymbol{X}) \tag{10.26}$$

则判定 $\boldsymbol{X}\in G_{j0}$。

(2) 总体协方差矩阵不全相等：计算 $\boldsymbol{X}$ 至各总体 G_j 的马氏平方距离：

$$d^2(\boldsymbol{X},\boldsymbol{G}_j) = (\boldsymbol{X}-\boldsymbol{\mu}_j)^{\mathrm{T}}\Sigma_j^{-1}(\boldsymbol{X}-\boldsymbol{\mu}_j)\quad (j=1,2,\cdots k)$$

记

$$d_j^2(\boldsymbol{X}) = d^2(\boldsymbol{X},G_j)\quad (j=1,2,\cdots k)$$

$d_j^2(\boldsymbol{X})$是二次判别函数，得到多总体距离判别法则。若

$$d_{j0}^2(\boldsymbol{X}) = \min_{1\leqslant j\leqslant k} d_j^2(\boldsymbol{X}) \tag{10.27}$$

则判定 $\boldsymbol{X}\in G_{j0}$。

同样，若 $\boldsymbol{\mu}_j$，$\Sigma(j=1,2,\cdots,k)$未知，则可用其估计值$\bar{\boldsymbol{X}}^{(j)}$，$S_j(j=1,2,\cdots k)$代替，得到二次判别函数 $d_j^2(\boldsymbol{X})$的估计为

$$\hat{d}_j^2(\boldsymbol{X}) = (\boldsymbol{X}-\bar{\boldsymbol{X}}^{(j)})^{\mathrm{T}} S_j^{-1}(\boldsymbol{X}-\bar{\boldsymbol{X}}^{(j)})\quad (j=1,2,\cdots,k)$$

对于多总体的距离判别，也可同两个总体的情况一样给出判别概率并有类似的误判率的回代估计及交叉确认估计方法。

10.2 贝叶斯(Bayes)判别简介

距离判别只要求知道总体的特征量(即参数)——均值和协方差阵，不涉及总体的分布类型。当参数未知时，就用样本均值和样本协方差阵来估计。距离判别方法简单，结论明确，是很实用的方法。但该方法也有缺点：一是该判别法与个总体出现的机会大小(先验概率)完全无关；二是判别方法没有考虑错判造成的损失。贝叶斯判别法正是为解决这两方面问题而提出的判别方法。

一个好的判别方法，既要考虑到各个总体出现的先验概率，又要考虑到错判造成的损失，贝叶斯(Bayes)判别就具有这些优点，其判别效果更加理想，应用也更广泛。

贝叶斯公式是一个我们熟知的公式：

$$P(B_i \mid A) = \frac{P(A \mid B_i)}{\sum P(A \mid B_i) P(B_i)}$$

贝叶斯(Bayes)统计是统计学的一个重要分支,其基本思想是:假定对所研究的对象(总体)在抽样前已有一定的认识,常用先验概率分布来描述这种认识,然后,基于抽取的样本对先验认识作修正,得到后验概率分布,而各种统计推断均基于后验分布来进行。将贝叶斯思想用于判别分析就得到贝叶斯判别法。

10.2.1　两个总体的贝叶斯判别

10.2.1.1　一般讨论

设有 2 个总体 G_1,G_2,它们具有概率分布密度函数,且分别为 $f_1(\boldsymbol{X})$,$f_2(\boldsymbol{X})$。设这 2 个总体的先验概率为:

$$p_1 = P(G_1), \quad p_2 = P(G_2)$$

其中:$p_1 + p_2 = 1$。

对于 m 维指标观测值 $\boldsymbol{X} = (x_1, x_2, \cdots, x_m)^{\mathrm{T}}$,它的取值空间是 m 维欧式空间 $\Re^m$,一个判别法则实质上是对空间 $\Re^m$ 的一个划分,记为 $\boldsymbol{R}_1$,$\boldsymbol{R}_2$ 并满足下列条件:

$$\boldsymbol{R}_1 \cup \boldsymbol{R}_2 = \Re^m, \quad \boldsymbol{R}_1 \cap \boldsymbol{R}_2 = 空$$

例如,在两个总体的距离判别中

$$\boldsymbol{R}_1 = \{\boldsymbol{X}: d(\boldsymbol{X}, G_1) \leqslant d(\boldsymbol{X}, G_2)\}$$
$$\boldsymbol{R}_2 = \{\boldsymbol{X}: d(\boldsymbol{X}, G_1) > d(\boldsymbol{X}, G_2)\}$$

当 $\boldsymbol{X} \in R_1$ 时,判 $\boldsymbol{X}$ 来自 G_1,当 $\boldsymbol{X} \in R_2$ 时,判 $\boldsymbol{X}$ 来自 G_2。

在判别准则 $\boldsymbol{R}$ 下,将来自 G_1 的样品误判为属于 G_2 的概率是:

$$P(2 \mid 1, \boldsymbol{R}) = \int_{R_2} f_1(\boldsymbol{X}) \mathrm{d}\boldsymbol{X}$$

而将来自 G_2 的样品误判为属于 G_1 的概率是:

$$P(1 \mid 2, \boldsymbol{R}) = \int_{R_1} f_2(\boldsymbol{X}) \mathrm{d}\boldsymbol{X}$$

设将属于 G_1 的样品误判为属于 G_2 造成的损失是 $C(2|1)$,而将属于 G_2 的样品误判为属于 G_1 造成的损失是 $C(1|2)$。一般地,将属于 G_i 的样品误判为属于 G_j 造成的损失是 $C(j|i)$,总假定 $C(1|1)=C(2|2)=0$,贝叶斯判别即寻求 $\boldsymbol{R}=(\boldsymbol{R}_1, \boldsymbol{R}_2)$,使平均误判损失达到最小。

当得到新样品 $\boldsymbol{X}$ 后,由贝叶斯公式得总体 G_1,G_2 的后验概率(条件概率)是:

$$\begin{cases} P(G_1 \mid \boldsymbol{X}) = \dfrac{p_1 f_1(\boldsymbol{X})}{p_1 f_1(\boldsymbol{X}) + p_2 f_2(\boldsymbol{X})} \\ P(G_2 \mid \boldsymbol{X}) = \dfrac{p_2 f_2(\boldsymbol{X})}{p_1 f_1(\boldsymbol{X}) + p_2 f_2(\boldsymbol{X})} \end{cases} \tag{10.28}$$

可以证明：当 $C(2|1)=C(1|2)$ 时，两总体贝叶斯判别的一个最优分划是：

$$\begin{cases} \boldsymbol{R}_1 = \{\boldsymbol{X}: p(G_1 \mid \boldsymbol{X}) \geqslant p(G_2 \mid \boldsymbol{X})\} \\ \boldsymbol{R}_2 = \{\boldsymbol{X}: p(G_2 \mid \boldsymbol{X}) < p(G_1 \mid \boldsymbol{X})\} \end{cases} \tag{10.29}$$

从而得到在等损失时两个总体的贝叶斯判别法则：

$$\begin{cases} \boldsymbol{X} \in G_1 & 若\ p(G_1 \mid \boldsymbol{X}) \geqslant p(G_2 \mid \boldsymbol{X}) \\ \boldsymbol{X} \in G_2 & 若\ p(G_1 \mid \boldsymbol{X}) < p(G_2 \mid \boldsymbol{X}) \end{cases} \tag{10.30}$$

这时，最优划分 $\boldsymbol{R}$ 使误判概率：

$$p^* = p_1 P(2 \mid 1, \boldsymbol{R}) + p_2 P(1 \mid 2, \boldsymbol{R})$$

达到最小。

10.2.1.2 两个正态总体的贝叶斯判别

下面讨论两个正态总体的贝叶斯判别。先讨论 $C(2|1)=C(1|2)$ 的情况。

(1) $\Sigma_1=\Sigma_2=\Sigma$。

设总体 G_1, G_2 的协方差矩阵相等且为 Σ，其概率密度

$$f_j(\boldsymbol{X}) = \frac{1}{(2\pi)^{\frac{p}{2}} \mid \Sigma \mid^{\frac{1}{2}}} \exp\left\{-\frac{1}{2}(\boldsymbol{X}-\boldsymbol{\mu}_j)^{\mathrm{T}} \Sigma^{-1} (\boldsymbol{X}-\boldsymbol{\mu}_j)\right\} \quad (j=1,2)$$

则

$$\ln f_j(\boldsymbol{X}) = -\frac{p}{2}\ln(2\pi) - \frac{1}{2}\ln \mid \Sigma \mid - \frac{1}{2}(\boldsymbol{X}-\boldsymbol{\mu}_j)^{\mathrm{T}} \Sigma^{-1} (\boldsymbol{X}-\boldsymbol{\mu}_j) \quad (j=1,2)$$

$$\begin{aligned} \boldsymbol{R}_1 &= \{\boldsymbol{X}: p_2 f_2(\boldsymbol{X}) \leqslant p_1 f_1(\boldsymbol{X})\} \\ &= \{\boldsymbol{X}: \ln f_2(\boldsymbol{X}) + \ln p_2 \leqslant \ln f_1(\boldsymbol{X}) + \ln p_1\} \\ &= \left\{\boldsymbol{X}: -\frac{1}{2}(\boldsymbol{X}-\boldsymbol{\mu}_2)^{\mathrm{T}} \Sigma^{-1} (\boldsymbol{X}-\boldsymbol{\mu}_2) + \ln p_2\right. \\ &\quad \left. \leqslant -\frac{1}{2}(\boldsymbol{X}-\boldsymbol{\mu}_1)^{\mathrm{T}} \Sigma^{-1} (\boldsymbol{X}-\boldsymbol{\mu}_1) + \ln p_1\right\} \end{aligned}$$

判别函数为：

$$W_1(\boldsymbol{X}) = \boldsymbol{a}_1^{\mathrm{T}} \boldsymbol{X} + b_1, \text{ 其中 } \boldsymbol{a}_1 = \Sigma^{-1} \boldsymbol{\mu}_1, b_1 = -\frac{1}{2} \boldsymbol{\mu}_1^{\mathrm{T}} \Sigma^{-1} \boldsymbol{\mu}_1 + \ln p_1$$

$$W_2(\boldsymbol{X}) = \boldsymbol{a}_2^{\mathrm{T}} \boldsymbol{X} + b_2, \text{ 其中 } \boldsymbol{a}_2 = \Sigma^{-1} \boldsymbol{\mu}_2, b_2 = -\frac{1}{2} \boldsymbol{\mu}_2^{\mathrm{T}} \Sigma^{-1} \boldsymbol{\mu}_2 + \ln p_2$$

判别准则：

$$\boldsymbol{R}_1 = \{\boldsymbol{X} : W_1(\boldsymbol{X}) \geqslant W_2(\boldsymbol{X})\}$$
$$\boldsymbol{R}_2 = \{\boldsymbol{X} : W_1(\boldsymbol{X}) \geqslant W_2(\boldsymbol{X})\}$$

其中：$W_1(\boldsymbol{X})$，$W_2(\boldsymbol{X})$皆是线性判别函数。

当$\boldsymbol{\mu}_1$，$\boldsymbol{\mu}_2$及Σ未知时，它们分别由G_1，G_2的训练样本算得均值$\bar{\boldsymbol{X}}^{(1)}$，$\bar{\boldsymbol{X}}^{(2)}$及协方差矩阵的联合估计$\boldsymbol{S}(=\hat{\Sigma})$来估计，线性判别函数为：

$$\begin{cases} \hat{W}_1(\boldsymbol{X}) = \hat{\boldsymbol{a}}_1^{\mathrm{T}}\boldsymbol{X} + \hat{b}_1, \text{ 其中}\hat{\boldsymbol{a}}_1 = \boldsymbol{S}^{-1}\,\bar{\boldsymbol{X}}^{(1)}, \hat{b}_1 = -\dfrac{1}{2}(\bar{\boldsymbol{X}}^{(1)})^{\mathrm{T}}\boldsymbol{S}^{-1}\,\bar{\boldsymbol{X}}^{(1)} + \ln p_1 \\ \hat{W}_2(\boldsymbol{X}) = \hat{\boldsymbol{a}}_2^{\mathrm{T}}\boldsymbol{X} + \hat{b}_2, \text{ 其中}\hat{\boldsymbol{a}}_2 = \boldsymbol{S}^{-1}\,\bar{X}^{(2)}, \hat{b}_2 = -\dfrac{1}{2}(\bar{\boldsymbol{X}}^{(2)})^{\mathrm{T}}\boldsymbol{S}^{-1}\,\bar{\boldsymbol{X}}^{(2)} + \ln p_2 \end{cases} \tag{10.31}$$

当$p_1 = p_2 = \dfrac{1}{2}$时，可在式(10.28)的$\hat{b}_1$，$\hat{b}_2$中略去$\ln p_1 = \ln p_2 = \ln\dfrac{1}{2}$项，所得的线性判别函数与距离判别线性函数相同，见式(10.16)。因此，对于两个协方差矩阵相等的正态总体而言，在误判损失相等，先验概率相同时，其贝叶斯判别与距离判别是等价的。

(2) $\boldsymbol{\Sigma}_1 \neq \boldsymbol{\Sigma}_2$。此时：

$$\boldsymbol{R}_1 = \left\{\boldsymbol{X} : -\frac{1}{2}(\boldsymbol{X} - \boldsymbol{\mu}_2)^{\mathrm{T}}\boldsymbol{\Sigma}_2^{-1}(\boldsymbol{X} - \boldsymbol{\mu}_2) - \frac{1}{2}\ln|\boldsymbol{\Sigma}_2| + \ln p_2 \right.$$
$$\left. \leqslant -\frac{1}{2}(\boldsymbol{X} - \boldsymbol{\mu}_1)^{\mathrm{T}}\boldsymbol{\Sigma}_1^{-1}(\boldsymbol{X} - \boldsymbol{\mu}_1) - \frac{1}{2}\ln|\boldsymbol{\Sigma}_1| + \ln p_1 \right\}$$
$$\boldsymbol{R}_2 = \left\{\boldsymbol{X} : -\frac{1}{2}(\boldsymbol{X} - \boldsymbol{\mu}_2)^{\mathrm{T}}\boldsymbol{\Sigma}_2^{-1}(\boldsymbol{X} - \boldsymbol{\mu}_2) - \frac{1}{2}\ln|\boldsymbol{\Sigma}_2| + \ln p_2 \right.$$
$$\left. > -\frac{1}{2}(\boldsymbol{X} - \boldsymbol{\mu}_1)^{\mathrm{T}}\boldsymbol{\Sigma}_1^{-1}(\boldsymbol{X} - \boldsymbol{\mu}_1) - \frac{1}{2}\ln|\boldsymbol{\Sigma}_1| + \ln p_1 \right\}$$

记广义平方距离为：

$$d_j^2(\boldsymbol{X}) = (\boldsymbol{X} - \boldsymbol{\mu}_j)^{\mathrm{T}}\boldsymbol{\Sigma}_j^{-1}(\boldsymbol{X} - \boldsymbol{\mu}_j) + \ln|\boldsymbol{\Sigma}_j| - 2\ln p_j \quad (j = 1,2) \tag{10.32}$$

得最优划分为：

$$\begin{cases} \boldsymbol{R}_1 = \{\boldsymbol{X} : d_1^2(\boldsymbol{X}) \leqslant d_2^2(\boldsymbol{X})\} \\ \boldsymbol{R}_2 = \{\boldsymbol{X} : d_1^2(\boldsymbol{X}) > d_2^2(\boldsymbol{X})\} \end{cases} \tag{10.33}$$

后验概率为：

$$P_j(G_j \mid \boldsymbol{X}) = \frac{\exp\left(-\frac{1}{2}d_j^2(\boldsymbol{X})\right)}{\exp\left(-\frac{1}{2}d_1^2(\boldsymbol{X})\right)+\exp\left(-\frac{1}{2}d_2^2(\boldsymbol{X})\right)} \quad (j=1,2) \tag{10.34}$$

当 $\boldsymbol{\mu}_1,\boldsymbol{\mu}_2$ 及 Σ_1,Σ_2 未知时，分别以 $\bar{\boldsymbol{X}}^{(1)},\bar{\boldsymbol{X}}^{(2)}$ 及 $\boldsymbol{S}_1,\boldsymbol{S}_2$ 估计得：

$$\hat{d}_j^2(\boldsymbol{X}) = (\boldsymbol{X}-\bar{\boldsymbol{X}}^{(j)})^{\mathrm{T}}\boldsymbol{S}_j^{-1}(\boldsymbol{X}-\bar{\boldsymbol{X}}^{(j)}) - \ln|\boldsymbol{S}_j| - 2\ln p_j \quad (j=1,2) \tag{10.35}$$

$$\hat{P}_j(G_j \mid \boldsymbol{X}) = \frac{\exp\left(-\frac{1}{2}\hat{d}_j^2(\boldsymbol{X})\right)}{\exp\left(-\frac{1}{2}\hat{d}_1^2(\boldsymbol{X})\right)+\exp\left(-\frac{1}{2}\hat{d}_2^2(\boldsymbol{X})\right)} \quad (j=1,2) \tag{10.36}$$

这样，两个正态总体在协方差矩阵不等时的贝叶斯判别法则为：

$$\begin{cases}\boldsymbol{X}\in G_1 & 当\ \hat{p}(G_1 \mid \boldsymbol{X}) \geqslant \hat{p}(G_2 \mid \boldsymbol{X}) \\ \boldsymbol{X}\in G_2 & 当\ \hat{p}(G_1 \mid \boldsymbol{X}) < \hat{p}(G_2 \mid \boldsymbol{X})\end{cases} \tag{10.37}$$

当 $p_1=p_2=\frac{1}{2}$ 时，略去式(10.32)中的“$-2\ln p_j(j=1,2)$”项，得到判别函数：

$$\hat{d}_j^2(\boldsymbol{X}) = (\boldsymbol{X}-\bar{\boldsymbol{X}}^{(j)})^{\mathrm{T}}\boldsymbol{S}_j^{-1}(X-\bar{\boldsymbol{X}}^{(j)}) - \ln|\boldsymbol{S}_j| \quad (j=1,2) \tag{10.38}$$

而在距离判别中，判别函数是：

$$\hat{d}_j^2(\boldsymbol{X},G_j) = (\boldsymbol{X}-\bar{\boldsymbol{X}}^{(j)})^{\mathrm{T}}\boldsymbol{S}_j^{-1}(\boldsymbol{X}-\bar{\boldsymbol{X}}^{(j)}) \quad (j=1,2)$$

因此，两个正态总体的贝叶斯判别与两个总体的距离判别当 $\Sigma_1\neq\Sigma_2$ 时是不一样的。训练样本的协方差矩阵 $\boldsymbol{S}_j$ 的行列式 $|\boldsymbol{S}_j|$ 可以视作广义方差，度量了 G_j 的训练样本分散性。

当先验概率采用等概率，即 $p_1=p_2=\frac{1}{2}$ 时，$P(2|1)$ 的一个粗略估计是 $\frac{n_{12}}{n_1}$，$P(1|2)$ 的一个粗略估计是 $\frac{n_{21}}{n_2}$，其中 n_1,n_2,n_{12},n_{21} 的意义与本章 10.1.2 节相同。此时误判概率的一个粗略估计为：

$$\hat{p}^* = \frac{1}{2}\left(\frac{n_{21}}{n_2}+\frac{n_{12}}{n_1}\right)$$

当 p_1,p_2 以训练样本容量按比例选取，即：

$$p_1 = \frac{n_1}{n_1+n_2},\quad p_2 = \frac{n_2}{n_1+n_2}$$

这时，误判概率的另一个粗略估计为：

$$\hat{p}^* = \frac{n_1}{n_1+n_2}\cdot\frac{n_{12}}{n_1}+\frac{n_2}{n_1+n_2}\cdot\frac{n_{21}}{n_2}=\frac{n_{12}+n_{21}}{n_1+n_2}$$

这即是误判概率的回代估计。

例 10.2　（梅长林，范金成，2006）某气象站预报某地区有无春旱的观测资料中，$\boldsymbol{X}_1$ 与 $\boldsymbol{X}_2$ 是与气象有关的两个综合预报因子。数据包括发生春旱的 6 个年份的 $\boldsymbol{X}_1$，$\boldsymbol{X}_2$ 的观测值和无春旱的 8 个年份的相应的观测值。观测数据如表 10.6 所示。假定两总体均服从正态分布且协方差矩阵 $\Sigma_1 \neq \Sigma_2$，误判损失相同，先验概率按比例分配，即：

$$p_1 = \frac{6}{14} = 0.4286,\quad p_1 = \frac{8}{14} = 0.5714$$

进行两总体的贝叶斯判别。

表 10.6　某地区气象综合因子观测数据

序号	G_1：春旱		序号	G_2：无春旱	
	X_1	X_2		X_1	X_2
1	24.8	−2.0	7	22.1	−0.70
2	24.1	−2.4	8	21.6	−1.4
3	26.6	−3.0	9	22.0	−0.8
4	23.5	−1.9	10	22.8	−1.6
5	25.5	−2.1	11	22.7	−1.5
6	17.4	−3.1	12	21.5	−1.0
			13	22.1	−1.2
			14	21.4	−1.3

解　计算两个总体的样本均值：

$$\bar{\boldsymbol{X}}^{(1)} = (25.3167, -2.4167)^{\mathrm{T}},\quad \bar{\boldsymbol{X}}^{(2)} = (22.0250, -1.1875)^{\mathrm{T}}$$

样本协方差矩阵：

$$\boldsymbol{S}_1 = \begin{pmatrix} 2.2131 & -0.6577 \\ -0.6577 & 0.2697 \end{pmatrix},\quad \boldsymbol{S}_2 = \begin{pmatrix} 0.2736 & -0.0632 \\ -0.0632 & 0.1069 \end{pmatrix}$$

$$\ln|\boldsymbol{S}_1| = -1.8053,\quad \ln|\boldsymbol{S}_2| = -3.6783$$

计算广义平方距离函数：

$$\hat{d}_j^2(\boldsymbol{X}) = (\boldsymbol{X} - \bar{\boldsymbol{X}}^{(j)})^{\mathrm{T}} \boldsymbol{S}_j^{-1} (\boldsymbol{X} - \bar{\boldsymbol{X}}^{(j)}) + \ln |\boldsymbol{S}_j| - 2\ln p_j \quad (j = 1,2)$$

并计算后验概率：

$$\hat{P}(G_j \mid \boldsymbol{X}) = \frac{\exp(-0.5\hat{d}_j^2(\boldsymbol{X}))}{\sum_{k=1}^{2} \exp(-0.5\hat{d}_k^2(\boldsymbol{X}))} \quad (j = 1,2)$$

得到贝叶斯判别的回代判别结果如表 10.7 所示。

表 10.7　某地区有无春旱的回判结果

样品序号	所属总体	判入总体	$P(G_1 \mid \boldsymbol{X})$	$P(G_2 \mid \boldsymbol{X})$
1	G_1	G_1	1.000 0	0.000 0
2	G_1	G_1	0.999 8	0.000 2
3	G_1	G_1	1.000 0	0.000 0
4	G_1	G_1	0.940 0	0.060 0
5	G_1	G_1	1.000 0	0.000 0
6	G_1	G_1	1.000 0	0.000 0
7	G_2	G_2	0.002 3	0.997 7
8	G_2	G_2	0.028 1	0.971 9
9	G_2	G_2	0.003 7	0.996 3
10	G_2	G_2	0.215 2	0.784 8
11	VG_2	G_2	0.126 1	0.873 9
12	G_2	G_2	0.010 7	0.989 3
13	G_2	G_2	0.017 8	0.982 2
14	G_2	G_2	0.025 8	0.974 2

误判率的回代估计　$p_r^* = 0$

若按照交叉确认法，则广义平方距离函数应该按照下式计算：

$$\tilde{d}_j^2(\boldsymbol{X}) = (\boldsymbol{X} - \bar{\boldsymbol{X}}_{(x)}^{(j)})^{\mathrm{T}} S_{(x)j}^{-1} (\boldsymbol{X} - \bar{\boldsymbol{X}}_{(x)}^{(j)}) + \ln |\boldsymbol{S}_{(x)j}| - 2\ln p_j \quad (j = 1,2)$$

其中：$\bar{\boldsymbol{X}}_{(x)}^{(j)}$，$\boldsymbol{S}_{(x)j}$ 分别是去除样品 $\boldsymbol{X}$ 后算得的均值向量及协方差矩阵，而后验概率按下式计算：

$$\tilde{P}(G_j \mid \boldsymbol{X}) = \frac{\exp(0.5\tilde{d}_j^2(\boldsymbol{X}))}{\sum_{k=1}^{2} \exp(-0.5\tilde{d}_k^2(\boldsymbol{X}))} \quad (j = 1,2)$$

得到贝叶斯判别的交叉确认法结果如表 10.8 所示。

表 10.8 某地区有无春旱的交叉确认法判别结果

样品序号	所属总体	判入总体	$P(G_1\|X)$	$P(G_2\|X)$
1	G_1	G_1	1.000 0	0.000 0
2	G_1	G_1	0.999 8	0.001 1
3	G_1	G_1	1.000 0	0.000 0
4	G_1	G_1	0.895 9	0.104 1
5	G_1	G_1	1.000 0	0.000 0
6	G_1	G_1	1.000 0	0.000 0
7	G_2	G_2	0.008 5	0.991 5
8	G_2	G_2	0.043 9	0.956 1
9	G_2	G_2	0.005 5	0.994 5
10	G_2	G_1^*	0.505 9	0.494 1
11	G_2	G_2	0.204 5	0.795 5
12	G_2	G_2	0.013 7	0.986 3
13	G_2	G_2	0.020 7	0.976 3
14	G_2	G_2	0.051 2	0.944 8

其中“*”表示误判，即将属于 G_2 的 10 号样品误判为属于 G_1，因此，误判率的交叉确认估计是 $p_c^*=\frac{1}{14}=0.071\,4$。

10.2.2 多个总体的贝叶斯判别

10.2.2.1 一般讨论

设有 k 个总体 $G_1,G_2,\cdots,G_k$，G_j 的概率密度为 $f_j(\boldsymbol{X})$，$j=1,2,\cdots,k$。各总体出现的先验概率：

$$p_j = P(G_j) \quad (j = 1,2,\cdots,k)$$

满足 $\sum_{j=1}^{k} p_j = 1$。

这时，一个判别实质上是对空间 $\Re^p$ 的一个不相重叠的划分 $\boldsymbol{R}_1,\boldsymbol{R}_2,\cdots,\boldsymbol{R}_k$，满足

$$\bigcup_{j=1}^{k} \boldsymbol{R}_j = \Re^p, \quad \boldsymbol{R}_i \cap \boldsymbol{R}_j = \varnothing \quad (i \neq j) \tag{10.39}$$

这一划分记为$\boldsymbol{R}=(\boldsymbol{R}_1,\boldsymbol{R}_2,\cdots,\boldsymbol{R}_k)$，它代表一个判别准则。

在判别准则$\boldsymbol{R}=(\boldsymbol{R}_1,\boldsymbol{R}_2,\cdots,\boldsymbol{R}_{\mathrm{k}})$下，将来自$G_i$的样品误判来自$G_j$的概率为

$$P(j \mid i,R)=\int_{R_j} f_i(\boldsymbol{X})\mathrm{d}\boldsymbol{X} \quad (j=1,2,\cdots,k,\text{且 } j\neq i) \tag{10.40}$$

设来自G_i的样品误判为来自G_j的损失记为$C(j|i)$，我们总约定$C(i|i)=0$。$C(j|i)$构成一个损失矩阵：

$$\begin{pmatrix} 0 & C(2\mid 1) & \cdots & C(k\mid 1) \\ C(1\mid 2) & 0 & \cdots & C(k\mid 2) \\ \vdots & \vdots & & \vdots \\ C(1\mid k) & C(2\mid k) & \cdots & 0 \end{pmatrix}$$

很多情况假定$C(j|i)=$常数，$j\neq i$。这时，可设：

$$C(j\mid i)=\begin{cases}1, & j\neq i\\ 0, & j=i\end{cases}$$

在这种情况下，来自G_i的样品误判为来自其他总体的概率是：

$$\sum_{j\neq i}P(j\mid i,\boldsymbol{R})$$

当G_j出现的先验概率$p_j(j=1,2,\cdots,k)$时，误判概率是：

$$p^*=\sum_{i=1}^{k}p_i\Big(\sum_{j\neq k}P(j\mid i,\boldsymbol{R})\Big)=\sum_{i=1}^{k}\sum_{j\neq k}p_iP(j\mid i,\boldsymbol{R}) \tag{10.41}$$

一个最优划分$\boldsymbol{R}=(\boldsymbol{R}_1,\boldsymbol{R}_2,\cdots,\boldsymbol{R}_k)$应该使$p^*$达到最小。

在损失函数为$C(j|i)$的一般情况下，将来自G_i的样品误判为来自其他总体的平均损失为

$$l_i=\sum_{i=1}^{k}p_iP(j\mid i,\boldsymbol{R})C(j\mid i)$$

（注意：$C(i|i)=0$），当G_j出现的先验概率是p_j，$j=1,2,\cdots k$时，误判平均损失是：

$$L=\sum_{i=1}^{k}p_il_i=\sum_{i=1}^{k}\sum_{j=1}^{k}p_iC(j\mid i)P(j\mid i,R) \tag{10.42}$$

一个最优划分应使L达到最小。

（1）当$C(j|i)=\begin{cases}1, & i\neq j\\ 0, & i=j\end{cases}$的情况：

因 $\sum_{i=1}^{k}P(j\mid i,R)=1$，故 $\sum_{j\neq i}P(j\mid i,\boldsymbol{R})=1-P(i\mid i,\boldsymbol{R})$，从而有

$$p^{*}=\sum_{i=1}^{k}p_{i}(1-P(i\mid i,\boldsymbol{R}))=\sum_{i=1}^{k}p_{i}\left(1-\int_{R_i}f_{i}(\boldsymbol{X})\mathrm{d}\boldsymbol{X}\right)$$

$$=1-\sum_{i=1}^{k}\int_{R_i}p_{i}f_{i}(\boldsymbol{X})\mathrm{d}\boldsymbol{X}$$

当取 $R_i=\{\boldsymbol{X}:p_if_i(\boldsymbol{X})=\max\limits_{1\leqslant j\leqslant k}p_jf_j(\boldsymbol{X})\}$，$i=1,2,\cdots,k$ 时，$\boldsymbol{R}=(\boldsymbol{R}_1,\boldsymbol{R}_2,\cdots,\boldsymbol{R}_k)$是 $\mathfrak{R}^p$ 的一个划分，且使 p^* 达到最小值，故它是最优划分。

又由贝叶斯公式，当出现样品 $\boldsymbol{X}$ 时，总体 G_i 的后验概率：

$$P(G_i\mid\boldsymbol{X})=\frac{p_if_i(\boldsymbol{X})}{\sum_{j=1}^{k}p_if_i(\boldsymbol{X})}\tag{10.43}$$

故最优划分 $\boldsymbol{R}=(\boldsymbol{R}_1,\boldsymbol{R}_2,\cdots,\boldsymbol{R}_k)$又可表示为：

$$R_i=\{\boldsymbol{X}:P(G_i\mid\boldsymbol{X})=\max_{1\leqslant j\leqslant k}P(G_j\mid\boldsymbol{X})\},\quad i=1,2,\cdots,k\tag{10.44}$$

这说明，当出现样品 $\boldsymbol{X}$ 时，应判定 $\boldsymbol{X}$ 来自后验概率最大的那个总体 G_i，这符合贝叶斯统计推断原则，其统计意义非常清楚。当达到最大后验概率的 G_i 不止一个时，可判为达到最大后验概率的总体的任何一个。

(2) 一般损失函数 $C(j|i)$的情况：

这时，误判的平均损失

$$L=\sum_{i=1}^{k}\sum_{j=1}^{k}p_iC(j\mid i)P(j\mid i,\boldsymbol{R})$$

$$=\sum_{i=1}^{k}\sum_{j=1}^{k}p_iC(j\mid i)\int_{R_j}f_i(\boldsymbol{X})\mathrm{d}\boldsymbol{X}$$

$$=\sum_{j=1}^{k}\int_{R_j}\sum_{i=1}^{k}p_iC(j\mid i)f_i(\boldsymbol{X})\mathrm{d}\boldsymbol{X}$$

记

$$h_j(\boldsymbol{X})=\sum_{i=1}^{k}p_iC(j\mid i)f_i(\boldsymbol{X})\quad(j=1,2,\cdots,k)$$

则

$$L = \sum_{j=1}^{k} \int_{R_j} h_j(\boldsymbol{X}) \mathrm{d}\boldsymbol{X}$$

取划分 $\boldsymbol{R}=(\boldsymbol{R}_1, \boldsymbol{R}_2, \cdots, \boldsymbol{R}_k)$ 为

$$R_j = \{\boldsymbol{X} : h_j(\boldsymbol{X}) = \min_{1 \leqslant i \leqslant k} h_i(\boldsymbol{X})\} \quad (j = 1, 2, \cdots, k)$$

显然这一划分使 $\boldsymbol{L}$ 达到最小,故它是最优划分。

因 $P(G_i | \boldsymbol{X}) \propto p_i f_i(\boldsymbol{X})$,若记:

$$H(G_j \mid \boldsymbol{X}) = \sum_{i=1}^{k} C(j \mid i) P(G_i \mid \boldsymbol{X}) \quad (j = 1, 2, \cdots, k)$$

$H(G_j | \boldsymbol{X})$表示出现 $\boldsymbol{X}$ 后,将 $\boldsymbol{X}$ 判定为来自总体 G_j 造成的后验平均损失。$\boldsymbol{R}_j$ 可表示为:

$$R_j = \{\boldsymbol{X} : H(G_j \mid \boldsymbol{X}) = \min_{1 \leqslant i \leqslant k} H(G_i \mid \boldsymbol{X})\} \quad (j = 1, 2, \cdots, k) \qquad (10.45)$$

这意味着,当出现样品 $\boldsymbol{X}$ 时,应判定 $\boldsymbol{X}$ 来自后验平均损失达到最小的那个总体 G_j。当使后验平均误判损失达到最小的总体不止一个时,可判 $\boldsymbol{X}$ 属于其中的任何一个总体。

10.2.2.2 多个正态总体的贝叶斯判别

(1) 当 $C(j|i)=\begin{cases}1, & i \neq j \\ 0, & i=j\end{cases}$ 的情况。

① 当 $\Sigma_1 = \Sigma_2 = \cdots = \Sigma_k = \Sigma$ 时,设 $G_j \sim N_p(\boldsymbol{\mu}_j, \Sigma)$ $(j=1,2,\cdots,k)$。线性判别函数为:

$$W_j(\boldsymbol{X}) = \boldsymbol{a}_j^{\mathrm{T}} \boldsymbol{X} + b_j$$

其中:$\boldsymbol{a}_j = \Sigma^{-1} \boldsymbol{\mu}_j$, $b_j = -\dfrac{1}{2} \boldsymbol{\mu}_j^{\mathrm{T}} \Sigma^{-1} \boldsymbol{\mu}_j + \ln p_j$ $(j=1,2,\cdots,k)$。广义平方距离函数为:

$$d_j^2(\boldsymbol{X}) = (\boldsymbol{X} - \boldsymbol{\mu}_j)^{\mathrm{T}} \Sigma^{-1} (\boldsymbol{X} - \boldsymbol{\mu}_j) - 2\ln p_j \quad (j = 1, 2, \cdots, k)$$

后验概率为:

$$P(G_j \mid \boldsymbol{X}) = \frac{\exp\left(-\frac{1}{2} d_j^2(\boldsymbol{X})\right)}{\sum_{i=1}^{k} \exp\left(-\frac{1}{2} d_i^2(\boldsymbol{X})\right)} \quad (j = 1, 2, \cdots, k)$$

这时,最优划分:

$$\begin{aligned} \boldsymbol{R}_j &= \{\boldsymbol{X}: W_j(\boldsymbol{X}) = \max_{1\leqslant i\leqslant k} W_i(\boldsymbol{X})\} \\ &= \{\boldsymbol{X}: p(G_j \mid \boldsymbol{X}) = \max_{1\leqslant i\leqslant k} P(G_i \mid \boldsymbol{X})\} \end{aligned} \quad (j=1,2,\cdots,k) \qquad (10.46)$$

当 $\boldsymbol{\mu}_1,\boldsymbol{\mu}_2,\cdots,\boldsymbol{\mu}_k$ 及 Σ 未知时，分别以 $\bar{\boldsymbol{X}}^{(1)},\bar{\boldsymbol{X}}^{(2)},\cdots,\bar{\boldsymbol{X}}^{(k)}$ 及 $\boldsymbol{S}$ 估计之，这里

$$\boldsymbol{S} = \frac{(n_1-1)\boldsymbol{S}_1 + (n_2-1)\boldsymbol{S}_2 + \cdots + (n_k-1)\boldsymbol{S}_k}{n_1+n_2+\cdots+n_k-k}$$

而

$$\boldsymbol{S}_j = \frac{1}{n_j-1}\sum_{i=1}^{n_j}(\boldsymbol{X}_i^{(j)} - \bar{\boldsymbol{X}}^{(j)})(\boldsymbol{X}_i^{(j)} - \bar{\boldsymbol{X}}^{(j)})^{\mathrm{T}} \quad (j=1,2,\cdots,k)$$

从而得到广义平方距离函数及后验概率的估计分别为：

$$\begin{aligned} d_j^2(\boldsymbol{X}) &= (\boldsymbol{X}-\bar{\boldsymbol{X}}^{(j)})^{\mathrm{T}}\boldsymbol{S}^{-1}(\boldsymbol{X}-\bar{\boldsymbol{X}}^{(j)}) - 2\ln p_j \\ &= C_{0j} + C_{1j}\boldsymbol{X}_1 + \cdots + C_{kj}\boldsymbol{X}_k \\ &\qquad (j=1,2,\cdots,k) \end{aligned} \qquad (10.47)$$

和 $\hat{P}(G_j|\boldsymbol{X})$。

② $\Sigma_1,\Sigma_2,\cdots,\Sigma_k$ 不全相等时，设 $G_j \sim N_p(\boldsymbol{\mu}_j,\Sigma_j)(j=1,2,\cdots,k)$，则

$$d_j^2(\boldsymbol{X}) = (\boldsymbol{X}-\boldsymbol{\mu}_j)^{\mathrm{T}}\Sigma_j^{-1}(\boldsymbol{X}-\boldsymbol{\mu}_j) + \ln|\Sigma_j| - 2\ln p_j \quad (j=1,2,\cdots,k)$$

后验概率

$$P(G_j \mid \boldsymbol{X}) = \frac{\exp\left(-\dfrac{1}{2}d_j^2(\boldsymbol{X})\right)}{\sum\limits_{i=1}^{k}\exp\left(-\dfrac{1}{2}d_i^2(\boldsymbol{X})\right)} \quad (j=1,2,\cdots,k)$$

这时，最优划分：

$$\boldsymbol{R}_j = \{\boldsymbol{X}: p(G_j \mid \boldsymbol{X}) = \max_{1\leqslant i\leqslant k} P(G_i \mid \boldsymbol{X})\} \quad (j=1,2,\cdots,k) \qquad (10.48)$$

当 $\boldsymbol{\mu}_1,\boldsymbol{\mu}_2,\cdots,\boldsymbol{\mu}_k$ 及 $\boldsymbol{\Sigma}_1,\boldsymbol{\Sigma}_2,\cdots,\boldsymbol{\Sigma}_k$ 未知时，分别以 $\bar{\boldsymbol{X}}^{(1)},\bar{\boldsymbol{X}}^{(2)},\cdots,\bar{\boldsymbol{X}}^{(k)}$ 及 $\boldsymbol{S}_1,\boldsymbol{S}_2,\cdots,\boldsymbol{S}_k$ 估计，从而得到 $d_j^2(\boldsymbol{X})$ 和 $P(G_j|\boldsymbol{X})$ 的估计 $\hat{d}_j^2(\boldsymbol{X})$ 和 $\hat{P}(G_j|\boldsymbol{X})$。

(2) 一般损失函数的情况：这时，对(1)中的①或②的情况，计算 $P(G_j|\boldsymbol{X})(j=1,2,\cdots,k)$，并记

$$H(G_j \mid \boldsymbol{X}) = \sum_{j=1}^{k} C(j \mid i) P(G_i \mid \boldsymbol{X}) \quad (j=1,2,\cdots,k)$$

最优划分

$$\boldsymbol{R}_j = \{\boldsymbol{X}: H(G_j \mid \boldsymbol{X}) = \min_{1\leqslant i\leqslant k} H(G_i \mid \boldsymbol{X})\} \quad (j=1,2,\cdots,k) \qquad (10.49)$$

第11章 层次分析方法

从事各种职业的人都会经常面对决策问题：一个厂长要决定购买哪种设备，上马什么产品；人力资源部门的负责人在应聘人员的时候要根据人品、能力、学历和预期工资待遇等因素来挑选合适的员工；个人股票投资者要根据资产情况、业绩、获利状况和口碑等因素选择股票；医生要为疑难病症确定治疗方案；各地区各部门的官员则要对人口、交通、经济、环境等领域的发展规划做出决策。

人们在处理上面这些决策问题的时候，要考虑的因素有多有少，有大有小，但是一个共同的特点是它们通常都涉及经济、社会、人文等方面的因素。在作比较、判断评价、决策时，这些因素的重要性、影响力或者优先程度往往难以量化，人的主观选择会起着相当主要的作用，这就给用一般的数学方法解决问题带来本质上的困难。

托马斯·L·萨蒂(T. L. Saaty，1926—)等在20世纪70年代提出了一种能有效地处理这样一类问题的实用方法，被称为层次分析法(analytic hierarchy process，AHP)。这是一种定性和定量相结合的、系统化的、层次化的分析方法。过去研究自然和社会现象主要有机理分析和统计分析两种方法，前者用经典的数学工具分析现象的因果关系，后者以随机数学为工具，通过大量观测数据寻求统计规律。近年来发展的系统分析是一种新的方法，而层次分析法就是系统分析的数学工具之一。

下面先介绍层次分析法的基本步骤和应用实例，再讨论该方法在理论、计算及建模等方面的若干问题。

11.1 基本步骤

层次分析法的基本思路与人对一个复杂的决策问题的思维判断过程大体是一样的。以选择旅游目的地为例(姜启源，1993)，假期旅游，你是去风光绮丽的苏杭，还是去迷人的北戴河海滨，或者去山水甲天下的桂林？假如有 P_1，P_2，P_3 三个旅游胜地供你选择，通常人们会根据诸如景色、费用、居住、饮食、旅途条件等一些准则去反复比较那三个候选地点。首先，人们会确定这些准则在其心目中各占多大比重，如果经济宽裕、醉心旅游，自然特别看重景色条件，而平素俭朴或手头拮据的人则会优先考虑费用，中老年旅游者还会对居住、饮食等条件寄予较大关注。其次，人们会就每一个准则将三个地点进行对比，譬如 P_1 景色最好，P_2 次之；P_2 费用最低，P_3 次之；P_3 居住等条件较好等等。最后，要将这两个层次的比较判断进行综合，在 P_1，P_2，P_3 中确定哪个作为最佳地点。

选择旅游地点的思维过程可以加工整理成以下几个步骤。

(1) 将决策问题分解为三个层次，最上层为目标层，即选择旅游地；最下层为方案层，有 P_1，P_2，P_3 三个供选择地点；中间层为准则层，有景色、费用、居住、饮食、旅途 5 个准则。各层间的联系用相连的直线表示(图 11.1)。

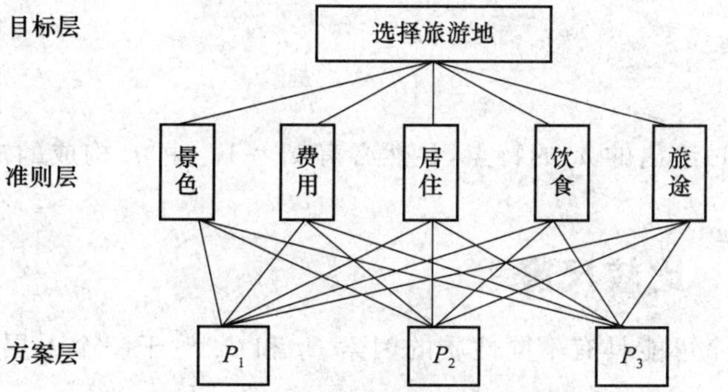

图 11.1　选择旅游地的层次结构

(2) 通过相互比较确定各准则对于目标及各方案对于每一准则的权重。这些权重在人的思维过程中通常是定性的，而在层次分析法中则要给出得到权重的定量方法。

(3) 将方案层对准则层的权重及准则层对目标层的权重进行综合，最终确定方案层对目标层的权重。在层次分析法中要给出进行综合的计算方法。

层次分析法将定性分析与定量计算结合起来完成上述步骤，给出决策结果。下面我们来说明如何比较同一层各因素对上层因素的影响，从而确定它们在上层因素中占的权重。

11.1.1　成对比较矩阵和权向量

涉及社会、经济、人文等因素的决策问题的主要困难在于，这些因素通常不易定量地测量。人们凭自己的经验和知识进行判断，当因素较多时给出的结果往往是不全面和不准确的，如果只是定性的结果，则常常不容易被别人接受。萨蒂等的做法，一是不把所有因素放在一起比较，而是两两相互对比；二是对比时采用相对尺度，以尽可能地减少性质不同的诸因素相互比较的困难，提高准确度。

假设要比较某一层 n 个因素 $C_1,C_2,\cdots,C_n$ 对上层一个因素 O 的影响，每次取两个因素 C_i 和 C_j，用 a_{ij} 表示 C_i 和 C_j 对 O 的影响之比，全部比较结果可用成对比较矩阵表示：

$$\begin{array}{c} \\ C_1 \\ C_2 \\ \vdots \\ C_n \end{array} \begin{array}{c} \begin{array}{cccc} C_1 & C_2 & \cdots & C_n \end{array} \\ \begin{bmatrix} a_{11} & a_{12} & \cdots & a_{1n} \\ a_{21} & a_{22} & \cdots & a_{2n} \\ \vdots & \vdots & & \vdots \\ a_{n1} & a_{n2} & \cdots & a_{nn} \end{bmatrix} \end{array}$$

即
$$\begin{cases} a_{ij} > 0 \\ a_{ij} = \dfrac{1}{a_{ji}} \end{cases} \tag{11.1}$$

由式(11.1)给出的 a_{ij} 的特点，显然必有 $a_{ii}=1$。由 a_{ij} 构成的矩阵 $\boldsymbol{A}$ 被称为正互反矩阵。

11.1.2 比较尺度

当比较两个可能具有不同性质的因素 C_i 和 C_j 对于一个上层因素 O 的影响，萨蒂等提出用 1～9 尺度，即 a_{ij} 的取值范围是 $1,2,\cdots,9$ 及其互倒数 $1,\frac{1}{2},\cdots,\frac{1}{9}$，理由如下。

(1) 在进行定性的成对比较时，人们头脑中通常有 5 种明显的等级，用 1～9 尺度可以方便地表示(表 11.1)。

(2) 心理学家认为，进行成对比较的因素太多，将超出人的判断能力，最多大致在 7 ± 2 范围。如以 9 个为限，用 1～9 尺度表示它们之间的差别正合适。

(3) 萨蒂曾用 1～3，1～5，…，1～17，…，$(d+0.1)$～$(d+0.9)$ $(d=1,2,3,4)$，1^p～9^p $(p=2,3,4,5)$ 等共 27 种比较尺度，对在不同距离处判断某光源的亮度等实例构造成对比较阵，并算出权向量。把这些权向量与按照光强定律等物理知识得到的实际的权向量进行对比发现，1～9 尺度不仅在较简单的尺度中最好，而且结果并不劣于较复杂的尺度。

表 11.1　1～9 尺度 a_{ij} 的含义

尺度 a_{ij}	含义
1	C_i 的影响与 C_j 的相同
3	C_i 的影响比 C_j 的稍强
5	C_i 的影响比 C_j 的强
7	C_i 的影响比 C_j 的明显地强
9	C_i 的影响比 C_j 的绝对地强
2,4,6,8	C_i 的影响与 C_j 的影响之比在上述两个相邻等级之间
$1,\frac{1}{2},\cdots,\frac{1}{9}$	C_j 的影响与 C_i 的影响的之比为 C_i 的影响与 C_j 的影响之比的倒数

目前在层次分析法的应用中，大多数人都用 1～9 尺度。在式(11.1)中 a_{ij} 构成的成对比较阵 $\mathbf{A}$ 中就是用的这个尺度。

如用 $C_1,C_2,\cdots,C_5$ 依次表示景色、费用、居住、饮食、旅途 5 个准则，设某人用成对比较法$\left(做\ C_5^2=\frac{5\times4}{2}次对比\right)$得到的成对比较阵(正互反阵)为：

$$\mathbf{A}=\begin{bmatrix}1 & 1/2 & 4 & 3 & 3\\ 2 & 1 & 7 & 5 & 5\\ 1/4 & 1/7 & 1 & 1/2 & 1/3\\ 1/3 & 1/5 & 2 & 1 & 1\\ 1/3 & 1/5 & 3 & 1 & 1\end{bmatrix} \tag{11.2}$$

式中：$a_{12}=1/2$ 表示景色 C_1 与费用 C_2 对选择旅游地这个目标 O 的重要性之比为 1∶2；$a_{13}=4$ 表示景色 C_1 与居住条件 C_3 之比为 4∶1；$a_{23}=7$ 表示费用 C_2 与居住条件 C_3 之比为 7∶1。

可以看出在此人选择旅游地时，费用因素最重，景色次之。怎样由成对比较阵确定诸因素 $C_1,C_2,\cdots,C_n$ 对上层因素 O 的权重呢？

仔细分析一下式(11.2)给出的成对比较阵 $\mathbf{A}$ 可以发现，既然 C_1 与 C_2 之比为 1∶2，C_1 与 C_3 之比为 4∶1，那么 C_2 与 C_3 之比应为 8∶1 而不是 7∶1 才能说明成对比较是一致的。但是，n 个因素要作$\frac{n(n-1)}{2}$次成对比较，全部一致的要求是太苛刻了。萨蒂等给出了在成对比较不一致的情况下计算各因素 $C_1,C_2,\cdots,C_n$ 对因

素 O 的权重的方法，并且确定了这种不一致的容许范围。为了说明这点，下面先看成对比较完全一致的情况。

设想把一块大石头 O 砸成 n 块小石头，$C_1,C_2,\cdots,C_n$，如果精确地称出它们的重量为 $w_1,w_2,\cdots,w_n$，在作成对比较时令 $a_{ij}=\frac{w_i}{w_j}$，那么得到：

$$A=\begin{bmatrix}\frac{w_1}{w_1} & \frac{w_1}{w_2} & \cdots & \frac{w_1}{w_n}\\ \frac{w_2}{w_1} & \frac{w_2}{w_2} & \cdots & \frac{w_2}{w_n}\\ \vdots & \vdots & & \vdots\\ \frac{w_n}{w_1} & \frac{w_n}{w_2} & \cdots & \frac{w_n}{w_n}\end{bmatrix} \tag{11.3}$$

这些比较显然是一致的。n 块小石头对大石头的权重（即在大石头中所占的比重）可以用向量 $\boldsymbol{w}=(w_1,w_2,\cdots,w_n)^{\mathrm{T}}$ 表示，如果大石头为单位重量，则有 $\sum_{i=1}^{n}w_i=1$。显然，$\boldsymbol{A}$ 的各个列向量与 $\boldsymbol{w}$ 仅相差一个比例因子。

一般地，如果一个正互反阵 $\boldsymbol{A}$ 满足

$$a_{ij}\cdot a_{jk}=a_{ik}\quad(i=1,2,\cdots,n;j=1,2,\cdots,n;k=1,2,\cdots,n) \tag{11.4}$$

则 $\boldsymbol{A}$ 称为一致性矩阵，简称一致阵。式(11.3)给出的 $\boldsymbol{A}$ 显然是一致阵。容易证明 n 阶一致阵 $\boldsymbol{A}$ 有下列性质：

(1) $\boldsymbol{A}$ 的秩为 1，$\boldsymbol{A}$ 的唯一非零特征根为 n；

(2) A 的任一列(行)向量都是对应于特征根 n 的特征向量。

如果得到的成对比较阵是一致阵，式(11.3)的 $\boldsymbol{A}$ 自然应取对应于特征根 n 的、归一化的特征向量（即分量之和为 1）表示诸因素 $C_1,C_2,\cdots,C_n$ 对上层因素 O 的权重，这个向量称为权向量。如果成对比较阵 $\boldsymbol{A}$ 不是一致阵，但在不一致的容许范围内（下面将说明如何确定这个范围），萨蒂等建议用对应于 $\boldsymbol{A}$ 最大特征根（记作 λ）的特征向量（归一化后）作为权向量 $\boldsymbol{w}$，即 $\boldsymbol{w}$ 满足：

$$\boldsymbol{A}\boldsymbol{w}=\lambda\boldsymbol{w} \tag{11.5}$$

直观地看，因为矩阵 $\boldsymbol{A}$ 的特征根和特征向量连续地依赖于矩阵的元素 a_{ij}，所以当 a_{ij} 离一致性的要求不远时，$\boldsymbol{A}$ 的特征根和特征向量也与一致阵的相差不大。式(11.5)表示的方法被称为由成对比较阵求权向量的特征根法。求 λ 和 $\boldsymbol{w}$ 的简便算法和特征根法更深入的意义，以及其他求权向量的方法见本章 11.3 节。

11.1.3　一致性检验

成对比较阵通常不是一致阵，但是为了能用它的对应于特征根 λ 的特征向量作为被比较因素的权向量，其不一致程度应在容许范围内。怎样确定这个范围呢？

前面已经给出 n 阶一致阵的特征根是 n，在本章 11.2 节将给出一个重要的定理表明，n 阶正互反阵 $\boldsymbol{A}$ 的最大特征根 $\lambda \geqslant n$，而当 $\lambda = n$ 时，$\boldsymbol{A}$ 是一致阵。

根据上述定理和 λ 连续地依赖于 a_{ij} 的事实可知，λ 比 n 大得越多，$\boldsymbol{A}$ 的不一致程度越严重，用特征向量作为权向量引起的判断误差越大。因而可以用 $\lambda - n$ 数值的大小来衡量 $\boldsymbol{A}$ 的不一致程度。萨蒂将

$$CI = \frac{\lambda - n}{n - 1} \tag{11.6}$$

定义为一致性指标。$CI=0$ 时，$\boldsymbol{A}$ 为一致阵；CI 越大，$\boldsymbol{A}$ 的不一致程度越严重。注意到 $\boldsymbol{A}$ 的 n 个特征根之和等于 $\boldsymbol{A}$ 的对角元素之和，而 $\boldsymbol{A}$ 的对角元素均为 1，所以特征根之和 $\sum_{i=1}^{n} \lambda_i = n$。（不妨记 $\lambda_1 = \lambda$）。由此可知，一致性指标 CI 相当于除 λ 外其余 $n-1$ 个特征根的平均值（取绝对值）。

为了确定 $\boldsymbol{A}$ 的不一致程度的容许范围，需要找出衡量 $\boldsymbol{A}$ 的一致性指标 CI 的标准。萨蒂又引入随机一致性指标 RI，计算 RI 的过程是：对于固定的 n，随机地构造正互反阵 $\boldsymbol{A}^{\mathrm{T}}$，$\boldsymbol{A}^{\mathrm{T}}$ 的元素 $a'_{ij}(i<j)$ 从 1～9，1～1/9 中取机取值，a'_{ji} 为 a'_{ij} 的倒数，$a'_{ii}=1$，然后计算 $\boldsymbol{A}^{\mathrm{T}}$ 的一致性指标 CI。可以想到，$\boldsymbol{A}^{\mathrm{T}}$ 是非常不一致的，它的 CI 相当大，如此构造相当多的 $\boldsymbol{A}^{\mathrm{T}}$，用它们的 CI 的平均值作为随机一致性指标 RI，萨蒂对于不同的 $n(n=1\sim11)$，用 100～500 个样本 $\boldsymbol{A}^{\mathrm{T}}$ 算出的随机一致性指标 RI 的数值如表 11.2 所示。

表 11.2　随机一致性指标 *RI* 的数值

n	1	2	3	4	5	6	7	8	9	10	11
RI	0	0	0.58	0.90	1.12	1.24	1.32	1.41	1.45	1.49	1.51

表 11.2 中 $n=1,2$ 时，$RI=0$，是因为 1，2 阶的正互反阵总是一致阵。

对于 $n \geqslant 3$ 的成对比较阵 $\boldsymbol{A}$，将它的一致性指标 CI 与同阶（指 n 相同）的随机一致性指标 RI 之比称为一致性比率 CR：

$$CR = \frac{CI}{RI} \tag{11.7}$$

当 $CR<0.1$ 时，认为 $\boldsymbol{A}$ 的不一致程度在容许范围之内，可用其特征向量作为权向量。否则要重新进行成对比较，对 $\boldsymbol{A}$ 加以调整。应该指出，这里 0.1 的选取是带有一定主观信度的。

对于 $\boldsymbol{A}$，利用式(11.6)、式(11.7)和表 11.2 进行检验称为一致性检验。

对于式(11.2)给出的 $\boldsymbol{A}$ 可以算出：

$$\lambda=5.073$$

$$\boldsymbol{w}=(0.263,0.475,0.055,0.099,0.110)^{\mathrm{T}}。$$

由式(11.6)得：$CI=\dfrac{(5.073-5)}{(5-1)}=0.018$，在表 11.2 中查出 $RI=1.12$。按式(11.7)计算，$CR=\dfrac{0.018}{1.12}=0.016<0.1$，于是通过了一致性检验，故上述 $\boldsymbol{w}$ 可作为权向量。

组合权向量

在旅游决策问题中我们已经得到了第 2 层(准则层)对第 1 层(目标层，只有一个因素)的权向量，记作 $\boldsymbol{w}^{(2)}=(w_1^{(2)},w_2^{(2)},\cdots,w_5^{(2)})^{\mathrm{T}}$，即由式(11.2)的 $\boldsymbol{A}$ 算出的 $\boldsymbol{w}$。用同样的方法构造第 3 层(方案层，见图 11.1)对第 2 层的每一个准则的成对比较阵，不妨设它们为：

$$\boldsymbol{B}_1=\begin{bmatrix}1 & 2 & 5\\ \frac{1}{2} & 1 & 2\\ \frac{1}{5} & \frac{1}{2} & 1\end{bmatrix}\qquad \boldsymbol{B}_2=\begin{bmatrix}1 & \frac{1}{3} & \frac{1}{8}\\ 3 & 1 & \frac{1}{3}\\ 8 & 3 & 1\end{bmatrix}$$

$$\boldsymbol{B}_3=\begin{bmatrix}1 & 1 & 3\\ 1 & 1 & 3\\ \frac{1}{3} & \frac{1}{3} & 1\end{bmatrix}\quad \boldsymbol{B}_4=\begin{bmatrix}1 & 3 & 4\\ \frac{1}{3} & 1 & 1\\ \frac{1}{4} & 1 & 1\end{bmatrix}\quad \boldsymbol{B}_5=\begin{bmatrix}1 & 1 & \frac{1}{4}\\ 1 & 1 & \frac{1}{4}\\ 4 & 4 & 1\end{bmatrix}$$

这里矩阵 $\boldsymbol{B}_k(k=1,2,\cdots,5)$ 中的元素 $b_{ij}^{(k)}$ 是方案(旅游地)P_i 与 P_j 对于准则 C_k(景色、费用等)的优越性的比较尺度。

由第 3 层的成对比较阵 $\boldsymbol{B}_k$ 计算出权向量 $\boldsymbol{w}_k^{(3)}$，最大特征根 λ_k 和一致性指标 CI_k，结果列入表 11.3。

不难看出，由于 $n=3$ 时随机一致性指标 $RI=0.58$(表 11.2)，所以上面的 CI_k 均可通过一致性检验。

表 11.3　旅游决策问题第 3 层的计算结果

k	1	2	3	4	5
	0.595	0.082	0.429	0.633	0.166
$w_k^{(3)}$	0.277	0.236	0.429	0.193	0.166
	0.129	0.682	0.142	0.175	0.668
λ_k	3.005	3.002	3	3.009	3
CI_k	0.003	0.001	0	0.005	0

下面的问题是由各准则对目标的权向量 $w^{(2)}$ 和各方案对每一准则的权向量 $w_k^{(3)}(k=1,2,\cdots,5)$，计算各方案对目标的权向量，称为组合权向量，记作 $w^{(3)}$。对于方案 P_1，它在景色等 5 个准则中的权重用 $w_k^{(3)}$ 的第 1 个分量表示(表 11.3 中 $w_k^{(3)}$ 的第 1 行)，而 5 个准则对于目标的权重又用权向量 $w^{(2)}$ 表示，所以方案 P_1 在目标中的组合权重应为它们相应项的两两乘积之和，即：

$$0.595\times0.263+0.082\times0.475+0.429\times0.055+0.633\times 0.099+0.166\times0.110=0.300$$

同样可以算出 P_2，P_3 目标中的组合权重为 0.246 和 0.456，于是组合权向量为

$$w^{(3)}=(0.300,0.246,0.456)^T$$

结果表明方案 P_3 在旅游地选择中占的权重近于 1/2，远大于 P_1、P_2，应作为第 1 选择地点。

由上述计算可知，对于 3 个层次的决策问题，若第 1 层只有 1 个因素，第 2 层、第 3 层分别有 n，m 个因素，记第 2 层、第 3 层对第 1 层、第 2 层的权向量分别为：

$$w^{(2)}=(w_1^{(2)},w_2^{(2)},\cdots,w_n^{(2)})^T$$

$$w_k^{(3)}=(w_{k1}^{(3)},w_{k2}^{(3)},\cdots,w_{km}^{(3)})^T\quad(k=1,2,\cdots,n)$$

以 $w_k^{(3)}$ 为列向量构成矩阵 $W^{(3)}=[w_1^{(3)},w_2^{(3)},\cdots,w_n^{(3)}]$，则第 3 层对第 1 层的组合权向量为：

$$w^{(3)}=W^{(3)}w^{(2)}\tag{11.8}$$

更一般地，若共有 s 层，则第 k 层对第 1 层(设只有 1 个因素)的组合权向量为：

$$w^{(k)}=W^{(k)}w^{(k-1)}\quad(k=3,4,\cdots,s)\tag{11.9}$$

其中 $W^{(k)}$ 是以第 k 层对第 $k-1$ 层的权向量为列向量组成的矩阵。于是最下层(第 s 层)对最上层的组合权向量为

$$\boldsymbol{w}^{(s)} = \boldsymbol{W}^{(s)}\boldsymbol{W}^{(s-1)}\cdots\boldsymbol{W}^{(3)}\boldsymbol{w}^{(2)} \tag{11.10}$$

组合一致性检验

在层次分析的整个计算过程中,除了对每个成对比较阵进行一致性检验,以判断每个权向量是否可以应用外,还要进行组合一致性检验,以确定组合权向量是否可以作为最终的决策依据。

组合一致性检验可逐层进行。若第 p 层的一致性指标为 $CI_1^{(p)}, CI_2^{(p)}, \cdots, CI_n^{(p)}$($n$ 是第 $p-1$ 层因素的数目),随机一致性指标为,定义:

$$CI^{(p)} = [CI_1^{(p)}, \cdots, CI_n^{(p)}]\boldsymbol{w}^{(p-1)} \tag{11.11}$$

$$RI^{(p)} = [RI_1^{(p)}, \cdots, RI_n^{(p)}]\boldsymbol{w}^{(p-1)} \tag{11.12}$$

则第 p 层对第 1 层的组合一致性比率为:

$$CR^{(p)} = CR^{(p-1)} + \frac{CI^{(p)}}{RI^{(p)}} \quad (p = 3, 4, \cdots, s) \tag{11.13}$$

其中:$CR^{(2)}$ 为由式(11.7)计算的一致性比率。最后,当最下层对最上层的组合一致性比率

$$CR^{(s)} < 0.1^{①} \tag{11.14}$$

时,认为整个层次的比较判断通过一致性检验。

在旅游决策问题中可以算出 $CI^{(3)} = 0.001\ 76$, $RI^{(3)} = 0.58$,前面已经有 $CR^{(2)} = 0.016$,于是由式(11.13)得到

$$CR^{(3)} = 0.016 + \frac{0.001\ 76}{0.58} = 0.019 < 0.1$$

通过了组合一致性检验,前面得到的组合权向量 $\boldsymbol{w}^{(3)}$ 可以作为最终决策的依据。

最后,将层次分析法的基本步骤归纳如下:

(1) 建立层次结构模型　在深入分析实际问题的基础上,将有关的各个因素按照不同属性自上而下地分解成若干层次。同一层的诸因素从属于上一层的因素或对上层因素有影响,同时又支配下一层的因素或受到下层因素的作用,最上层为目标层,通常只有一个因素,最下层通常为方案或对象层,中间可以有一个或几个层次,通常为准则或指标层,当准则过多时(譬如多于 9 个)应进一步分解出子准则层。

(2) 构造成对比较阵　从层次结构模型的第 2 层开始,对于从属于(或影响

---

① 当层数较多时可将临界值 0.1 放宽。

及)上一层每个因素的同一层诸因素,用成对比较法和 1～9 比较尺度构造成对比较阵,直到最下层。

(3) 计算权向量并做一致性检验　对于每一个成对比较阵计算最大特征根及对应特征向量(计算方法见下一节),利用一致性指标,随机一致性指标和一致性比率做一致性检验。若检验通过,特征向量(归一化后)即为权向量;若不通过,需重新构造成对比较阵。

(4) 计算组合权向量并做组合一致性检验　利用式(11.10)计算最下层对目标的组合权向量,并根据式(11.11)～式(11.14)做组合一致性检验。若检验通过,则可按照组合权向量表示的结果进行决策,否则需重新考虑模型或重新构造那些一致性比率 CR 较大的成对比较阵。

11.2　若干问题

层次分析法问世几十年来不仅得到广泛的应用,在理论体系、计算方法以及建立更复杂的层次结构等方面都有很快的发展。本节将着重从应用的角度讨论几个问题,对它的公理化体系等方面有兴趣的读者可参看。

11.2.1　正互反阵最大特征根和对应特征向量的性质

成对比较阵是正互反阵。层次分析中用对应它的最大特征根的特征向量作为权向量,用最大特征根定义一致性指标进行一致性检验。这里人们首先碰到的问题是:正互反阵是否存在正的最大特征根和正的特征向量;一致性指标的大小是否反映它接近一致阵的程度,特别,当一致性指标为零时,它是否就变为一致阵。下面两个定理可以回答这些问题。

定理 1　对于正矩阵 $\boldsymbol{A}$($\boldsymbol{A}$ 的所有元素为正数),有

(1) $\boldsymbol{A}$ 的最大特征根是正单根 λ;

(2) λ 对应正特征向量 $\boldsymbol{w}$($\boldsymbol{w}$ 的所有分量为正数);

(3) $\lim\limits_{k\to\infty}\dfrac{\boldsymbol{A}^k\boldsymbol{e}}{\boldsymbol{e}^{\mathrm{T}}\boldsymbol{A}^k\boldsymbol{e}}=\boldsymbol{w}$。

其中 $\boldsymbol{e}=(1,1,\cdots,1)^{\mathrm{T}}$,$\boldsymbol{w}$ 是对应 λ 的归一化特征向量。

定理 1 的(1)、(2)是著名的 Perron(1907)定理的一部分,(3)可通过将 $\boldsymbol{A}$ 化为标准形证明(证明略)。

定理 2　n 阶正互反阵 $\boldsymbol{A}$ 的最大特征根 $\lambda\geqslant n$;当 $\lambda=n$ 时,$\boldsymbol{A}$ 是一致阵。

证明　设 $\boldsymbol{A}$ 的对应于 λ 的特征向量为 $\boldsymbol{w}=(w_1,w_2,\cdots,w_n)^{\mathrm{T}}$,由定理 1,$\lambda>0$,

$w>0$。不妨将 **A** 的元素 a_{ij} 记作：

$$a_{ij}=\frac{w_i}{w_j}\varepsilon_{ij}\quad(i=1,2,\cdots n;j=1,2,\cdots,n)\tag{11.15}$$

由 **A** 的正互反性，得

$$\varepsilon_{ij}>0,\quad \varepsilon_{ji}=\frac{1}{\varepsilon_{ij}}\tag{11.16}$$

根据特征根和特征向量的定义，有：

$$\lambda w_i=\sum_{j=1}^{n}a_{ij}w_j\quad(i=1,2,\cdots,n)\tag{11.17}$$

将式(11.15)代入式(11.17)并对 i 求和得：

$$\lambda=\frac{1}{n}\sum_{i=1}^{n}\sum_{j=1}^{n}\varepsilon_{ij}\tag{11.18}$$

利用式(11.16)并注意到 $\varepsilon_{ii}=1$，式(11.18)可化为：

$$\lambda=\frac{1}{n}\sum_{i=1}^{n-1}\sum_{j=i+1}^{n}\left(\varepsilon_{ij}+\frac{1}{\varepsilon_{ij}}\right)+1\tag{11.19}$$

因为恒有

$$\varepsilon_{ij}+\frac{1}{\varepsilon_{ij}}\geqslant 2\tag{11.20}$$

而式(11.19)中"$\sum$"内共有$\frac{n(n-1)}{2}$项，所以式(11.19)、式(11.20)给出：

$$\lambda\geqslant n\tag{11.21}$$

此即定理 2 的第一部分。当 $\lambda=n$ 时，由式(11.19)、式(11.20)可知必有：

$$\varepsilon_{ij}+\frac{1}{\varepsilon_{ij}}=2\tag{11.22}$$

于是 $\varepsilon_{ij}=1$，由式(11.15)知 $a_{ij}=\frac{w_i}{w_j}$满足一致阵条件，**A** 是一致阵。

定理 2 和本章 11.1 节所述的一致阵的性质表明，n 阶正互反阵 **A** 是一致阵的充要条件为，**A** 的最大特征根 $\lambda=n$。

上述结论为将特征根法用于层次分析提供了一定的理论依据。

11.2.2 正互反阵最大特征根和特征向量的实用算法

众所周知，用定义计算矩阵的特征根和特征向量是相当困难的，特别是矩阵阶数较高的时候。另一方面，因为成对比较阵基本上是定性比较的量化结果，对它作精确计算是不必要的，所以完全可以用简便的近似方法计算其特征根和特征向量，下面介绍一种实用的算法——和法。

和法步骤如下：

(1) 将 $\boldsymbol{A}$ 的每一列向量归一化得 $\widetilde{w}_{ij}=\dfrac{a_{ij}}{\sum_{i=1}^{n}a_{ij}}$；

(2) 对 $\widetilde{w}_{ij}$ 按行求和得 $\widetilde{w}_i=\sum_{j=1}^{n}\widetilde{w}_{ij}$；

(3) 将 $\widetilde{w}_i$ 归一化 $w_i=\dfrac{\widetilde{w}_i}{\sum_{i=1}^{n}\widetilde{w}_i}$，$\boldsymbol{w}=(w_1,w_2,\cdots,w_n)^{\mathrm{T}}$ 即为近似特征向量；

(4) 计算 $\lambda=\dfrac{1}{n}\sum_{i=1}^{n}\dfrac{(\boldsymbol{Aw})_i}{w_i}$，将其作为最大特征根的近似值。

这个方法实际上是将 $\boldsymbol{A}$ 的列向量归一化后取平均值，作为 $\boldsymbol{A}$ 的特征向量。因为当 $\boldsymbol{A}$ 为一致阵时，它的每一列向量都是特征向量，所以若 $\boldsymbol{A}$ 的不一致性不严重，则取 $\boldsymbol{A}$ 的列向量（归一化后）的平均值作为近似特征向量是合理的。

和法较为简便。试用它计算一个实例。

$$\boldsymbol{A}=\begin{bmatrix}1 & 2 & 6\\ \frac{1}{2} & 1 & 4\\ \frac{1}{6} & \frac{1}{4} & 1\end{bmatrix}\xrightarrow{\text{列向量归一化}}\begin{bmatrix}0.6 & 0.615 & 0.545\\ 0.3 & 0.308 & 0.364\\ 0.1 & 0.077 & 0.091\end{bmatrix}$$

$$\xrightarrow{\text{按行求和}}\begin{bmatrix}1.760\\ 0.972\\ 0.268\end{bmatrix}\xrightarrow{\text{归一化}}\begin{bmatrix}0.587\\ 0.324\\ 0.089\end{bmatrix}=\boldsymbol{w},$$

$$\boldsymbol{Aw}=\begin{bmatrix}1.769\\ 0.947\\ 0.268\end{bmatrix}$$

$$\lambda=\frac{1}{3}\left(\frac{1.769}{0.587}+\frac{0.974}{0.324}+\frac{0.268}{0.089}\right)=3.009$$

精确计算给出 $\boldsymbol{w}=(0.588,0.322,0.090)^{\mathrm{T}}$，$\lambda=3.010$。二者相比，相差甚微。

11.2.3　不完全层次结构中组合权向量的计算

在前两节列举的大多数层次结构模型中，上一层的每个因素都支配着下一层的所有因素，或被下一层所有因素影响，如图 11.1 所示(姜启源，1993)，称这种层次结构为完全的。但是也有的层次结构不是这样的，如图 11.2 所示，第二层的准则 C_1 支配第 3 层的 3 个指标 P_1，P_2，P_3，或者说有 3 个指标属于 C_1，而 C_2 支配 2 个指标。

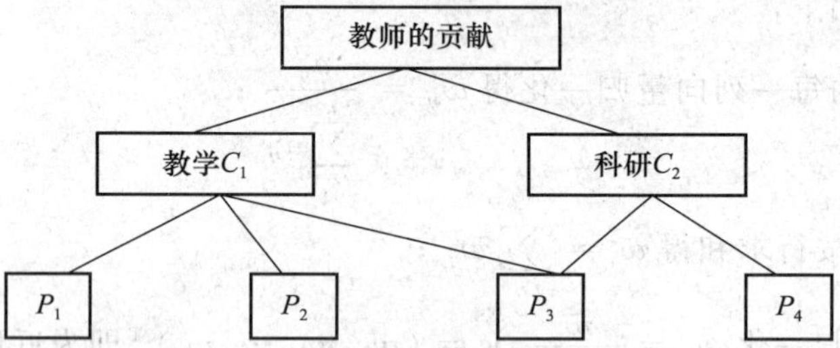

图 11.2　评价教师贡献的层次结构

不完全的层次结构会出现在不少评价、决策问题中，如学校要评价教师的贡献，粗略地只考虑教学与科研两个指标，若 4 位教师中 P_1，P_2 只从事教学，P_4 只搞科研，P_3 则二者兼顾，那么层次结构模型如图 11.2 所示。C_1、C_2 支配因素的数目不等。

在不完全层次结构组合权向量的计算中，是否应考虑以及怎样考虑支配因素数目不等的影响？设第 2 层有 2 个因素 C_1、C_2，它们对第 1 层的权向量

$$\boldsymbol{w}^{(2)}=(w_1^{(2)},\quad w^{(2)})^{\mathrm{T}}$$

已经确定，第 3 层的因素 P_1，P_2，P_3 受 C_1 支配，记 $n_1=3$。P_3，P_4 受 C_2 支配，记 $n_2=2$。两个权向量

$$\boldsymbol{w}_1^{(3)}=(w_{11}^{(3)},w_{12}^{(3)},w_{13}^{(3)},0)^{\mathrm{T}} \text{ 和 } \boldsymbol{w}_2^{(3)}=(0,0,w_{23}^{(3)},w_{24}^{(3)})^{\mathrm{T}}$$

也已分别从成对比较阵算出。因为第 3 层共 4 个因素，所以 $\boldsymbol{w}_1^{(3)}$，$\boldsymbol{w}_2^{(3)}$ 都应是 4 维向量，当某一因素不受 C_1 或 C_2 支配时，权向量的相应分量为零。下面讨论由 $\boldsymbol{w}^{(2)}$ 和 $\boldsymbol{W}^{(3)}=(\boldsymbol{w}_1^{(3)},\boldsymbol{w}_2^{(3)})$ 计算第 3 层对第 1 层的组合权向量 $\boldsymbol{w}^{(3)}$ 的方法。

(1) 不考虑支配因素数目不等的影响，像完全层次结构计算一样，用式(11.8)，即

$$\boldsymbol{w}^{(3)}=\boldsymbol{W}^{(3)}\boldsymbol{w}^{(2)} \tag{11.23}$$

每个指标对目标的组合权重，应该等于它对所属准则的权重乘以这个准则对目标的权重，这正是式(11.23)所表示的。

(2) 支配因素越多相对权重越大。用支配因素的数目对权向量 $w^{(2)}$ 进行加权，修正为 $\tilde{\boldsymbol{w}}^{(2)}$，再计算 $\boldsymbol{w}^{(3)}$，仍用前面的记号，有

$$\tilde{\boldsymbol{w}}^{(2)}=(n_1w_1^{(2)},n_2w_2^{(2)})^{\mathrm{T}}(n_1w_1^{(2)}+n_2w_2^{(2)})^{-1} \tag{11.24}$$

$$\boldsymbol{w}^{(3)}=\boldsymbol{W}^{(3)}\tilde{\boldsymbol{w}}^{(2)} \tag{11.25}$$

其中式(11.24)右端后面的因子是归一化的需要。

在图 11.2 所示的教师贡献的评价中，如果教师从事教学或科研完全由上级安排，那么若不考虑搞教学或科研的人数，则在评价时搞教学的教师(人数较多)将吃亏。譬如教学与科研两个准则的重要性相同，即 $\boldsymbol{w}^{(2)}=\left(\frac{1}{2},\frac{1}{2}\right)^{\mathrm{T}}$，4 位教师不论从事教学或科研，能力都相同，即 $\boldsymbol{w}_1^{(3)}=\left(\frac{1}{3},\frac{1}{3},\frac{1}{3},0\right)^{\mathrm{T}}$，$\boldsymbol{w}_2^{(3)}=\left(0,0,\frac{1}{2},\frac{1}{2}\right)^{\mathrm{T}}$。公正的评价应是，被安排只搞教学或科研的 P_1,P_2,P_4 的贡献相同，而 P_3 的贡献为他们的 1 倍。但是按照式(9.23)得到的是 $\boldsymbol{w}^{(3)}=\left(\frac{1}{6},\frac{1}{6},\frac{5}{12},\frac{1}{4}\right)^{\mathrm{T}}$。用式(11.24)、式(11.25)才会得到合理的结果：$\boldsymbol{w}^{(3)}=\left(\frac{1}{5},\frac{1}{5},\frac{2}{5},\frac{1}{5}\right)^{\mathrm{T}}$。

(3) 支配因素越多相对权重越小。用支配因素数目的倒数对 $\boldsymbol{w}^{(2)}$ 加权，式(11.24)变为：

$$\tilde{\boldsymbol{w}}^{(2)}=\left(\frac{w_1^{(2)}}{n_1},\frac{w_2^{(2)}}{n_2}\right)^{\mathrm{T}}\left(\frac{w_1^{(2)}}{n_1}+\frac{w_2^{(2)}}{n_2}\right)^{-1} \tag{11.26}$$

如果教师从事教学和科研完全靠发挥个人的积极性，而且上级希望每位老师都二者兼顾，那么可以考虑用这种方式评价，以鼓励从事人数较少的那一类工作(如图 11.2 中 $n_2<n_1$)的教师。

11.2.4　层次分析法的优点和局限性

从层次分析法的原理、步骤、应用等方面的讨论不难看出它有以下优点。

(1) 系统性，层次分析把研究对象作为一个系统，按照分解、比较判断、综合的思维方式进行决策，成为继机理分析、统计分析之后发展起来的系统分析的重要工具。

(2) 实用性，层次分析把定性和定量方法结合起来，能处理许多用系统的最优化技术无法着手的实际问题，应用范围很广；同时，这种方法将决策者与决策分析者相互沟通，决策者甚至可以直接应用它，这就增加了决策的有效性。

(3) 简洁性，具有中等文化程度的人即可了解层次分析的基本原理和掌握它的基本步骤，计算也非常简便，并且所得结果简单明确，容易为决策者了解和掌握。

层次分析法的局限性如下。

(1) 它只能从原有方案中选优，不能生成新方案。

(2) 它的比较，判断直到结果都是粗糙的，不适于精度要求很高的问题。

(3) 从建立层次结构模型到给出成对比较矩阵，人的主观因素的作用很大，这就使得决策结果可能难以为众人接受。当然，采取专家群体判断的办法是克服这个缺点的一种途径。

11.3 应用

层次分析法在20世纪70年代中期由萨蒂正式提出来之后，由于它在处理复杂的决策问题上的实用性和有效性，很快就在世界范围内得到普遍的重视和广泛的应用。几十年来它的应用已遍及经济计划和管理、能源政策和分配、行为科学、军事指挥、运输、农业、教育、人才、医疗、环境等领域，从处理问题的类型看，主要是决策、评价、分析、预测等。这个方法在20世纪80年代初引入我国，也很快为广大的应用数学工作者和有关领域的技术人员所接受，得到了成功的应用。

从上节介绍的层次分析法的基本步骤看，建立层次结构模型是关键的一步，下面给出应用实例时即以这一步为主，构造成对比较阵是整个工作的数量依据，当然是重要的，应当由经验和知识丰富、判断力强的专家给出，还不妨采用群体判断的方式，至于其他的计算工作是容易完成的。

例 11.1 （姜启源，1993）城市能源供应系统改造方案的比较——某市能源供应方面存在着设施落后、供应分散、利用率低、污染严重等问题。经有关部门分析，可供选择的改造方案有：

P_1：制作高效煤制品，取代目前居民用的普通蜂窝煤；

P_2：将分散供热主式改造为区域供热；

P_3：建造热电联供设施，利用电厂余热；

P_4：实现城市煤气化；

P_5：郊县推广沼气池，作为农村主要生活能源。

试用层次法确立各方案的实施顺序。

解 这些措施在节约能源、降低污染等方面的效益及在投资、原有设施闲置等方面的代价各不相同。为了综合考虑各种因素，确定这些方案的优劣顺序，应该以效益和代价为两个目标，建立两个层次结构模型，得到两个用组合权向量表示的这些方案的排序结果，然后再作效益和代价的综合判断。

以效益 U 为目标的层次结构中考虑3个准则：

C_1：节约能源；

C_2：降低污染以改善环境质量；

C_3：社会效益，指由于改变能源利用方式引起的方便生活、节约时间、降低劳动强度等。

以代价 V 为目标的层次结构中考虑的准则为：

D_1:投资,用建造生产单位能源设施所需资金来衡量;

D_2:设施闲置,指原有设施报废、拆除和改建的资金;

D_3:社会因素,指新设施的选址、征地、能源分配及新技术推广的宣传教育等。

以上述目标、准则和方案构成的层次结构如图 11.3 所示。

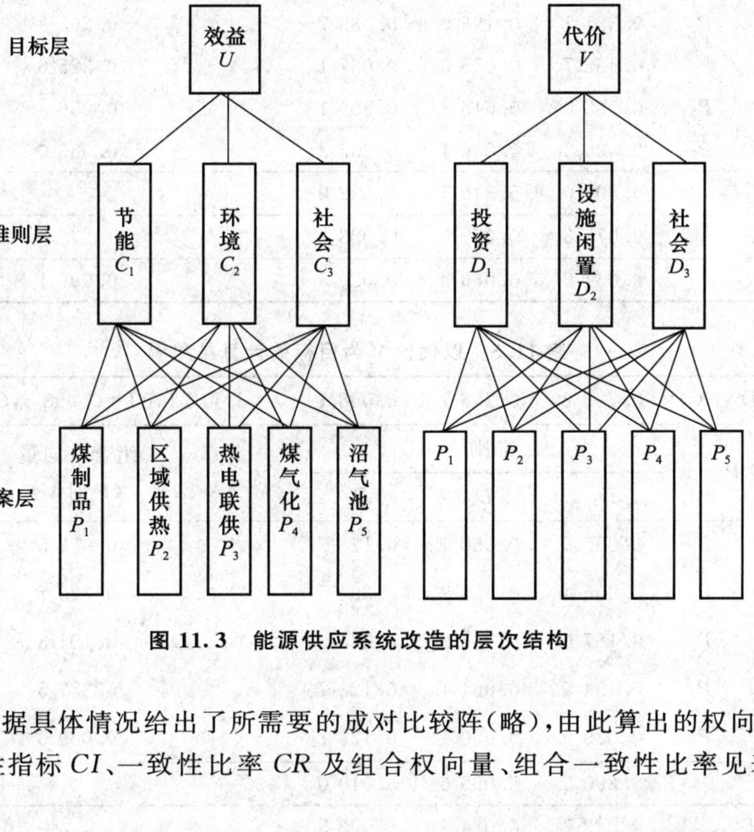

图 11.3　能源供应系统改造的层次结构

某市根据具体情况给出了所需要的成对比较阵(略),由此算出的权向量、特征根 λ、一致性指标 CI、一致性比率 CR 及组合权向量、组合一致性比率见表 11.4,表 11.5。

从表 11.4 的组合权向量可知,热电联供效益最高,区域供热和煤气化处于第 2 位、第 3 位;而由表 11.5 知煤气化和区域供热代价太高,煤制品和沼气池代价较低。如果简化地将综合指标规定为与效益成正比,与代价成反比,那么把两个组合权向量的对应分量相除,再归一化可得综合指标为(0.287 7,0.127 9,0.268 1,0.104 4,0.211 9)。可见煤制品和热电联供的综合效果最好,说明煤制品虽效益不太高,但代价很低,容易用较少的资金迅速生效,可优先实施。若资金雄厚,再上马热电联供等方案。

表 11.4　以效益 U 为目标的计算结果

权向量(C 对 U)		0.637 0	0.258 3	0.204 7	λ=3.038 5,CI=0.019 3,CR=0.033 2
方案 P		准则 C			组合权向量
		C_1	C_2	C_3	(P 对 U)
权向量(P 对 C)	P_1	0.097 9	0.094 5	0.136 8	0.101 1
	P_2	0.321 1	0.196 0	0.083 7	0.263 9
	P_3	0.482 7	0.055 0	0.037 1	0.325 6
	P_4	0.068 0	0.618 3	0.509 1	0.256 3
	P_5	0.030 3	0.036 1	0.233 2	0.053 0
λ		5.301 0	5.310 5	5.092 0	
CI		0.075 3	0.077 6	0.023 0	
CR		0.067 2	0.069 3	0.020 5	0.096 1

表 11.5　以代价 V 为目标的计算结果①

权向量(D 对 V)		0.735 2	0.206 7	0.058 1	λ=3.117 1,CI=0.058 5,CR=0.100 9
方案 P		准则 D			组合权向量
		D_1	D_2	D_3	(P 对 V)
权向量(P 对 D)	P_1	0.051 6	0.050 1	0.123 7	0.055 5
	P_2	0.256 4	0.552 9	0.394 5	0.325 7
	P_3	0.167 6	0.265 9	0.234 3	0.191 8
	P_4	0.494 5	0.081 1	0.123 7	0.387 5
	P_5	0.029 9	0.050 1	0.123 7	0.039 5
λ		5.290 8	5.099 6	5.010 0	
CI		0.072 7	0.024 9	0.002 5	
CR		0.064 9	0.022 2	0.002 2	0.150 0

例 11.2　科技成果的综合评价——科技成果涉及的领域很广，种类很多，这里指的是直接应用于国民经济的某个生产部门后，可迅速转化为生产力，带来可定量计算的经济效益的那一类成果。评价准则先分为效益 C_1、水平 C_2、规模 C_3 共 3

① 表中 D 对 V 的 CR 超过 0.1，致使组合一致性比率也过大，这是由于 D 对 V 的成对比较阵构造得不好。

类，再在每类中确定若干具体指标，如此构造的层次结构由图 11.4 给出。试用层次分析法对科技成果进行评价。

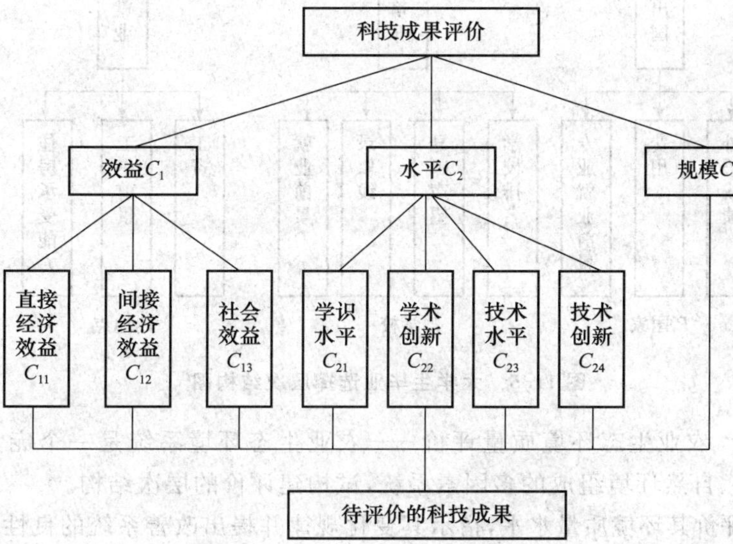

图 11.4　科技成果评价的层次结构

解　当对科技成果进行相对评价时，可直接利用层次分析法确定出它们对于综合评价的优劣顺序。当对科技成果进行绝对评价时，应先用层次分析法得到 C_{11}，C_{12}，…各项具体指标在综合评价中的相对权重，再给出这些指标的等级标准，如对于 C_{11}，年经济效益在 100 万元以上为 1 等(9 分)；10 万元以上为 2 等(7 分)……1 000 元以下为 5 等(1 分)。对于 C_{23}，达到国际水平为 1 等(9 分)；部分达到或全面接近国际水平为 2 等(7 分)；国内先进水平为 3 等(5 分)；国内水平为 4 等(3 分)；一般水平为 5 等(1 分)。当某项成果在各指标中的等级被主管部门认定后，将各个分值乘以各指标在综合评价中的权重并求和，即为这项成果的综合绝对评价的分值。

例 11.3　大学毕业生的选择——即将获得学位的大学生对毕业后的去向的选择一般是出国深造，考研，就业。试构建层次结构。

解　在三个大目标中还要考虑去哪个国家，考哪个学校或研究所，就业的地点等。每一个方向都有不同的准则。于是可以构造如图 11.5 的层次结构，用层次分析法确定今后的去向。

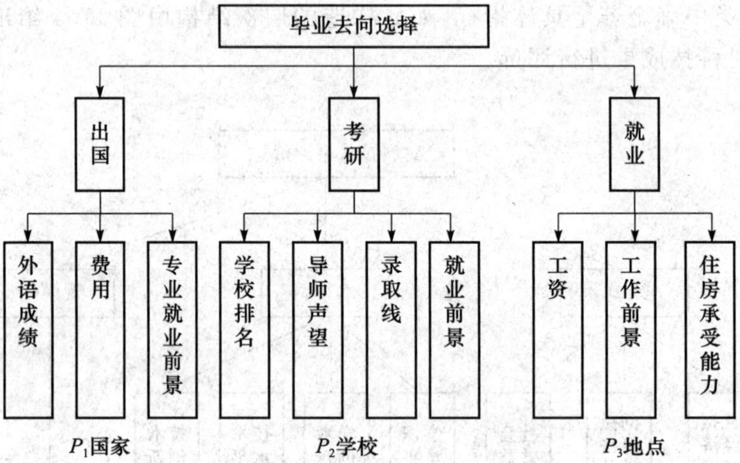

图 11.5　大学生毕业选择层次结构图

例 11.4　农业生态环境质量评价——农业生态环境系统是一个庞大复杂的由社会、经济、自然环境组成的多因素系统，试构建评价的层次结构。

解　要评价其环境质量水平，指示其变化规律并提出改善系统的良性循环的有效方法，必须建立评价指标体系。图 11.6 是农业生态环境质量评价的层次结构。

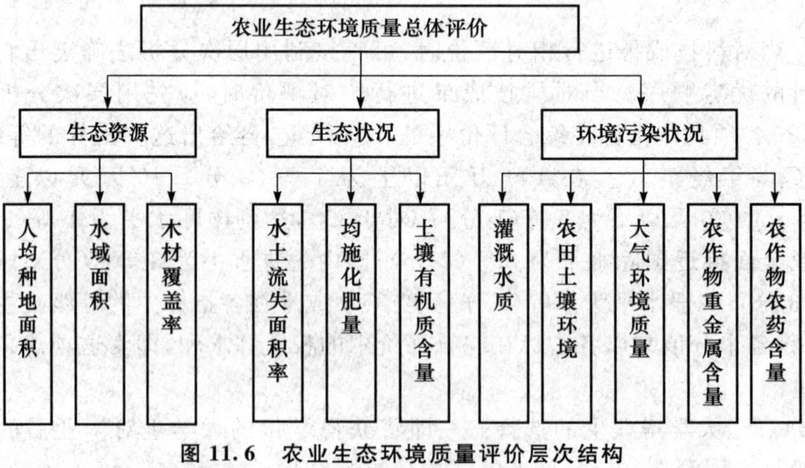

图 11.6　农业生态环境质量评价层次结构

通过以上列举的几个实例可以大体上看出层次分析的应用模式和涉及范围。顺便指出，在这个方法提出和完善的 20 世纪 70 年代，萨蒂等曾用它解决过一些国际或国家级的重大课题，如 1985 年世界石油价格的预测，苏丹运输系统的研究，美国未来高等教育（1985—2000 年）的规划等。

第 4 篇　练习题

1. 设抽取 5 个样品，每个样品测量 2 个指标（见下表）。用系统聚类分析方法对(1)每个指标进行分类；(2)对两个指标进行综合分类。手算。

题 1 表

地区	生产能力 x_1(10 级)	生态功能 x_2(10 级)
1	3	1
2	2	9
3	5	5
4	8	2
5	1	1

2. 上机实现例 9.3 中国 30 个省（自治区、直辖市）农村居民消费结构聚类分析。

第 4 篇　计算实习

1. 用层次分析法做出旅游问题的决策方案的详细过程。
2. 用层次分析法做出例 11.1 城市能源系统改造方案。

参考文献

1. 中国科学院计算中心概率统计组.概率统计计算.北京:科学出版社,1979.
2. 中国科学院数学研究所数理统计组.回归分析方法.北京:科学出版社,1974.
3. 吕蓬,潘志.运筹学(数学规划篇).北京:清华大学出版社,2011.
4. 姜启源.数学模型.北京:高等教育出版社,1993.
5. 陈兰荪.数学生态学模型与研究方法.北京:科学出版社,1991.
6. 李一智,等.经济预测技术.北京:清华大学出版社,1991.
7. 魏权龄,等.数量经济学.北京:中国人民大学出版社,1998.
8. 齐东旭.分形及其计算机生成.北京:科学出版社,1994.
9. 刘式达,刘式适.分形和分维引论.北京:气象出版社,1993.
10. 陈士华,陆君安.混沌动力学初步.武汉:武汉水利水电大学出版社,1998.
11. 雷炎功.数学模型讲义.北京:北京大学出版社,1999.
12. 郭仁忠.空间分析.武汉:武汉测绘科技大学出版社,2000.
13. 张克权,郭仁忠.专题制图数学模型.北京:测绘出版社,1991.
14. 徐建华.现代地理学中的数学方法.北京:高等教育出版社,2002.
15. 徐克学.生物数学.北京:科学出版社,2001.
16. 刘秉正.生命科学中的混沌.长春:东北师范大学出版社,1999.
17. 陈家鼎,等.数理统计学讲义.北京:高等教育出版社,2006.
18. 陈汝栋,于延荣.数学模型与数学建模.北京:国防工业出版社,2006.
19. 唐焕文,贺明峰.数学模型引论.北京:高等教育出版社,2005.
20. 姜启源,等.大学数学实验.北京:清华大学出版社,2005.
21. 胡岗.随机力与非线性系统.上海:上海科技教育出版社,1994.
22. 赵全升,等.环境系统分析原理.北京:地质出版社,2005.
23. 叶向.实用运筹学.北京:中国人民大学出版社,2007.
24. 梅长林,范金成.数据分析方法.北京:高等教育出版社,2006.
25. 任雪松,于秀林.多元统计分析.北京:中国统计出版社,2011.
26. 李卫东.应用多元统计分析.2版.北京:北京大学出版社,2015.
27. 宁正元,王李进.统计与决策常用算法及其实现.北京:清华大学出版社,2009.

28. 裴鑫德. 多元统计分析及其应用. 北京:北京农业大学出版社,1991.
29. 付德印,张旭东. Excel 与多元统计分析. 北京:中国统计出版社,2007.
30. COMAP. 数学的原理与实践. 北京:高等教育出版社,1998.
31. H. Risken. The Fokker-Planck Equation. New York:Springer,1984.
32. Ken Kiyono,Tomoo Katsuyama,Takuya Masunaga,et al. Picture of the low-dimensional structure in chaotic dripping faucets. Physics Letters A. 2003, 320:47-52
33. Falcorner K. Fractal geometry: Machematical foundations and application. New York:Wiey,1990:127-153.
34. J. F. Muzy,E. Bacry,A. Arneodo. Multifractal formalism for fractal signals: The structure-function approach versus the wavelet-transform modulus maxima method. Physical Review E. 1993,47:875-884.
35. Lindenmayer A. Mathematical models for cellular interaction in development I. Filaments with one-sided inputs. Journal of Theoretical Biology,1968,18: 280-289.
36. Prusinkiewicz P,Hanan J. Lindenmayer systems,fractals,and plants. Lecture Notes in Biomathematics Springer-Verlag:Berlin,1989.
37. Prusinkiewicz P,Lindenmayer A. The Algorithmic Beauty of Plants. New York:Springer-Verlag,1990.
38. Verhulst,P.-F. "Recherches mathématiques sur la loi d'accroissement de la population." *Nouv. mém. de l'Academie Royale des Sci. et Belles-Lettres de Bruxelles*. 1845,18:1-41.
39. Verhulst,P.-F. "Deuxième mémoire sur la loi d'accroissement de la population." *Mém. de l'Academie Royale des Sci.,des Lettres et des Beaux-Arts de Belgique*. 1847,20:1-32.
40. Liu G,Bing C. Si. Analytical modeling of one-dimensional diffusion in layered systems with position-dependent diffusion coefficients. Advances in Water Resources. 2008,31:251-268.
41. Liu G,Li BG,Hu KL,van Genuchten MT. Simulating the gas diffusion coefficient in macropore network images: Influence of soil pore morphology. Soil Sci. Soc Am J. 2006,70:1252-1261.

[illegible] 1988.
[illegible]
[illegible]
[illegible] H. Risken. The Fokker-Planck Equation[M]. [illegible] Springer, [illegible]
[illegible] Tomoo Katsuyama, Takuya Murata, et al. [illegible] of the new [illegible] dimension [illegible] Physics Letters [illegible]
[illegible] mathematical foundations and applications [illegible] New York [illegible]
[illegible] Mathematical formalism [illegible] The [illegible] function [illegible] transformation [illegible] Physical Review [illegible]
[illegible] models [illegible] development [illegible] Journal of Theoretical Biology [illegible]
[illegible] Springer-Verlag [illegible]
[illegible] New York: Springer-Verlag [illegible]
[illegible] population [illegible]
[illegible]
[illegible] Water Resources Research [illegible]
[illegible] diffusion [illegible] theory [illegible] J. Sci. [illegible] 2008 [illegible]